H_2O

DU MÊME AUTEUR

chez le même éditeur

Poison vert, 2002

PATRIC NOTTRET

H_2O

roman

ROBERT LAFFONT

ISBN 2-221-09902-8

À Marc Kichenapanaïdou, gentleman réunionnais.

« ... Œil de salamandre, orteil de grenouille, poil de chauve-souris et langue de chien, langue fourchue de vipère, dard de reptile aveugle, patte de lézard, aile de hibou, pour faire un charme puissant et trouble, bouillez et écumez comme une soupe d'enfer. »

Macbeth, acte IV

Première partie

Le cœlacanthe

Parfaitement ignorant de son statut d'espèce menacée, le pétrel de Barau, oiseau de mer profilé comme un avion de chasse, avait passé la nuit à pêcher sa nourriture, filant au ras des vagues et opérant des remontées vertigineuses dans le ciel nocturne de l'océan Indien.

Fatigué, il se laisse maintenant porter par un courant d'air froid, à trois cents mètres d'altitude, dans la lumière terne de l'aube. Il n'a pas posé ses pattes palmées sur la terre ferme depuis sa naissance, vivant en haute mer, loin des hommes et du danger.

Un bref éclat de lumière loin en dessous de lui attire son attention.

Il décroche brutalement et descend en piqué sur sa gauche, tombant comme une pierre.

En grand voltigeur spécialiste des figures acrobatiques, l'oiseau marin change l'angle de ses ailes et s'appuie sur l'air pour réduire sa vitesse. Il observe de son œil rond la scène qui se déroule en bas.

Sur la mer pareille à une plaque d'acier bruni, deux petites embarcations à moteur se poursuivent, laissant derrière elles des sillages d'écume identiques.

L'oiseau descend encore. La présence de bateaux, à cette heure matinale, est synonyme de nourriture, de poissons frétillants s'échappant des filets de pêche.

Soudain, un fil de fumée rectiligne se tend entre les deux embarcations, et l'explosion fige la scène dans une lumière orangée qui se reflète un court instant sur l'eau. Un bruit semblable à celui du tonnerre parvient à l'oiseau. Il zigzague, frappé par l'onde de chaleur, reprend de la vitesse d'un seul coup d'ailes et grimpe en chandelle dans le ciel.

1.

L'homme court follement à travers les champs de cannes à sucre, sa bedaine tressautant au rythme de ses pas. Il court comme s'il avait l'enfer aux trousses.

Les mains jointes en une prière, il s'ouvre un chemin désordonné dans les hautes tiges dont les plumets s'agitent au vent léger de la nuit réunionnaise. Il ne sent pas les griffures des feuilles sur ses mains et son visage. Il se retourne encore une fois, certain que l'autre ne lâchera pas... Il court maladroitement, tête baissée, il court pour sauver sa vie et sans doute son âme... Son pied bute soudain sur une pierre, il titube, zigzague, perd l'équilibre et tombe lourdement la tête la première sur le sol, dans un bruit de froissement végétal.

Il demeure un instant immobile, l'odeur de la terre fraîche envahit ses narines, puis il se retourne péniblement sur le dos. Il a les genoux endoloris. Il prend une longue inspiration par le nez, comme en apnée, puis une autre, lèvres pincées, les yeux mi-clos. Son cœur cogne dans sa poitrine. Il a froid, il a peur. Dans sa chute, il s'est entaillé le front. Une goutte de sang perle de la coupure fraîche et coule vers son sourcil gauche. Il entend du bruit, pas très loin derrière lui. Il panique et, malgré son embonpoint, réussit à se tourner vivement de côté. D'un curieux geste, les mains toujours jointes, il essuie rapidement son visage terreux et poissé du jus sucré des cannes. Il prend appui sur ses genoux douloureux sans émettre une plainte, se relève, jette un regard apeuré autour de lui et reprend tête baissée sa course éperdue dans les cannes à sucre. De temps à autre, il aperçoit, entre les tiges qui défilent, des lumières, là-bas. Il court dans leur direction, il croit sentir l'haleine glacée de cimetière de l'autre sur sa nuque.

2.

La fourgonnette portant en gros caractères *Identification criminelle* sur ses flancs poussiéreux se gara sous les cocotiers avec la lenteur d'un vieil animal fatigué. Puis son moteur cala. Le conducteur ronchonna :

— Foutu camion... Y va me péter dans les pattes, un jour. L'est fini...

Le gendarme Robert, gros type café au lait aux yeux clairs, descendit de la camionnette et verrouilla la portière en sifflotant. Il portait une étroite mallette en plastique, un sac contenant une caméra numérique pendait à son épaule. Il marcha droit devant lui sous les cocotiers et arriva sur la plage, en pleine lumière.

La mer d'un bleu quasi fluorescent charriait des paquets d'écume qui explosaient en gerbes mousseuses sur les rochers de lave encerclant la grève. Au loin, une ligne d'un blanc éclatant indiquait la présence d'une barrière de corail. Des barques de pêche, l'étrave plantée dans le sable, apportaient une note colorée à l'austère paysage volcanique.

Au bord de l'eau, postés devant une rangée de piquets reliés entre eux par une bande jaune de plastique qui vibrait au vent, quatre personnages devisaient, les mains dans le dos. L'un d'eux était un gendarme au teint rougeaud, l'air de mauvais poil. Il tenait un talkie-walkie à la main. Les trois autres étaient des grands types à la chemise ouverte sur des torses noirs et musculeux, porteurs des casquettes plates de retraités.

Le gendarme interpella son collègue :

— C'est pas trop tôt, Robert, hein ! Deux heures que je me fais le pied de grue en plein cagnard !

L'homme de l'identification criminelle leva une main apaisante.

— Relax, Max... Les embouteillages... Alors, c'est quoi, aujourd'hui ?

— J'en sais rien, bougonna le gendarme. Des éléments de bateau, un bidon de produits toxiques, aussi. Je crois que tu vas être déçu... J'ai viré les curieux et j'ai installé un périmètre avec l'aide de ces messieurs.

Il fit un geste de présentateur de télévision en direction des pêcheurs. Les trois hommes soulevèrent leurs casquettes avec un bel ensemble et serrèrent la main du nouveau venu. Le gendarme rougeaud reprit :

— Ces messieurs ont trouvé ça tôt ce matin. Ils partaient pour la pêche... Y z'ont rien touché et y z'ont fait appeler. J'étais en voiture pas trop loin. Tu peux commencer à bosser, moi, je me rentre.

Le type du laboratoire criminel de Saint-Denis de la Réunion avait une belle voix de basse.

— Robert, t'as parfois la main heureuse, mon gaillard... Il y a des traces d'explosif bien nettes sur les débris de bateau que t'as trouvés sur la plage.

Le gendarme s'étonna.

— Merde ! Des *explosifs* ?

— Qui vont avec des débris de métal incrustés dans le bidon à tête de mort. Et c'est bien de la peau humaine qu'était collée dessus.

— De la peau humaine ? Quelle couleur ?

— Elle a mariné dans la flotte, alors on peut pas trop savoir. Le labo va faire des tests. Ça a dû chauffer, sur ce rafiot.

— Les gardes-côtes ont signalé quelque chose récemment ?

— Négatif... Calme plat. On a averti les affaires maritimes, les douanes et la marine militaire. On ne sait jamais.

— Tu penses à une attaque ? Des pirates ? Des contrebandiers ? Une explication entre passeurs de came ?

— Je ne pense à rien, j'ai pas le sens du drame, et d'ailleurs j'ai pas d'imagination. Sinon, je ne ferais pas ce boulot. On n'est pas très équipés, ici, pour la détermination des explosifs, alors on a envoyé une copie de ton film vidéo en métropole, à plusieurs labos de police criminelle, avec une spectro de la suie d'explosif qu'on a prélevée et des particules de métal.

3.

La fenêtre était ouverte sur un semis d'étoiles, des airs de séga parvenaient de la rue. Giran, spécialiste des écosystèmes marins, jeune type aux cheveux bouclés et à la mâchoire de boxeur, était ravi. Ravi, mais inquiet. Son invité avait pourtant l'air content d'être là, à siroter du punch dans son petit appartement si bien rangé.

Giran lui décocha un sourire gêné. Un sourire tout de grandes dents faisant irrésistiblement penser à la calandre d'une Cadillac des années cinquante.

— Voyez-vous, regarder comment ça se passe pour la faune sous-marine au-delà de la barrière de corail fait partie de notre travail. Mais on ne peut pas tout le temps plonger, alors, avec notre petit bateau-labo, nous profitons de la clarté des eaux, ici... Nous ne disposons pas de sous-marin de poche, mais nous pouvons descendre des caméras au fond. Juste derrière la barrière de corail, au large, il y a un tombant de soixante-quinze mètres et après ça descend très rapidement dans les grandes profondeurs. Cette île, comme vous le savez, a été formée à partir d'un volcan... Bref, c'est donc la semaine dernière que nous l'avons repéré.

Il rectifia prudemment :

— Que nous pensons l'avoir repéré. Un pêcheur de corail professionnel nommé Hoareau a aperçu un très gros animal, « blindé comme un char d'assaut sous-marin » – ce sont ses propres termes –, un animal qu'il n'avait jamais vu en trente ans de carrière. Il se tenait la tête en bas... Et il aurait filé vite fait en le voyant. Vous avez sans doute lu l'article paru dans le journal local.

Giran regarda son grand interlocuteur en hochant la tête comiquement.

— Pour qualifier ce genre de rencontre, le mot rarissime est faible. Bien. Je vais vous montrer la bande du film sous-marin... Je vous demande bien sûr de ne pas ébruiter cette histoire...

Le détective Sénéchal, vautré dans le canapé du salon, un verre à la main, demanda :

— Elles marchent encore avec des bandes vidéo, vos caméras ?

Le biologiste fit un rapide sourire.

— Question de budget : c'est un modèle de la recherche publique... Il faut avoir une grande habitude pour analyser ces images, ne vous attendez pas à un documentaire sur la faune sous-marine comme ceux qu'on voit à la télé... Avec nos collègues, nous les avons visionnées des dizaines et des dizaines de fois, et je dois avouer que c'est vraiment très, très excitant.

Il observa Sénéchal, de nouveau inquiet.

— Nous souhaitions absolument garder ça pour nous, mais dans la mesure où vous êtes un... un policier, en somme.

— Un écoflic. Comme qui dirait une nouvelle espèce.

Le spécialiste des écosystèmes marins dirigea la télécommande vers le magnétoscope. En bas de l'écran, des chiffres défilèrent à toute vitesse. La couleur de fond passa par différentes nuances de bleu. De temps à autre, un poisson ou une méduse s'enfuyait à folle allure devant le projecteur, des masses sombres et mouvantes étaient visibles à l'arrière-plan.

— Voilà, j'y arrive.

L'angle de prise de vues changea, les couleurs aussi.

— Je vous passe la bande au ralenti.

Il y eut un mouvement flou, quelque chose tremblota à droite, puis se déplaça sur la gauche. Le scientifique montra du doigt un minuscule point blanc. Il dit dans un souffle, comme s'il avait peur que l'image ne disparaisse :

— Voilà le vieux quatre-pattes !

Sénéchal, qui s'était légèrement assoupi, demanda d'une voix pâteuse :

— Le vieux quatre-pattes ?

— C'est un surnom que les spécialistes lui ont donné... Il vient de sa manière de se déplacer. Vous le voyez bien, maintenant ? Il faut suivre son gros œil reflété par les torches des caméras. Ce qui a brillé, là, très rapidement, c'est sa gueule. Ou, plutôt, l'émail de ses dents.

— L'émail ?

— Ses dents sont recouvertes d'émail, comme celles des mammifères. C'est incroyable !

— Hum. On ne voit pas grand-chose.

L'image bougea encore. Le biologiste cria :

— Regardez, hop ! il s'enfuit par la gauche !

Il soupira bruyamment.

— Et voilà... *Exit* l'animal le plus rare du monde.

Sénéchal tentait encore en vain de distinguer les formes de l'animal le plus rare du monde, mais celui-ci s'était dissimulé dans les masses colorées de l'écran.

— Ça vous ennuierait de me le remontrer, monsieur Giran ?

Au cœur d'un nuage de vase, le détective distingua cette fois plus nettement la forme fuselée d'un très gros poisson bleu qui semblait posséder un nombre anormal de nageoires. À peine apparu, l'animal s'évanouit progressivement dans l'angle gauche du téléviseur, laissant derrière lui une traînée de particules en mouvement. Giran commenta :

— Je vous présente le cœlacanthe, animal qui aurait dû disparaître avec les dinosaures voici plusieurs millions d'années. En réalité, ce n'est pas vraiment un poisson. Ou, plutôt, ça ne l'est plus. Vous voyez l'étalonnage en bas de l'écran ? Il mesure à peu près un mètre quatre-vingts de long, voire deux mètres. On distingue très bien la dorsale supérieure si particulière.

L'écoflic avait beau écarquiller les yeux, il ne voyait de nouveau qu'un amas confus de formes et de couleurs tremblotantes.

— Son allure aussi le distingue des poissons. Il ne se déplace pas du tout comme un poisson moderne. Il possède la caractéristique unique de nager sous l'eau en « trottant » comme un quadrupède, car ses nageoires sont articulées. (Le spécialiste des écosystèmes imita le trot d'un cheval. Sénéchal se retint de rire.) Il peut aussi passer en marche arrière brusquement, à la manière des libellules ou des hélicoptères. Parfois, il exécute une sorte de pas de deux... Du moins, les rares qu'on a aperçus vivants.

Giran ne tenait plus en place et se frottait les mains l'une contre l'autre.

— Son histoire commence le 22 décembre 1938 en Afrique du Sud. Le capitaine d'un bateau de pêche arrive au port d'East

London, une petite ville à l'est de Cape Town. Au muséum de cette petite ville, la conservatrice, une certaine miss Marjorie Latimer, s'ennuie ferme, à mon avis, au milieu de ses coquillages et de ses bestioles empaillées. (Il sourit.) Comme moi quelquefois... Elle descend donc ce matin-là au port pour faire son marché. Parmi les prises d'un chalutier, elle tombe en arrêt devant un curieux poisson. Un très gros poisson mal en point qui essaie de lui mordre la main quand elle veut le toucher. Elle sait observer, la miss, et elle trouve que ce poisson blindé bleu avec des taches blanches et brillantes comme de l'argent – c'est elle qui le précise – ne ressemble à rien qu'elle connaisse. Il est grand comme un homme...

Il jeta un coup d'œil à son immense interlocuteur.

— Un peu moins grand que vous, évidemment, et il pèse le poids d'un homme... dans les quatre-vingts kilos. Miss Marjorie Latimer se dit que c'est impossible, que cet animal surgi des profondeurs du temps ne peut pas être vivant. Plus tard, d'ailleurs, elle déclarera : « C'était comme si je venais de croiser un dinosaure dans la rue ! » Elle interroge le capitaine du chalutier, qui lui raconte qu'il a jeté ses filets à l'embouchure du fleuve Chalumna. C'est là qu'il a pêché cette bête extraordinaire. Miss Latimer note ce détail, qui, vous le verrez, a son importance, monsieur Maréchal.

— Sénéchal. Mon nom est Sénéchal. Prénom : Pierre.

— C'est cela... Ensuite, elle fait un croquis du poisson et l'envoie au professeur James Smith, un éminent ichtyologiste sud-africain.

— Un quoi ?

— Un Sud-Africain, tout ça se passe en Afrique du Sud.

— Non, le mot d'avant.

— Ah, pardon ! Un ichtyologiste. Un spécialiste des poissons... Bref, ce Smith débarque quelques jours plus tard à East London et identifie l'animal comme étant un cœlacanthe. Un dinosaure vivant ! À l'époque, la nouvelle fait l'effet d'une bombe. Le cœlacanthe de miss Latimer devient la plus grande découverte zoologique du siècle. C'est comme si un animal sorti de Jurassic Park était là, devant vous. (Il rit, ses épaules tressautant, ce qui accentua son allure de pur-sang au paddock.) On commence alors à lui attribuer le rôle du fameux « chaînon manquant », à cet animal tout droit sorti de la préhistoire. Le rôle de l'ancêtre des vertébrés. Car on découvre que plusieurs de ses nageoires contiennent des ébauches de membres. Ou plutôt les futurs os des cinq doigts humains. Il aurait pu donc être le premier poisson à sortir de l'eau pour marcher sur la terre.

— Le monstre du loch Ness venait d'en prendre un sacré coup, j'imagine... Et il avait été perdu de vue pendant combien de temps, ce joli poisson ?

— À peu près trois cent cinquante millions d'années.

4.

L'air embaumait le parfum sucré de la cannelle mêlé à l'odeur de bois d'acacia qui brûle.

Solidement campée sur ses deux jambes, son large ventre ceint d'un tablier d'épais coton bleu, la veuve Hoareau préparait la rougaille de saucisses à la lueur d'une ampoule nue qui descendait du plafond, entre des charcuteries séchées et de la viande boucanée pendues aux solives par des ficelles.

Conformément à l'usage réunionnais, sa cuisine, une pièce basse aux murs de pierres de lave, était une construction séparée de l'habitation principale, par crainte du feu. Elle était recouverte d'un toit de palmes que traversait la fumée de la cuisson. Dans un pilon de bois, la veuve écrasait méthodiquement, en ahanant, le mélange de piment et de gros sel. Un magnétocassette posé sur une étagère débitait des chansons créoles. Le fond musical était constitué de tintements aigrelets émis par une boîte à musique.

Elle cessa son travail pour s'essuyer le front du revers de la main. Il faisait très chaud. Dans la vieille marmite posée sur le fourneau à bois, les saucisses, leur peau piquetée d'un coup de fourchette, rendaient leur saumure dans l'eau bouillante. La veuve avait préparé les tomates et les oignons hachés sur une planche à découper, posée telle une offrande au beau milieu de la table recouverte d'une toile cirée jaune canari. Elle regarda le ciel nocturne par la vitre légèrement embuée, placée haut dans la porte.

Depuis sa place, Mme Hoareau apercevait par cette lucarne

le toit de sa maison et les quatre grands palmiers bornant son territoire qui commençaient à tanguer au vent du soir. Elle aimait particulièrement cette heure. L'heure où tout était calme.

Elle fronça les sourcils : il lui avait semblé, une seconde, que venait de passer, là-bas, une curieuse silhouette. Comme celle d'un pénitent... Une ombre, peut être, qui avait glissé rapidement entre les troncs.

La veuve éteignit son magnétocassette, prit un torchon qui pendait le long du fourneau, s'essuya les mains et alla regarder à nouveau, le nez collé à la vitre. Il n'y avait rien. Les feuilles des palmiers ondulaient sur le ciel noir.

Elle venait à peine de se remettre à sa cuisine qu'un choc contre la porte lui fit lever la tête. Elle entendit un frottement, puis des coups sourds, comme si un gros animal cognait son échine contre le battant.

Le bourg qu'elle habitait était composé de cinq maisons dispersées dans la montagne. Il était isolé, loin de la route. Et la cuisine ne possédait qu'une seule issue. Mais la veuve Hoareau n'avait pas froid aux yeux, tout le monde le savait. Elle empoigna fermement le tranchoir accroché au mur, le soupesa, l'assura dans sa grosse main, puis se dirigea vers la porte. Elle grommela entre ses dents :

— T'i bon Dieu ! C'est peut-être un de ces pochetrons qui...

Postée de profil devant la porte, elle demanda :

— Qui est là ?

Un « huuuuuuun » assourdi lui répondit, un son bizarre, comme le ululement d'un chien blessé. Elle pencha la tête pour écouter. Un frisson la saisit. Ce n'était pas la plainte d'un chien. C'était une voix humaine.

La veuve se signa rapidement, rangea le tranchoir dans la poche ventrale de son tablier et s'empara d'une machette, un sabre d'abattis rangé dans un porte-parapluies de bambou, à côté d'un sac d'où dépassaient des oignons luisants... Ça, au moins, elle savait bien s'en servir.

Sabre en main, elle ouvrit brusquement la porte. Dans le carré de lumière projeté depuis l'intérieur de la cuisine, elle vit un homme. Un homme à genoux devant elle. Il était couvert de griffures, de sang séché et de terre, ses vêtements étaient déchirés. Il avait les mains jointes comme pour une supplique. Son regard implorait la grosse femme qui tendait sa machette vers le ciel, dans le vide de la nuit, immobile telle une statue un peu ridicule.

L'homme reprit sa mélopée nasillarde – « huuuuuuuuun » – comme un enfant, bouche fermée.

De grosses gouttes brillantes jaillirent soudain de ses yeux.

Il pleurait à chaudes larmes, il étouffait.

5.

Sénéchal attrapa la bouteille et resservit un punch au scientifique (il versa sournoisement une double dose).

— Je comprends qu'il crée la surprise en revenant, votre cœlacanthe !... Un poisson de trois cent cinquante millions d'années !

— Ce n'est plus un poisson, comme je vous l'ai dit. Il s'est écarté de la lignée des poissons pour se rapprocher de celle des amphibiens, les précurseurs terrestres des reptiles, des oiseaux et des mammifères. De là à considérer que c'est notre ancêtre, il n'y a qu'un pas. On baptise donc le premier cœlacanthe officiellement réapparu à la surface du globe *Latimeria chalumnae Smith.* Et Smith, l'ichtyologiste, promet une forte récompense à quiconque lui rapportera un autre fossile vivant, car on lui raconte que d'autres cœlacanthes ont été repérés au large des côtes sud-africaines.

— Et ça marche ?

— Presque. Ce brave Smith devra patienter quatorze ans avant qu'on lui en signale un autre, en 1952, à Anjouan, dans l'archipel des Comores.

— Depuis, on a trouvé d'autres cœlacanthes ?

— Six spécimens sont repérés au large de l'Afrique du Sud. En 1986, on en attrape un dans le canal du Mozambique, en 1993 puis en 1995 près d'ici. Ce dernier a été pêché à Anakao, non loin de Tuléar.

— Tuléar ?

— Au sud de Madagascar, notre grande île voisine. À l'aplomb du tombé récifal. Mais l'histoire du *dinofish,* son appellation anglo-saxonne, ne s'arrête pas là. En 1997, on fait une immense découverte. On trouve un cousin indonésien ! Sur une petite île nommée Manado Tua, proche de Célèbes.

— À dix mille kilomètres des Comores ? La même bestiole ?

— Eh bien non, c'est le plus incroyable ! Le *Latimeria manadoensis,* du nom de l'endroit où on l'a découvert, a fait un tel bruit dans le monde scientifique qu'on a eu recours au séquençage ADN pour savoir s'il était différent de celui de miss Latimer. De fait, il l'est.

— À quel niveau ?

Le scientifique réfléchit un moment.

— Sur le plan génétique, le rapport important entre transition et transversion, et surtout la prépondérance des substitutions nucléotiques silencieuses au niveau de la troisième position du codon, sans compter...

L'écoflic s'agaça.

— Oui, merci, merci, mais à part ça ?

— Le spécimen indonésien appartient à une nouvelle espèce. On venait de trouver le plus rare des plus rares des animaux du monde... Un autre de nos ancêtres.

Sénéchal observa avec la plus grande attention le contenu de son verre de punch, comme s'il pouvait y lire l'avenir des espèces en voie d'extinction. Il demanda sur un ton feutré :

— J'imagine que vous avez persévéré dans votre quête du cœlacanthe réunionnais, monsieur Giran ?

— Bien sûr... Nous quadrillons la zone dans laquelle on l'a repéré. Nous patrouillons surtout la nuit, l'animal étant un chasseur nocturne qui remonte vers la surface dans l'obscurité... Du moins théoriquement.

— Et pourquoi avoir alerté mon service, la FREDE ?

— Hum... Parce que nous avons des visiteurs au Port.

— Quel port ?

— Au Port. La ville où est située le port de la Réunion s'appelle Le Port. C'est à une vingtaine de kilomètres de Saint-Denis.

— Et alors ?

— Une fondation océanographique suisse est arrivée avec un bateau-laboratoire et un sous-marin de poche. Ce qui nous inquiète, bien sûr, mon équipe et moi. Alors quand votre chef, Mme Pommier...

— Pottier.

— ... m'a dit que vous étiez sur notre île...

— Et alors, cette fondation ?

— On ne sait pas d'où sortent ces gens-là : ils se sont matérialisés ici comme dans les films de science-fiction. Ils sont apparemment fort bien équipés – bien mieux que nous, d'après ce que j'ai appris –, et ils peuvent nous coiffer au poteau. De plus, ils interrogent les pêcheurs. Ils leur posent des questions sur la faune sous-marine locale... Pour finir, on aurait aperçu ces Suisses en train de patrouiller près du cap Méchant, là où le pêcheur de corail nous a signalé la présence de l'animal.

— Le cap Méchant ?

— Près d'un endroit appelé le Puits des Français, au sud.

L'écoflic s'étonna.

— Ils sont peut-être là pour tout autre chose, non ?

Le biologiste eut une moue amère.

— Je n'aime pas ce genre de coïncidence. J'ai peur qu'ils n'essaient de nous doubler. Ou pire.

— Pire ?

— Qu'ils tentent de le capturer. Il n'y survivrait pas.

— Pourquoi ?

— Notre ami à quatre pattes vit sous des pressions de plusieurs atmosphères, celles des profondeurs. Et c'est un animal à respiration pulmonée. Il imploserait si on le remontait rapidement à la pression de la surface de la mer. La nôtre.

— Comment serait-il possible de le remonter vivant, alors ?

— La seule solution serait de l'enfermer dans un caisson hyperbare, à l'instar des plongeurs qu'on « recompresse » afin de leur éviter l'embolie gazeuse. Mais c'est très dangereux, car on ne sait pas tout sur son métabolisme. (Giran soupira.) Vous savez... Bien que hautement protégé, notre ancêtre a un problème récent. Un problème qu'il n'avait sans doute pas il y a trois cent cinquante millions d'années...

— Lequel ?

— Il possède une épine dorsale élastique et creuse dépourvue de vertèbres.

Sénéchal haussa ses larges épaules.

— Et alors ?

— Hélas ! dans cette épine dorsale creuse se trouve du liquide rachidien. Et un nouveau, disons, fantasme est apparu récemment en Orient... Cet incroyable animal, ainsi que je vous l'ai précisé, a survécu trois cent cinquante millions d'années. De là à penser qu'en absorbant son « fluide vital », son liquide rachidien, on pourrait allonger considérablement sa propre durée de vie, il n'y avait qu'un pas, que certains, en Asie, ont franchi... Voilà un nouvel élixir de longue vie, rarissime. Et d'une valeur inestimable, évidemment.

Sénéchal grogna :

— Eh oui ! Ce foutu vieux truc de l'immortalité. Et ce sont toujours les animaux qui en font les frais.

Giran reprit :

— La chasse au vieux quatre-pattes est donc déclarée ouverte depuis quelque temps. Par les Japonais particulièrement. Et les méthodes de recherche sous-marine étant de plus en plus sophistiquées...

— Vous pensez qu'on ne le chasse que pour son liquide rachidien ?

— Non. Même mort, n'importe quel musée s'en porterait acquéreur pour une fortune. Alors, vivant... De plus, je n'ose imaginer le prix qu'on offrirait pour une nouvelle espèce, si on en trouvait une ici. Un bateau-laboratoire appartenant à un musée privé japonais a déjà été soupçonné par les autorités des Comores de pratiquer la chasse au cœlacanthe. Ce navire est désormais interdit de séjour dans tous les endroits où l'on a trouvé des quatre-pattes.

Il s'interrompit, hésita, soupesa ses mots, puis lâcha :

— Je dois avouer que je comprends mal ces gens-là.

— Les Japonais ?

— Non, les imbéciles.

6.

— Pierre ? C'est Lucrèce... Il se passe bien, ton voyage d'étude ? Dis donc, il en arrive, des choses marrantes, dans ton secteur. Comme tu m'as demandé de te tenir au courant de ce qui se passait dans le vaste monde de la FREDE... Mais tu dois pas arrêter de te dorer sur tranche, non ? Ici, il pleut des cordes...

Sénéchal l'interrompit.

— Lucrèce ?

— Oui ?

— Pourrais-tu synthétiser ton propos, mon ami ?

Serge Méjaville, *alias* Lucrèce, chimiste attitré de la brigade des Fraudes et délits sur l'environnement, était un petit homme rond au visage fatigué et perpétuellement mal rasé, qui promenait sa courte silhouette et sa brioche de gourmand dans les couloirs de la FREDE, dont il occupait l'unique laboratoire. Il avait pour marotte la collection de nœuds papillons dans des boîtes réservées habituellement aux lépidoptères tropicaux, et connaissait bon nombre de méthodes adoptées au fil du temps par les bipèdes pour expédier leurs semblables dans un monde réputé meilleur.

— Bref, voilà... On a reçu un fichier informatique, via Internet, provenant des gendarmes de Saint-Denis de la Réunion. Il contient le spectre d'un produit chimique.

— C'est quoi, le produit chimique de ton spectre ?

— Ce spectre est celui de résidus d'explosif et de particules de métal. Un explosif qui a explosé, je te le précise. Ces résidus d'explosif explosé ont été prélevés sur les débris d'un bateau, ainsi que sur un bidon percé avec une tête de mort dessus, échoués sur une plage de l'île, près d'un endroit dénommé le Puits des Français.

— Le Puits des Français. Tiens donc... Des débris de bateau et un bidon à tête de mort. Ils allaient ensemble ?

— Oui. Les gendarmes ont tourné un film vidéo commenté de leur découverte. Apparemment, un petit bateau a explosé en mer. Il contenait un ou plusieurs de ces bidons à tête de mort.

— Intéressant. Et sans doute polluant.

— Encore plus intéressant : au vu de la signature spectrographique, j'ai pensé à un explosif militaire. On a vérifié, et c'est bien le cas. Un explosif provenant d'une arme. On ne sait pas encore laquelle. Sur le film, on voit d'ailleurs que le bidon a été traversé à haute vitesse par du métal. Mais il y a pire : parmi les débris, il y avait également un bout de chemise taché de sang, de la peau humaine collée par la chaleur à une paroi du bidon, un éclat de dent et une particule d'or fondu. Il y a eu au moins une victime de l'explosion.

— Eh bé ! Et l'or, c'est quoi ? Le trésor du pirate ?

— Hum. Cet or peut provenir également d'une dent en or ou d'un bijou, une gourmette, une bague... Il nous indique, en tout cas, que la température de l'explosion a dû être très élevée.

— Tu sais ce qu'il y avait dans le bidon ?

— Non. Il était vide. J'en déduis seulement qu'on a fait exploser avec une arme de guerre un petit bateau transportant un bidon à tête de mort. Détestable manie... Et qu'il y a eu au moins une victime.

7.

— Moi, ça m'attire toujours, les bidons avec une tête de mort dessus. C'est, comment dirais-je? un vestige de ma passion enfantine pour les films de pirates.

Le brigadier-chef Vannier jeta un regard mauvais à Sénéchal, assis de l'autre côté de son bureau. Il retourna encore une fois entre ses doigts la carte tricolore marquée « Fraudes et délits sur l'environnement » et les tampons, apparemment authentiques, des trois ministères de tutelle : ceux de la Santé, de l'Intérieur et de l'Environnement. Même la photo du détective collée dessus l'agaçait.

Il scruta un instant l'immense type à bretelles assis devant lui et posa calmement la carte sur le bureau, de son côté, sans faire mine de la rendre à son propriétaire.

— La FREDE... Je ne connaissais pas. Votre service est plus ou moins secret, non? monsieur, euh...

Il tendit son museau osseux de technocrate policier au-dessus de la carte posée devant lui, comme pour y découvrir, sous cet angle, un message injurieux écrit à l'encre sympathique. Il lut, en pinçant les lèvres :

— M. Sénéchal...

Sénéchal lissa d'un air pénétré le pli de son pantalon de toile beige, puis leva une grande main, en un geste un peu pédant.

— Oh, nous sommes en quelque sorte des moines-soldats. Des moines-soldats retranchés derrière nos murailles inexpugnables...

— Ah?

— Nous sommes aussi suffisamment mal payés pour avoir des

collègues agréables... Des braves, faits de sac et de corde, à l'ancienne. Et, bien sûr, nous ne fermons jamais. Voyez-vous, brigadier-chef ?

— Et la protection de l'environnement est votre véritable activité ? Notez, je suis peut-être indiscret.

— Saviez-vous qu'entre cinquante et trois cents espèces végétales et animales s'éteignent chaque jour ? Et que l'humanité se livre à un véritable génocide sur les animaux ?... Des fois, ne croirait-on pas que les hommes ont décidé d'en finir une fois pour toutes avec la nature ? Hmm ?

— Sans doute, sans doute, mais j'ai du mal à comprendre pourquoi cette histoire d'embarcation coulée intéresse votre service spécialisé dans, euh, les fraudes et délits sur l'environnement. Il s'agit sans doute d'une histoire de contrebandiers, il y a pas mal de types qui viennent en barcasse de Madagascar, et...

— Et il se trouve que ce bateau chargé de bidons *a priori* remplis de toxiques a explosé précisément dans un secteur qui m'intéresse au plus haut point.

— Ah oui ?

L'écoflic lui lança un regard fixe d'oiseau de nuit.

— Brigadier-chef, on m'a rapporté la présence dans vos eaux d'une espèce animale rarissime et hautement protégée qui requiert toute notre bienveillante attention. De surcroît, un bateau-laboratoire privé, de nationalité helvétique, que l'on soupçonne de traquer ladite bestiole, aurait été aperçu récemment, et toujours dans ce même secteur, près du Puits des Français. Ce qui me trouble, voyez-vous ? Aussi me fondrai-je dans le paysage de cette île ensorcelante, que vous le vouliez ou non, avec votre gendarmesque collaboration ou pas. Après tout, plus il y a de flics, plus on s'amuse, n'est-ce pas ?

8.

Le bateau-laboratoire de la fondation Abyss était un luxueux yacht à trois mâts de plus de trente mètres de longueur. Sénéchal admira la coque élancée, le superbe pont de teck, les hublots bordés de cuivre, l'impressionnant gréement avec ses voiles blanches dans lequel tournoyaient les mouettes. Un drapeau suisse attaché à une hampe chromée flottait sur la poupe. Un sous-marin de poche était suspendu à une double potence blanche, sur le flanc du bateau opposé au quai, tel un simple canot de sauvetage. Ses patins luisaient au soleil.

Il n'y avait qu'une seule personne sur le pont du navire, à la poupe : un homme mince accoudé au bastingage. Il était coiffé d'une casquette. Son pantalon blanc paraissait coupé sur mesure. Le visage très bronzé, il caressait de l'index sa moustache à la Clark Gable.

Sénéchal s'approcha de caisses entreposées sur le quai et, dans leur ombre, l'observa un instant. Puis il franchit la passerelle du yacht et se dirigea droit vers lui, sa carte tricolore tenue à hauteur de poitrine. Sous ses pieds, le pont impeccablement verni était quasi immobile.

L'homme vint à sa rencontre, les mains dans le dos. Sur sa casquette était marqué « Abyss Fundation » en lettres blanches. Il s'arrêta devant le visiteur et le regarda sans émotion.

— La police... Tiens donc ! Vous avez un mandat ?

— Je pourrais.

— Et vous êtes monsieur...

— Sénéchal. Enquêteur Sénéchal.

Le type lui tendit une main bronzée. Sa poigne était ferme. Il avait un visage fin buriné par le soleil, un nez droit, des yeux très clairs. Sénéchal jugea qu'il avait dépassé la quarantaine.

— Je m'appelle Hans Ziegler. Vous êtes le bienvenu à bord, monsieur Sénéchal. Excusez-moi, je suis un peu formaliste. (Il rit doucement.) C'est normal, je suis citoyen helvétique. Le formalisme est presque écrit dans notre constitution.

Sénéchal lui mit sa carte dans les mains. L'homme la prit et la tendit presque à bout de bras, trahissant ainsi une forte presbytie.

— Fraudes et délits sur l'environnement? J'ignorais que cela existait, si je puis me permettre... C'est très intéressant. Nous sommes un peu dans la même branche... Nous aussi, nous nous préoccupons d'environnement.

Son débit était très germanique, il marquait une infime hésitation sur les *o* ouverts. Il rendit la carte à l'écoflic.

— En quoi puis-je vous être utile?

— Oof! simple routine. Je recueille des informations pour le ministère. (Sénéchal fit un geste vague.) Rien de particulier... Vous êtes une sorte d'institut de recherche privé, je crois?

— C'est un peu plus large que cela. La fondation Abyss a pour but, entre autres, de découvrir, de recenser, d'étudier et de protéger de nouvelles espèces animales ou végétales.

— Et vous en découvrez souvent?

— Je dirais... tout le temps.

Tout à coup, Sénéchal parut se désintéresser totalement de la conversation.

— Est-ce que je pourrais jeter un coup d'œil à votre sous-marin? Ces engins-là m'ont toujours fasciné.

— Mais je vous en prie. Les visiteurs sont toujours intrigués par Snoop.

— Snoop?

— Snoop est son surnom.

Le sous-marin de poche se balançait dans le vent qui ridait la surface des vagues en contrebas. Il était bardé de phares, de sondes et de lampes à arc.

Sénéchal chaussa ses lunettes demi-lunes, et, se penchant, jeta un coup d'œil curieux à travers l'habitacle. Il examina les commandes frontales et celles situées au-dessus du pilote. Elles lui apparurent d'une redoutable complexité. Il nota un discret symbole en forme d'hélice rouge à quatre pales gravé sur le tableau de bord. Les pinces hydrauliques noires destinées aux manipulations sous-marines étaient sagement repliées sous l'habitacle, telles les pattes d'un scorpion endormi sous une roche.

Le Suisse, toujours dans son rôle de guide affable, s'avança. Sénéchal remarqua que, conformément à l'idée qu'il se faisait d'un Helvète fortuné, Ziegler portait un chronomètre étanche en or au poignet.

— Ce submersible possède une trappe à poissons à l'avant et une boite biologique pour prélever des petits animaux ou du plancton. Nous testons actuellement de nouvelles lampes... Des projecteurs de cinéma, en fait, pour améliorer la visibilité en profondeur. Ils ne sont pas encore très au point. Quant à ces jolies petites pinces, elles sont capables de vous couper un bras.

Fixée à l'avant, une perche d'environ trois mètres intrigua l'écoflic. Elle était terminée par une sorte d'antenne de télévision miniature. Il se retourna vers le yachtman.

— Et cette perche-là ?

Ziegler hésita.

— Elle permet de mesurer divers paramètres concernant l'eau.

— L'eau ?

— Oui, les concentrations salines, la, heu, turbidité. Je ne suis pas un spécialiste, à vrai dire...

— Êtes-vous scientifique, vous-même ?

Le Suisse eut un large sourire.

— Le seul point commun que je puisse éventuellement avoir avec un scientifique, c'est que mon activité, *mes activités* sont centrées sur la recherche. Mais uniquement sur la recherche du profit. Je suis plutôt dans les affaires... De manière héréditaire. Je pense qu'il existe une transmission automatique de plusieurs gènes qui font que tout Ziegler naît coiffé et développe très tôt un sens aigu des affaires.

— Et cela se manifeste comment, dans ce contexte ?

— Ce bateau ainsi qu'une grande partie des équipements scientifiques à bord m'appartiennent. Je les mets à la disposition de la fondation Abyss.

— Une sorte de mécénat, monsieur Ziegler ?

Le Suisse rit de nouveau, d'un petit rire flûté.

— Les Français ont toujours du mal à comprendre que ces deux conceptions puissent se côtoyer. (Il leva un doigt.) Surtout d'aussi près.

— Quelles conceptions ?

— Eh bien, la recherche et l'argent... Nous autres Suisses,

nous n'en avons pas honte. Question de culture, sans doute. Certaines des recherches menées par la fondation Abyss ont des retombées économiques à moyen et long terme. En contrepartie de mes largesses, mes sociétés bénéficient, souvent en priorité, des recherches menées pour la fondation, en fonction d'accords préalablement établis. Enfin, pour mon plus grand plaisir, cette activité me permet de voyager avec mon propre bateau... Qui ne rêve de visiter les îles tout en travaillant ?

Sénéchal leva la tête vers les voilures soigneusement bordées.

— Et l'équipage ? Je suppose qu'il faut un équipage pour un bateau de cette taille ?

— Plus maintenant. Grâce à l'électronique, cher monsieur... Nous avons changé de siècle.

Le Suisse alluma tranquillement un fin cigare à l'aide d'un briquet-tempête nickelé. Le geste était plein de nonchalance. Ses yeux clairs ne reflétaient rien. Il tira une bouffée qui s'enfuit dans le vent, réfléchit un instant, puis ajouta :

— Les richesses de la mer ne sont pas seulement les trésors engloutis. Il suffit de se servir de la – comment dites-vous ? – de la jugeote. Les trésors sont parfois là, sous nos yeux.

Il s'approcha du bastingage et désigna l'eau de la pointe de son cigare.

— Vous êtes-vous demandé comment les coraux faisaient pour ne pas griller au soleil à marée basse ?

— À vrai dire, non.

— Eh bien, ils sécrètent une substance – ne me demandez pas laquelle, tous ces noms scientifiques m'échappent – qui les protège. C'est ce qu'a découvert un des petits génies qui travaillent pour la fondation. Cette substance constitue un formidable barrage naturel contre les rayonnements solaires nocifs. Les rayons solaires, et leurs dangereux corollaires, les affections de la peau humaine.

— La peau humaine...

— Nous avons mis cinq ans à caler le produit final.

— Nous ? De qui parlez-vous ?

— Nous, ce sont les laboratoires Ziegler... Cinq ans après la découverte de cette substance, nous avons lancé une gamme de crèmes solaires protectrices issues de certains coraux. Ces produits sont brevetés, vendus fort cher partout dans le monde, et nous n'avons pas à nous plaindre des résultats financiers.

— Tel que vous le racontez, ça a l'air facile, les affaires.

— Les perspectives sont vastes. Le milieu marin, curieusement, n'est pas aussi exploré que l'on pourrait le croire. Il constitue pourtant le plus grand domaine du monde.

Ziegler désigna de nouveau la mer.

— Il y a là de quoi réaliser quatre ou cinq fortunes en une vie. Une vraie mine d'or. On trouve là-dedans des composants uniques qui ont des applications médicales, cosmétiques ou agricoles... La moitié des recherches sur les médicaments anticancéreux sont fondées sur des organismes marins. L'AZT, ce médicament prescrit pour lutter contre le sida, a été extrait d'une éponge vivant sur la Grande Barrière de corail australienne. Je suppose que, comme moi, vous n'imaginiez pas que cet animal servirait un jour à autre chose qu'à se laver, n'est-ce pas ?

Un léger vent vint siffler dans les haubans, une drisse vibra. Ziegler ôta sa casquette. De la main, il lissa ses cheveux blonds qui rebiquaient légèrement sur sa nuque. Sénéchal remarqua qu'il avait les tempes dégarnies et couvertes de taches de rousseur, et que ses cheveux devaient être teints, car les racines en étaient brun clair. Il remit son couvre-chef.

— À propos, monsieur le policier français, les comptes de la fondation Abyss sont parfaitement transparents...

Il fit un geste vers la mer, main largement ouverte.

— ... Autant que l'eau que vous voyez là.

— J'en suis certain. Vous me payez une petite visite de votre yacht ?

9.

Ils descendirent un étroit escalier et traversèrent deux coursives. L'élégant yachtman ouvrit une porte marquée « Laboratoire ». La pièce était brillamment éclairée par des néons fixés au plafond, plafond qui parut très bas à l'écoflic. Il dut se pencher prudemment pour y pénétrer. Cinq personnes en blouse blanche étaient assises devant des paillasses métalliques. Tout autour d'elles, des instruments électroniques, aquariums, machines nickelées, binoculaires, tubes à essais et ordinateurs. Ça sentait l'iode et les produits chimiques.

Ziegler annonça à la ronde :

— Ce monsieur est du ministère de l'Environnement. Il vient voir ce que nous faisons ici. Dans le cadre d'une, euh, d'une étude.

Sénéchal sentait sous ses pieds un roulis imperceptible. Il salua d'un mouvement de la main.

— Ne vous dérangez pas pour moi.

Un barbu lui fit un sourire radieux, une jeune femme esquissa un vague signe de tête, l'air sérieux, et un rouquin le dévisagea fixement, le visage impassible. Les deux autres, de dos, étaient manifestement occupés à observer quelque chose dans un microscope. Ils se contentèrent de lever haut le bras en guise de salut.

L'écoflic s'avança précautionneusement dans la travée, de manière à ne pas heurter un des multiples objets de verre et de plastique dont les paillasses étaient recouvertes. Une image, sur un écran de télévision plat accroché au plafond, bougea doucement. Elle montrait un animal de cauchemar ressemblant à un crabe, mais un crabe aplati, à l'armure blême hérissée de piques. Ses pattes squelettiques se mouvaient sans cesse, d'un mouvement indolent qui suggérait une danse macabre au ralenti.

Un câble descendant de l'écran était relié à une machine pareille à un long bidon gris couché sur un support. Le bidon était muni de hublots ronds et épais pareils à ceux des anciens casques de scaphandrier. Sénéchal se pencha pour regarder à travers l'un d'eux. Sur le cerclage, il remarqua la petite hélice rouge qu'il avait aperçue gravée sur le tableau de bord du sous-marin. Juste à côté, il était écrit : « Takenushi Corporation ».

Le conteneur était entièrement rempli d'eau éclairée d'une faible lueur. Il chercha des yeux le crabe énorme de l'écran et ne vit qu'une créature d'environ trois centimètres de long qui agitait des pinces minuscules devant l'objectif d'une caméra immergée. Déçu, il leva la tête.

— Qu'est-ce que c'est que cette machine ? Un aquarium ?

La jeune femme répondit :

— Un caisson pressurisé. Un caisson hyperbare, précisément, pour maintenir en vie à la surface des animaux issus des grandes profondeurs. Des organismes qui vivent normalement sous des pressions considérables.

— Vous allez les chercher vous-mêmes, ces bestioles ?

— Non. Nous ne sommes pas équipés pour ça. Snoop ne descend qu'à deux cents mètres.

Ziegler prit la parole :

— Nous les achetons à ceux qui descendent les chercher.

— Et c'est cher ?

— Ces plongées en grande profondeur sont très coûteuses. Mais parmi ces animaux, il y a un ver géant de deux mètres de long, un euh...

— *Riftia pachyptila,* précisa la jeune femme.

— C'est ça. Il nous intéresse particulièrement. Ce ver géant produit des substances, des...

Devant l'embarras de Ziegler, la scientifique vola de nouveau à son secours :

— Des enzymes. Pour l'anecdote, ce ver géant est capable de digérer des métaux lourds issus de sources thermales des grandes profondeurs et il fabrique autour de lui un tube minéral qui lui sert d'abri.

— Et qu'est-ce que vous en faites, de ces enzymes ? demanda Sénéchal.

Ziegler répondit encore :

— Nous les commercialisons. Ils ont des applications dans des processus industriels complexes.

La jeune femme ajouta :

— Ce grand caisson hyperbare est normalement destiné à accueillir ces vers géants, entre autres. Mais pour le moment, comme vous l'avez vu, nous n'en avons pas.

Sénéchal hocha la tête.

— Je comprends. Et ce petit crabe, vous en tirez également des enzymes ?

La jeune femme sourit largement.

— Pas du tout. Amadeus est la mascotte du bord !

— Whisky, monsieur Sénéchal ?

— Whisky, monsieur Ziegler. Merci.

— Je croyais qu'un policier ne buvait jamais pendant le service ?

— J'ai une dérogation de la faculté de médecine. Vous paraissez préoccupé ? Je ne vous dérangerai pas très longtemps.

Ziegler fit un bref sourire et se cala dans son fauteuil du salon-bar tout de boiseries d'acajou et de cuivre rouge.

— Cher monsieur, j'ai bien peur de vous avoir... choqué avec mes histoires financières. Vous savez, la fondation Abyss développe également des activités scientifiques de recherche et développement qui sont parfaitement, comment dire ? qui n'ont aucune finalité économique.

— Et en quoi consistent-elles ?

— Prenons un exemple récent. Les tortues marines appelées caouanes représentent l'une des trois espèces vivant dans les eaux méditerranéennes. Elles sont menacées de disparition. Il n'en reste plus que deux mille.

— Pourquoi ?

— Marées noires, filets dérivants, pollution, hélices des navires... Elles migrent tous les ans dans la baie de Naples, zone industrielle où il n'y a plus aucun site propice à la reproduction. Ce qui constitue un grand problème. Bref, nous avons entrepris une campagne de recherche sur la caouane, en Méditerranée, l'année dernière...

— Qui consiste en quoi ?

— Tout d'abord à en capturer le plus possible. Ensuite, on fixe sur leur carapace un émetteur satellite. (Ziegler fit un geste large laissant entendre que cette activité ingrate ne lui était pas dévolue.) Toutes les cinquante secondes, l'émetteur envoie un signal à un satellite qui enregistre tous les déplacements de l'animal. Le satellite est équipé d'une mémoire de données, comme la durée d'immersion, et d'un système de localisation.

— Et ?

— On s'est aperçu que les tortues couvraient de quatre à cinq mille kilomètres en six mois ! Turquie, Péloponnèse, Grèce centrale... Cependant, les signaux qui les poussent dans la baie de Naples demeurent pour le moment très mystérieux... Voilà ce que nous cherchons à comprendre, entre autres, pour tenter de sauver l'espèce...

— Ces émetteurs se trouvent dans le commerce ?

— Non, non. Ils sont l'objet d'une recherche et d'une coopération. Des ingénieurs d'une firme d'électronique japonaise nous ont aidés.

Sénéchal sourit largement.

— Eh bien, voilà, monsieur Ziegler, vous m'avez convaincu que vous n'étiez pas uniquement un homme d'affaires. Manifestement, vous connaissez la nature et ses merveilles comme votre poche !

Comme au théâtre, la porte du salon-bar s'ouvrit et un homme essoufflé entra. Il était vêtu d'un polo et d'un short mi-long présentant un motif de fraises roses sur fond orange fluo. Rondouillard, il avait un visage poupin. Ses yeux étaient sans cesse en mouvement. Il serra rapidement la main du visiteur.

— Charles Designe. Designe en un seul mot. Excusez-moi, messieurs, j'étais dans mon bureau, au téléphone avec l'un de ces types qui représentent nos petits actionnaires.

Il arrêta son regard sur le géant bien calé dans le fauteuil, qui ne s'était pas levé à son entrée et qui maintenant le fixait. Il agita un index pédagogique.

— Mettez-vous bien dans la tête, cher monsieur, que le représentant du mal absolu sur cette planète, c'est le petit actionnaire... Dès qu'un de ces foutus petits nuisibles a économisé trois ronds, il veut s'inviter à la table des riches ! Il est prêt à tout, cet espèce de trou du cul !

Ziegler sourit.

— Excusez Charles, il est français... J'espère que vous n'êtes pas actionnaire quelque part, monsieur Sénéchal ?

Designe demanda :

— Je peux voir votre carte, ou un papier quelconque, monsieur le policier ?

Le Suisse fronça les sourcils, comme si son associé venait de proférer une grossièreté. Sénéchal exhiba sa carte sans bouger de son fauteuil. Il nota que Designe était décoiffé, sentait l'air marin et la sueur. Des taches de transpiration apparaissaient sur son polo, au niveau des aisselles.

Charles Designe examina la carte soigneusement, virevolta et se dirigea vers un fauteuil. Il s'assit, allongea une jambe dodue devant lui et croisa l'autre par-dessus. Puis il pivota de biais sur son siège et sortit de sa poche revolver un étui à cigarettes en argent guilloché. Il l'ouvrit d'un mouvement sec, y pêcha une cigarette à bout filtre doré, la porta à ses lèvres, fit claquer le fermoir, le posa sur la table aux bouteilles et se tourna vers Ziegler. Ce dernier sortit son briquet, tendit le bras sans se lever, obligeant Designe à se pencher, puis alluma la cigarette. Le visage du Suisse était sans expression. Designe tira une bouffée voluptueuse, fit un rond avec ses lèvres charnues, l'admira, puis souffla le reste en direction du plafond.

Il leva l'étui d'argent à hauteur de ses yeux et dit, comme si Sénéchal attendait depuis longtemps une explication :

— Avec ce système, je fume moins. J'en emporte une dizaine pour la journée, et je m'en tiens là... Mais je ne peux pas m'en passer. Bah ! il faut bien avoir un vice ou deux, non ? Sinon, la vie serait terne, non ? Nous avons tous une faille. Même vous, je suis certain... (Il rit d'un rire désagréable.) Donc, votre brigade est spécialisée dans les fraudes et les délits sur l'environnement. C'est tout nouveau, non ? Il faut une formation particulière, je suppose ? Mais de quoi est-ce que je me mêle ? Alors, alors, monsieur le policier, qu'est-ce qui pourrait... ?

Il ne termina pas sa phrase, faisant un geste vague avec sa cigarette tenue entre le pouce et l'index telle une baguette. Devant l'absence de réaction du visiteur, il poursuivit :

— Vous avez peut-être des questions à nous poser ? Hans vous a donné à boire, oui ?

Sans attendre la réponse, il se servit une large rasade de whisky. Ziegler restait imperturbable. Sénéchal se renversa dans son fauteuil et parut s'adresser au plafond.

— Je vais être direct. Recherchez-vous un – ou plusieurs – cœlacanthe dans le secteur ?

— Un sélaquoi ?

— Le cœlacanthe...

Designe agita sa cigarette.

— Minéral, animal ou végétal ?

Ziegler intervint.

— Je ne vois pas, mais nous étudions pas mal de bestioles, ici. Permettez ?

Il extirpa de sa poche de chemise un petit téléphone chromé.

— Quelqu'un doit sûrement le savoir, au labo. Tu es au courant, Charles ?

Charles prit l'air peiné du type qui aimerait rendre service, mais qui, vraiment, ne peut pas.

Ziegler parla un instant au téléphone. Puis il raccrocha et déclara à Sénéchal :

— Un de nos types sait ce que c'est. Un poisson très ancien. Et rarissime... On en a vu une poignée en soixante-cinq ans. Mais il situe cet animal vers l'Afrique du Sud, l'Indonésie...

— Hum. Il oublie celui de Madagascar. Ce n'est pas très loin.

Le rondouillard demanda à l'écoflic, faussement inquiet :

— Vous en avez perdu un ?

— Peut-être. Il s'agit d'un animal hautement protégé par la convention de Washington.

Devant leur air perplexe, il précisa :

— Conformément à l'article deux, paragraphe un, du Programme des Nations unies pour l'environnement, le PNUE. Vous connaissez cet organisme ?

Soudain, Designe eut l'air de comprendre.

— Ne me dites pas, monsieur Sénéchal, que vous êtes venu nous rendre une petite visite parce que vous pensiez qu'on chassait des poissons rarissimes et interdits.

— Hum. Comprenez-moi, messieurs. J'ai des supérieurs, voyez-vous ? Et mes supérieurs veulent tout voir et tout savoir, c'est leur rôle. Leur fonction ici-bas... Souvent, je me demande : « Mais comment diable font-ils pour savoir ceci ou cela ? » Avouez que c'est parfois déconcertant...

Les deux autres faisaient un effort visible pour comprendre ce que Sénéchal racontait. Designe réagit le premier. Il avait repris son air rigolard.

— Nous vous jurons que nous ne chassons pas de sélatruc, monsieur le policier écologiste.

Sénéchal croisa ses larges pattes sur son ventre et soupira.

— Tenez, moi-même, j'apprends pas plus tard que tout à l'heure que l'on peut tirer de l'argent de substances extraites des coraux... Formidable. Et pister des tortues marines par satellite.

Designe se tourna vers son associé.

— Hoho ! Hans vous en a parlé ? Eh bien, il n'a pas perdu de temps, ce cher Hans ! (Sa voix était montée dans les aigus.) C'est tout lui, ça ! N'est-ce pas, Hans ? Rassurez-vous, les tortues marines, il s'en fout... Elles ne sont pas cotées à Wall Street, alors ça ne l'intéresse pas. N'est-ce pas, Hans ?

Il regarda à nouveau Sénéchal.

— Hans, c'est notre aventurier des mers du Sud, notre Lord Jim... Il ne peut pas s'empêcher de parler de ses petites affaires à tout le monde. Notez, je ne dis pas ça pour vous, monsieur le policier.

Il couvait maintenant le grand blond d'un regard paternel. Mais ses yeux brillants démentaient son attitude. En réalité, il bouillonnait sur place. Le détective se demanda si cette scène lui était destinée ou si c'était là l'effet du whisky sur le grassouillet associé.

Les pommettes de Ziegler s'étaient colorées, néanmoins il parvint à conserver sa nonchalance. Après un silence pendant lequel Designe s'essuya la bouche de la main (il sembla à Sénéchal qu'il essuyait en même temps un sourire), ils se tournèrent vers le visiteur avec un bel ensemble, comme pour le prier de les départager. Mais Sénéchal avait sorti de sa poche un carnet fermé par un élastique noir. Un stylo à bille fourni par l'État y était glissé. Il murmura gentiment, les yeux mi-clos :

— Vous avez des armes à bord, messieurs ? J'aimerais les voir.

Il suivit les deux hommes dans les coursives du yacht. Tout en marchant, le Suisse, qui s'était renfrogné, sortit du col de sa chemise un petit trousseau qu'il portait au bout d'une fine chaîne dorée autour du cou. Designe chaloupait à ses côtés en sifflotant, les mains croisées dans le dos, apparemment absorbé. Peut-être occupé à faire rôtir mentalement un petit actionnaire sur un bûcher. À moins, supposa l'écoflic, qu'il ne dissimule son inquiétude.

Ils arrivèrent devant une porte de fer que Ziegler ouvrit en silence. Au fond d'une pièce claire aux murs nus se trouvait un coffre vert bronze, de la taille d'un homme. Ziegler se posta devant et fit jouer deux serrures, ce qui produisit un claquement feutré. Soigneusement rangés sur un râtelier, luisaient fusils et carabines. Au-dessus d'eux, bloquées par des pontets chromés, plusieurs armes de poing étaient alignées, côtoyant des boîtes de munitions multicolores enserrées dans un filet. Un tiroir fermé montrait des éraflures près de sa serrure.

L'écoflic hocha la tête d'un air appréciateur.

— Vous pouvez soutenir un siège avec cette artillerie. Vous redoutez quoi ? Les pirates ?

Designe ricana.

— Non, les plus dangereux, ce sont les scientifiques concurrents. Mais, en général, on préfère les noyer quand ils montent à l'abordage...

Ziegler fit une moue aristocratique.

— Nous naviguons parfois dans des secteurs plus ou moins... sécurisés. Nous avons pas mal de choses de valeur sur ce bateau, monsieur Sénéchal. L'année dernière, nous avons rencontré quelques problèmes dans un port des Caraïbes. Des gars en canot sont venus nous amuser en poussant des cris côté bâbord, pendant que leurs copains montaient à tribord et volaient tout ce qu'ils voyaient... Ils étaient particulièrement agressifs, ils avaient des couteaux...

L'associé grassouillet poursuivit :

— Alors qu'a fait Lord Jim ici présent ? Eh bien, Lord Jim, n'écoutant que son courage, est allé chercher un de ces jolis fusils, Lord Jim est monté sur le pont, l'arme au poing, et il a tiré en l'air. « Bang ! Bang ! » Haha ! Vous auriez vu la débandade ! Un de ses meilleurs rôles... n'est-ce pas, Hans ? Notez bien qu'en ouvrant le feu vers le ciel il a pris soin d'épargner le gréement de son précieux bateau...

Le Suisse ne cilla pas. Il reprit son trousseau de clés, se pencha, ouvrit le tiroir du coffre et en sortit une feuille de papier qu'il tendit à Sénéchal. Avant qu'il ne le referme, l'écoflic eut le temps d'apercevoir des documents, et, au fond, un chiffon rouge.

— Voici la liste complète des armes que nous avons à bord, ainsi que leurs numéros d'enregistrement. Les permis de détention sont là aussi (il montra le tiroir), si vous voulez y jeter un coup d'œil. Toutes ces armes sont impressionnantes, mais il y a plusieurs fusils de chasse dans le lot... Je chasse un peu, parfois.

— Vous chassez même le gros, à ce que je vois.

Sénéchal désigna une très belle carabine de chasse avec sa lunette de précision montée.

— C'est une Remington. Pour le gros... Le très gros, même. Équipée d'une visée laser. Vous avez peur de rater les éléphants ?

— Vous êtes connaisseur, monsieur Sénéchal ?

— Non. Je m'intéresse aux animaux qui sont parfois au bout du viseur.

Un silence gêné suivit ses paroles. L'écoflic chaussa ses lunettes demi-lunes (qui avaient toujours l'air d'appartenir à un homme plus petit que lui), et parcourut rapidement la liste.

— Vous gardez les clés en permanence sur vous, monsieur Ziegler ?

— Oui, exactement.

— Personne d'autre n'en possède ?

— Personne.

— Que se passerait-il s'il vous arrivait quelque chose ? Et qu'il y ait du danger pour vos chercheurs ?

Le Suisse observa son rondouillard associé de ses yeux clairs. Puis il lui sourit – un sourire en plastique, large et sans expression.

— Oh, j'imagine que Charles arracherait les clés de mon cadavre encore fumant pour aller défendre sa vie et celle de nos précieux scientifiques... N'est-ce pas, Charles ?

10.

Sur le quai en plein soleil, l'écoflic passa devant un marin-pêcheur solitaire qui ravaudait ses filets. Sans lever la tête, l'homme dit à son passage :

— Ben, mon couillon, ils n'ont pas mis longtemps.

Sénéchal, interloqué, s'arrêta.

— Je vous demande pardon ?

— Vos copains, là, avec leur sous-marin, ils avaient l'air bien pressés.

— De quoi me parlez-vous, cher monsieur ?

Le marin-pêcheur souleva brièvement sa casquette, laissant entrevoir un instant son crâne semblable à une châtaigne. Il avait l'air rigolard.

— Z'avez pas vu ? Le petit gros avec un joli short, qui fumait, tout à l'heure, il a amené le sous-marin au ras de la flotte avec le treuil. Un autre gars est venu en dinghy bricoler dessus... Celui qu'était à la manœuvre au treuil, il lui faisait des grands gestes pour qu'il se dépêche. L'a dû attraper chaud, à s'agiter dans son joli short !

Il reprit patiemment son activité de couturier, comme s'il venait d'oublier son interlocuteur. Sénéchal fit volte-face, la main en visière. Ses yeux s'attardèrent un instant sur le sous-marin accroché à son portique.

La perche et son antenne de télévision miniature avaient disparu. Il murmura :

— Tss, tss, Charlie... Charlie, vilain cachottier ! Tu n'étais donc pas au téléphone avec un petit actionnaire ?

11.

Giran se frotta le menton, perdu dans ses réflexions. Il demanda enfin :

— Hum. Cette perche, l'avez-vous vue de près, monsieur Sénéchal ?

Sénéchal hocha la tête.

— Elle ressemblait à une antenne de télévision miniature. Et très brillante. Pas comme du chrome. Non... Un brillant mat.

— Comme du platine, par exemple ?

— Peut-être. Je ne sais pas. Elle sert à quoi, à votre avis ?

Le spécialiste des écosystèmes marins paraissait perplexe.

— Je pense qu'il s'agit d'un leurre.

— Un leurre ?

— Le cœlacanthe est un carnassier aux mœurs nocturnes. Il est parfaitement capable de se diriger dans le noir en terrain accidenté avec une grande sûreté de réflexes. Cela suppose un système de localisation adéquat... Il est possible qu'il dispose d'une capacité à s'orienter sur le champ magnétique terrestre, comme les pigeons voyageurs ou la langouste royale. Et qu'il soit capable de percevoir les infimes champs électriques émis par ses proies. Il possède, d'ailleurs, un curieux organe situé entre ses narines qui pourrait bien être ce « radar » magnétique.

— Mais quel est le rapport entre le nez magnétique de ce bon vieux fossile vivant et l'antenne de télé miniature au bout du nez du sous-marin de cette fondation Abyss ?

Le spécialiste croisa les mains devant lui.

— Je suis presque certain qu'il s'agit d'une électrode de platine... Le platine est un métal très rare employé, comme vous le savez, en bijouterie, en chirurgie, et également dans l'industrie, car il ne se corrode pas et ne s'oxyde pas. Il est insensible à de très nombreux produits agressifs. L'eau de mer en est un. Je pense que le câble qui relie l'électrode, au bout de sa perche, au sous-marin, est un câble électrique qui envoie dans l'eau un courant électrique de faible intensité. Sur un rythme précis et une fréquence précise, comme ceux qu'émet une proie potentielle. Un poisson blessé, par exemple.

Il eut un sourire un peu mélancolique, exhibant une partie de ses dents de galopeur.

— Si je disposais d'un sous-marin de poche, c'est exactement le système que j'emploierais pour essayer d'appâter le vieux quatre-pattes... Mais il faut avoir de sacrés moyens pour se le payer.

12.

— Pierre, c'est Ravier...

Ravier était le « veilleur de nuit » de la FREDE. Insomniaque notoire aux yeux perpétuellement cernés, il se portait toujours volontaire pour les astreintes. Il passait ses nuits à dévorer des bandes dessinées, ainsi qu'à surfer sur la toile, tel l'homme-araignée, qui demeurait son héros favori.

— Pourquoi elle t'intéresse tant que ça, la Takenushi Corporation, Sénéchal ?

— Sais pas.

— Ben tiens ! Bon, comme j'ai un cœur d'or, j'ai recherché quelques informations sur cette boîte. Pour te faire plaisir.

— C'est trop de bonheur, il ne fallait pas !

Sénéchal l'entendit dans l'écouteur pianoter sur son ordinateur.

— Voyons... Le directeur général de Takenushi Corporation est Toshiro Morimoto. Toshio Masuzawa est le président du directoire.

— D'accord, d'accord... Qu'est-ce qu'elle vend, cette entreprise ?

— Des pelleteuses, des prothèses de hanche, de la soupe de crabe en boîte, des vitamines en gélules, du pétrole brut, des bobinages pour l'imagerie médicale, des pales d'éolienne en carbone, des cellules d'avion de tourisme en matériaux composites...

— Stop. Stop ! Qu'est-ce qu'elle ne vend pas ?

— Je me le demande. Veux-tu savoir ce qu'elle possède ? Les actifs sont incalculables... Du moins pour moi... Je te passe les chiffres. Un point intéressant : dans les actifs, il y a des brevets par centaines. Pour tous les goûts.

— Tu as repéré des brevets particuliers ?

— Ma foi, j'ai été fasciné par celui d'un robot domestique à qui on peut faire la conversation et qui apprend vos habitudes, vos manies et votre manière de parler. Un peu comme toi. J'ai dégoté une petite machine qui ressemble à un stepper et qui permet de pomper de l'eau quand on marche dessus. Pour ce qui semble t'intéresser ces derniers temps, Takenushi Corporation a mis au point du matériel scientifique océanographique. Du sur-mesure. Dont des instruments destinés à dresser des cartographies chimiques des grands fonds.

— Jamais entendu parler de tout ça...

— Elle possède des licences dans une quarantaine de pays. Il est possible que le câblage électrique de ma voiture soit signé Takenushi, ou que la roulette de ton dentiste soit fabriquée en Suède sous licence Takenushi Corporation. Regarde sous tes chaussures, tu marches peut-être sur des semelles Takenushi, va savoir. J'ai contacté une amie journaliste qui vit depuis pas mal de temps au Japon. Elle m'a apporté d'intéressantes précisions sur Takenushi Corporation.

— Aaah bon ?

— À l'origine de l'entreprise, il y a Akira Takenushi, le père fondateur. Un petit livre a été écrit à sa gloire. En anglais. Je l'ai lu sur Internet...

— Et en quoi le père fondateur de cette boîte a-t-il un intérêt pour moi ?

— Tu vas voir, c'est passionnant. Je vais aller vite... Voyons... Akira Takenushi. Né en 1902, sous l'ère Meiji, dans la préfecture de Fukui, au nord-est de Kyoto. Blabla. Ses parents sont morts jeunes. Son oncle l'a recueilli. Tonton vendait des semences et des légumes sur les marchés.

— C'est une légende ?

— Je n'en sais rien. Je continue... Avec l'argent du tonton, qui s'est saigné, comme il convient, aux quatre veines pour son neveu chéri, il a fait des études d'ingénieur.

— Ingénieur en quoi ?

— En aéronautique... Il a travaillé dans divers bureaux d'études, puis a créé rapidement le sien. Il a mis au point – pas tout seul, il a la modestie de l'avouer – l'hélice Tora, qui a équipé les fameux avions de combat Zero Mitsubishi à la fin de la guerre, et dessiné le fuselage de l'hydravion Aichi M6. Cette hélice est aujourd'hui le symbole de la compagnie. On dit que notre homme a aussi fait du renseignement pour son pays, à cette époque... Je passe très vite. En 1946, le Japon est en ruine. Tonton a été tué par les bombes américaines... Akira Takenushi entreprend d'équiper les millions de bicyclettes japonaises, seuls véhicules de transport de l'après-guerre, avec des petits moteurs deux-temps récupérés dans les stocks militaires.

— C'était un malin, le vieux Také.

— Tu as raison de l'appeler par son diminutif, étant donné que c'était celui de l'engin... Le Také a fait fureur, un peu comme le Vélo Solex chez nous au même moment. Ça a été le début de sa fortune. Il avait déjà quarante-quatre ans. On a raconté aussi, et surtout, que c'était un spécialiste du contournement de brevets.

— Un voleur d'idées, en somme.

— J'ai appris que Takenushi Corporation possède un service qui décortique tout ce que fait la concurrence, et même – mais ça, c'est peut-être un ragot – tout ce qu'elle se prépare à faire. Takenushi Corporation sort alors un meilleur produit... À grande échelle, cela va de soi. J'ai d'autres détails... Voyons... Akira Takenushi. Immense fortune personnelle. A pris une retraite heureuse en Malaisie. Pas très loin de la direction générale de sa compagnie, qu'il a installée à Kuala Lumpur.

— Parfait ! Je suppose qu'il est mort entouré de l'affection des siens et de son personnel.

— Mort ? Pas du tout ! M. Takenushi va entrer dans sa cent deuxième année. Et pour fêter ça, il s'est offert une cinquième galerie d'art, qu'il a remplie avec des toiles de maîtres orientaux.

— C'est incroyable ! Mais pourquoi me parles-tu de ce Takenushi, en fait ?

— J'ai appris sur lui quelque chose qui peut avoir son importance...

— On peut savoir ?

— Mon amie prétend qu'il collectionne tout ce qui existe sur un animal antédiluvien nommé cœlacanthe et qu'il offrirait officieusement trois millions de dollars cash à qui lui en rapporterait un vivant et en bonne santé.

13.

— Il a eu de la chance, ce gars-là, dit le médecin, l'air ennuyé, en tripotant les feuilles de papier étalées devant lui sur son bureau. Il a frôlé la crise cardiaque. Je ne sais pas combien de temps il a cavalé à travers champs, mais, à mon avis, il a dû couvrir pas mal de terrain. Il a été assommé, vu l'hématome qu'il a derrière le crâne. Le cuir chevelu a été déchiré localement. Il a des égratignures sur tout le corps.

— On sait qui c'est?

— Un pêcheur de corail professionnel nommé Jouvence Hoareau. Il a eu les honneurs d'un petit article dans le journal, récemment, à propos d'un... d'un poisson bizarre qu'il a aperçu dans son secteur. Il a apparemment perdu ses papiers dans sa cavale, et il ne peut ni parler ni écrire... Il lui reste un peu de peau aux lèvres. Des cloques partout. Mais enfin, on a réussi à lui séparer les mains. Les paumes, vous imaginez un peu comment l'épiderme est...

Le médecin fit un geste vague, l'air désolé.

— Personne n'a appelé l'hôpital pour le réclamer. À part la femme qui l'a trouvé, une certaine Mme Hoareau, pour prendre des nouvelles.

— Quelqu'un de sa famille?

— Non. C'est un nom extrêmement répandu dans l'île... Il dort, maintenant, mais il est bardé de pansements et je l'ai mis sous calmants. Il était terrifié.

Sénéchal leva les yeux vers le toubib.

— C'était quoi, la colle?

— De la cyanolicrate. On lui en a soigneusement enduit les

lèvres et les paumes des mains. On y a mis la dose, sans doute pour qu'on ait du mal à séparer les peaux collées.

— Hum. Si on lui avait collé les narines également...

— Eh bien, c'était un meurtre...

— Là, c'est quoi, à votre avis ?

Le docteur ouvrit ses mains fines d'Hindou.

— Alors, là, cher monsieur, ça peut être n'importe quoi : une vengeance, une blague de pochards, une querelle de voisinage... De nos jours, hein !

— Notre bonhomme n'a pas été intoxiqué ? Il n'en a pas avalé ?

— Je pense qu'on lui a infligé ça alors qu'il était inconscient. Pendant qu'il ne bougeait pas. S'il en avait avalé, il serait déjà mort.

— Il a des souvenirs ?

— Je ne sais pas, vu son état...

14.

Pierre Sénéchal se gara devant quatre cocotiers, rangea dans la boîte à gants la carte de l'île qu'il avait laissée dépliée sur le siège du passager pendant tout le trajet, et regarda à travers son pare-brise sale. Dans l'ombre de la véranda d'une maison aux murs jaune canari et au toit de tôle vert pistache, une grosse dame confectionnait des chapeaux de paille. Une aiguille à la main, d'un geste plein de noblesse, elle cousait patiemment les bords d'un couvre-chef et ne leva pas les yeux sur la voiture qui venait d'arriver. Malgré la chaleur, elle portait une veste de laine orange vif sur une robe à fleurs multicolores. Elle avait aux pieds des sandales rouges agrémentées d'une fleur en plastique mauve. À quelques mètres d'elle, des tiges de lys séchaient sur une claie en plein soleil.

L'écoflic sortit du 4 × 4, fit quelques pas pour se dégourdir les jambes, et admira un instant le paysage en contrebas : l'ondulation des plumets des cannes à sucre, le vert profond des bananiers, tout au fond, dans la brume de chaleur, la dentelure des rochers sombres et, au large, la mince ligne d'un blanc intense de la barrière de corail. À quelques pas de lui, dans le champ de cannes qui lui faisait face, il remarqua un épouvantail qui apparaissait et disparaissait au gré du vent agitant les grandes tiges. Il s'amusa de son ciré jaune, de sa tête faite d'un sac de toile sur lequel on avait peint un rictus un peu idiot et surmontée d'un chapeau de paille retenu par un ruban rouge identique à celui de la femme assise sous la véranda. La touche finale était donnée par des gants de vaisselle qui pendaient au bout des bras inertes.

Il fit demi-tour, alla vers la maison à grandes enjambées et s'arrêta devant la femme.

— Madame Hoareau ? Victoire Hoareau ?

Elle braqua sur lui des yeux clairs, étonnants dans ce visage noir.

— C'est bien moi, mon garçon. T'i bon Dieu ! Pour être grand, vous êtes grand, mon cher monsieur. Cela ne vous fait-il pas froid d'avoir la tête dans les nuages tout le temps ?

— Ça permet de voir les choses d'en haut, et les obstacles sont moins nombreux à cette altitude.

— Je subodore que vous parlez des obstacles matériels.

Sénéchal ne put s'empêcher de sourire largement.

— Les autres se présentent à toute hauteur, à ma connaissance.

— Ne croyez-vous pas qu'il vous faudrait bien une capeline pour vous protéger le crâne ?

Elle montra les couvre-chefs empilés devant elle. Il déclina d'un signe de tête et se pencha pour lui serrer la main.

— Pierre Sénéchal, policier zoreil...

Le terme « zoreil » était attribué par les habitants de l'île aux Blancs de la France métropolitaine. La grosse dame rit de toutes ses dents d'un blanc presque irréel. Par contraste avec sa peau très noire, sa langue paraissait rose bonbon.

— Au moins, vous n'y allez pas par quatre chemins, vous... Que me vaut donc le plaisir de votre visite ? Les gendarmes m'ont déjà posé toutes les questions possibles et imaginables sur ce monsieur qui est arrivé chez moi, l'autre soir. Si c'est bien là ce qui vous amène.

Elle prit l'air soupçonneux.

— Me serait-il loisible de voir vos papiers officiels, policier zoreil ?

Sénéchal lui tendit sa carte. Elle sortit de la poche de sa veste de laine une paire de petites lunettes ovales et rayées qu'elle chaussa dignement. Elle examina longuement la photographie.

— Vous faites moins grand sur la photo. Mais vous arborez bien la même tête de pirate... Il y a de la police pour l'environnement, maintenant ? Vous souhaiteriez savoir si je mets des pesticides sur ma canne à sucre ? Non, monsieur, je n'en mets pas... Dites-moi, les policiers de l'environnement ont-ils tous des bretelles comme vous ? Ont-ils peur que leur pantalon ne leur tombe sur les chaussures ?

Peu coutumier de la joviale insolence réunionnaise, Sénéchal écarquilla les yeux, puis éclata de rire.

— Est-ce que je peux entrer un instant ?

— Entrez donc, mon petit monsieur, il n'y a rien à cacher chez la veuve Hoareau.

La grosse dame posa son attirail, se leva en soufflant, un peu engourdie, lissa sa robe de coton, se retourna et ouvrit la marche d'un pas lourd vers l'intérieur de la maison. Ils pénétrèrent dans un salon pimpant. Les murs étaient couverts de photographies représentant des orchestres de danse ou des chanteurs des deux sexes, la bouche grande ouverte pour la plupart, certains l'air énamouré, les yeux tournés vers le ciel. Un petit orgue électrique était rangé à la verticale le long du mur. Sur un buffet sans portes rempli de vieux disques reposait un antique gramophone au pavillon soigneusement astiqué, entouré de boîtes à musique, décorées ou simples, de toutes les formes et toutes les tailles, munies d'une clé ou d'une minuscule manivelle pour les remonter. L'une d'elles exhibait à son sommet une danseuse de fer-blanc qui devait tourner en musique lorsqu'on actionnait la clé. Une autre représentait un tigre couché de tout son long sur un soldat du siècle dernier en habit rouge, qu'il était manifestement en train de dévorer. Une trappe, sur le côté du tigre de métal, laissait apparaître la mécanique musicale.

Sénéchal la désigna du doigt.

— Quelle musique elle joue, cette petite boîte ?

— Ceci est « Le tigre de Tipoo », une boîte à musique très célèbre en Inde. Elle symbolise la victoire du peuple indien sur l'Empire britannique – c'est un soldat anglais que le tigre est en train de déguster. Lorsqu'on la remonte, on entend le tigre rugir et la victime pousser des cris d'agonie.

— Ravissant.

— Ne trouvez-vous pas que les tigres ont des têtes d'usuriers balzaciens ? (Elle regarda Sénéchal en penchant un peu la tête.) Ne sommes-nous pas mieux à notre aise ici pour causer ? De toute manière il faisait trop chaud sous la varangue.

— La varangue ?

— Vous ne m'avez pas menti, ce me semble. Vous êtes bien un zoreil. Il s'agit de la véranda, chez nous. Là où vous m'avez trouvée et où je passe le plus clair de mon temps à confectionner mes capelines, depuis que je suis à la retraite. (Elle désigna l'une des deux chaises, devant une table recouverte d'une nappe aux couleurs vives sur laquelle était posé un délicat napperon brodé.) Asseyez-vous là, tenez.

Sénéchal s'exécuta.
— Vous êtes jeune, pour une retraitée, non ?
— Éducation nationale.
— Et, euh, quelle matière enseigniez-vous ?
— La littérature et la musique... La musique, je l'enseigne encore de temps à autre, et je donne des cours particuliers à des gosses. J'essaie de reproduire des vieilles chansons du pays, afin qu'elles ne meurent pas. Comme « Ti fleur fanée ». Vous la connaissez ?
— J'ai peur que non.
— Je vous la chanterai un autre jour... Je les enregistre sur cassettes pour qu'elles ne tombent pas dans l'oubli. C'est important.
Elle précisa :
— C'est important à mes yeux. Mais la plupart des gens s'en fichent, maintenant.
Elle s'assit en face de lui et l'examina en silence. Il nota qu'elle l'avait installé de manière qu'il se trouve dans la lumière projetée par la fenêtre, tandis qu'elle-même se tenait en contre-jour. Elle demanda :
— Quelles questions allez-vous me poser, que les autres policiers ont sans doute omis de me poser, sur ce monsieur que je ne connaissais pas ?
Sénéchal sourit.
— Celle-ci : que signifie, selon vous, la manière dont on a arrangé ce pauvre homme, en lui collant la bouche et les mains ?
Mme Hoareau hocha la tête lentement.
— Bien... Vous êtes plus malin qu'eux. Ou bien vous me trouvez plus maligne qu'eux. Cela signifie à peu près, à mon sens : prie ton bon Dieu et tais-toi.
— Quel dieu ?
— Hum. Ça, c'est moins facile. Joindre les mains est un geste pratiqué plus par les hindous que par les chrétiens, ce me semble. Bien que dans leurs représentations, peintes ou sculptées, les saints chrétiens et la Vierge aient souvent les mains jointes.
— Et ?
Elle sourit doucement.
— Et je ne sais pas... Il faudrait demander à ce monsieur quel dieu il prie – ou ne prie pas. Qu'en pensez-vous ?
— Cet homme porte le même nom que vous.

— Hoareau ? Il en existe près de trois mille dans l'annuaire de l'île. Les rares renseignements que je possède situent d'ailleurs les Hoareau dans le Pas-de-Calais, au XVIIe siècle.

— À votre avis, pourquoi lui a-t-on fait ça ? Ça aurait pu le tuer.

Elle réfléchit un instant, puis énuméra sur ses gros doigts :

— On peut infliger ça à son prochain sous l'emprise de l'alcool, de la drogue, par ennui, par cupidité – je pense au chantage, par exemple –, pour l'asservir à sa volonté, pour l'intimider, dans le but de l'empêcher de révéler un secret. (Elle réfléchit.) Ou par vengeance. Car la vengeance est éternelle, mon petit monsieur.

Elle raccompagna Sénéchal jusqu'à sa voiture, de son pas pesant. Du coin de l'œil, il avisa quelque chose qui lui avait échappé précédemment : derrière la maison de la grosse dame, assez loin, il aperçut le coin d'un petit bâtiment, au mur d'un bleu cobalt incroyablement vibrant. Sur le mur, malgré la distance, il distingua une pancarte marquée « Chambre à louer ».

— Vous louez des chambres, madame Hoareau ?

— Je dispose d'une petite chambre dans le fond de mon jardin. Je la loue en saison... quelquefois. Pourquoi ?

— Ça vous ennuierait d'avoir un policier pour proche voisin pendant quelques jours ?

— Vous n'avez donc pas de maison, policier zoreil ?

— J'étais simplement de passage. À l'hôtel. Mais je vais peut-être devoir rester plus longtemps sur l'île. Cela m'arrangerait.

— Hum. Il y a tout ce qu'il faut. Depuis la fenêtre, vous aurez une vue imprenable sur une plantation de cannes à sucre... Vous me direz que des cannes à sucre, il y en a partout, dans ce pays. (Elle passa sa langue rose sur ses lèvres charnues.) La différence, c'est que celles que vous verrez m'appartiennent. La chambre n'est pas bien grande, mais elle est bien proprette... Il y a des toilettes et une petite salle de bains.

Elle l'examina comiquement, en contre-plongée.

— Je ne sais pas si le lit est compatible avec vos dimensions. On pourra mettre le matelas par terre, si vous m'aidez. Pour vous nourrir, ce n'est pas compliqué, il y a une gargote qui fait aussi épicerie dans le bourg en contrebas. Je connais la patronne, elle vous traitera bien. Et je pourrai toujours vous rapporter deux-trois choses quand je vais en ville faire des provisions, comme un coco d'mort et un t'i pain la flûte...

— Un quoi ?
— Un coco d'mort, c'est du fromage. T'i pain la flûte...
— C'est du pain.
— Tout juste. Il va de soi que je ne veux pas vous voir recevoir des femmes ou des mauvaises gens.
— Vous avez une prise de téléphone, dans cette chambre ?
— Je vous l'ai dit, il y a tout ce qu'il faut. Il y a évidemment des moustiquaires aux fenêtres. Je vais vous la montrer. Mais...
Elle fit un geste éloquent, le pouce frotté contre l'index.
— Mais vous avez beau être un policier, il faudra me payer en liquide et oublier la facture, mon bougre.

15.

— Pierre ? C'est Lucrèce. J'ai des informations toutes fraîches concernant l'engin guerrier qui a servi à couler le bateau, dans ton secteur. J'ai fait analyser les suies et la particule de métal par la Direction générale de l'armement.

— Par les types du service des poudres et artifices ?

— Poudres et explosifs. J'ai discuté longuement avec un spécialiste qui m'a, en plus, écrit un petit topo. D'après lui, on s'est servi d'un outil démodé.

— Comment ça, démodé ?

— Cet engin n'équipe plus aucune armée régulière depuis belle lurette... Il date des années 1975, 1980. Mais, attention ! on en trouve sur le marché parallèle. C'est un lance-roquette jetable, un M72, selon la terminologie d'origine. Un LAW – Light Antitank Weapon –, une pétoire en fibre de verre, télescopique, fabriquée encore en grosses quantités en Chine populaire. Elle s'est vendue comme des petits pains un peu partout. Excellent pour la guérilla. Très efficace à courte et moyenne distance : huit cents mètres grand maximum. Pas précis-précis, mais très robuste. La joie du fantassin, selon les propres termes de l'homme qui m'a renseigné.

— Un lance-roquette jetable !

— Exactement. Très léger. Deux kilos cinq l'unité... L'engin est constitué de deux tubes en fibre de verre tressée emboîtés l'un dans l'autre. Environ soixante centimètres quand il est replié. Télescopique en deux parties. La roquette est toute prête dedans, avec une pile au lithium pour la démarrer.

— La roquette, c'est quoi ?

— Une fusée à poudre, avec, au bout, soit une grenade à fragmentation, pour tuer des hommes, soit une charge creuse qui peut percer vingt-cinq centimètres d'acier. Si on s'y prend correctement, évidemment. C'est la première version qui a torpillé le bateau, d'après l'analyse de la particule de métal.

— Et à quoi est destinée cette arme, en général ?

— Toujours d'après mon gars, elle est conçue pour tirer sur un char – un vieux char –, neutraliser un bunker et, si tu as oublié tes clés, elle te permet d'ouvrir une porte personnelle et instantanée dans ton immeuble.

— Hum. C'est assez énergique, comme méthode, mais peut-être un peu bruyant... Et j'habite un moulin, tu te rappelles ?

— Selon l'homme des poudres et explosifs, tu mets deux ou trois de ces M72 dans ta musette et hop ! en route pour la guerre. Là, tu prends un de ces petits engins, tu retires les capuchons de protection à chaque bout, tu déplies la partie télescopique... Miracle, il a grandi de cinquante centimètres ! Tu déplies la détente, tu tires, blam ! et tu jettes l'emballage. Terminé...

— Il flotte sur l'eau, ce tuyau en fibre de verre ?

— S'il flotte ? Il est même fabriqué tout exprès, si j'ai bien compris. Mais je vois à quoi tu penses...

— Ah, tiens donc ?

— Tu penses qu'avec un peu de chance on retrouvera l'étui en fibre de verre échoué quelque part sur une plage de rêve. Mais la mer est vaste, Pierre... Et si ces types-là sont malins, après avoir tiré leur munition, ils ont rempli leur tuyau vide avec de la ferraille, l'ont fermé aux deux bouts avec les capuchons et l'ont balancé par-dessus bord, ni vu ni connu.

— Des pirates modernes peuvent posséder ce genre de matériel ?

— D'après mon informateur, c'est une vieillerie qu'on peut se procurer chez les trafiquants. Mais les pirates, leur travail, si j'ose dire, c'est de pirater. Je ne les vois pas, sauf accident, envoyer le butin par le fond avant de savoir ce qu'il y a dedans. Logique, non ?

— Lucrèce, mon ami, tu es parfois un garçon précieux... Merci pour tout.

Sénéchal raccrocha et resta immobile un instant, les yeux mi-clos.

Lucrèce avait raison. Et lui, Sénéchal, détective de son état, aurait pu y penser tout seul. *On avait délibérément coulé ce bateau. Pourquoi ? Une vengeance ? Un conflit d'intérêts ? Ou bien...*

On savait ce qu'il transportait : rien. À part des bidons à tête de mort. Ce qui, en soi, était déjà fort curieux.

Il composa le numéro de Dame Pottier sur son portable.

16.

Le ton montait sérieusement entre Sénéchal et Dame Pottier, sa supérieure hiérarchique directe. L'écoflic était courbé sur son téléphone portable, comme si cette posture pouvait renforcer le poids de ses arguments. Son inclinaison dangereuse, au bord extrême de sa chaise, laissait redouter une chute imminente.

— ... Premièrement, chef : nous sommes en présence de braconniers, suisses ou autres, on s'en fout, qui vont exterminer l'une des plus anciennes créatures du monde pour l'empailler et la mettre sur leur buffet, tels nos crétins nationaux qui vont tuer des éléphants en Afrique, moyennant finances, et se faire tirer ensuite le portrait, carabine en main, devant la carcasse de la bête assassinée... Assassinée à longue distance, dois-je le préciser ? Sans parler de ceux qui adorent faire des cendriers avec des crânes de gorille... Nous aurions déjà commencé à enquêter sur ces gars-là s'ils sévissaient dans l'Ariège, non ?

Dans son bureau directorial de la FREDE, Ghislaine Pottier était installée devant une thermos de thé et une tasse fumante, ses cheveux réunis en chignon par deux crayons, ce qui donnait à sa coiffure une allure à la Mme Butterfly.

— Ça va, ça va, Sénéchal, ne vous excitez pas, pensez à votre tension... Je connais tout ça...

— Où en étais-je, chef ? Oui. Deuxièmement : nous sommes en présence de scientifiques « privés » appartenant à une richissime fondation qui vont, avec de très gros moyens, tondre l'herbe sur le dos de nos as de la recherche publique, par nature désargentés, donc démunis.

— On dit « tondre la laine sur le dos », Sénéchal.

— Je préfère désormais les métaphores végétales, chef vénérée.

— Je ne pense pas que nous puissions agir en tant qu'administration. C'est compliqué.

— Compliqué ? Chef, J'ai du mal à vous suivre.

— Compliqué, complexe, alambiqué, amphigourique... Vous me suivez mieux ? Pour aller vite, il semble qu'il y ait des enjeux plus importants aux yeux de nos maîtres. Nous manquons de preuves, il m'est impossible de faire débloquer des crédits sur de simples présomptions, d'autant que cette fondation Abyss n'est pas réellement du menu fretin, si j'ai bien compris...

— Hum. D'accord. Voyons les choses autrement...

— Je sens que vous allez essayer sur moi des arguments vils, Sénéchal. Je l'entends à votre ton fruité.

— Nullement, chef adulée... Nullement. Pour le prestige de notre institution – j'ai nommé la FREDE –, ne serait-il pas opportun – voire habile – que nous illustrions d'un haut fait médiatique notre routinière et mal connue petite entreprise ? Autrement dit, de valoriser notre fonds de commerce par une action éclatante ?

— Notre activité n'est pas tournée vers le show-biz, détective, notre activité de service *public*, s'il vous en souvient, consiste à défendre le contribuable contre ceux qui atteignent ses biens et sa santé à travers l'environnement, et...

— La défense du patrimoine animal fait bien partie de nos prérogatives, non ? Nous savons vous et moi que la seconde source de revenus illicites dans le monde après la drogue est le trafic d'animaux sauvages, non ? Contre lequel nous luttons pied à pied toute la sainte journée, non ? Je suis certain que nos maîtres ne seraient pas hostiles à l'idée d'une valorisation de leur propre image à travers nos hauts faits, non ?

— Je vais y réfléchir, Sénéchal, je vais même – peut-être – en parler à quelqu'un qui a l'oreille de la ministre... Mais n'en espérez rien. Pendant ce temps, rendez-vous utile, appelez le bureau du Programme des Nations unies pour l'environnement.

— Euh, dans quel but ?

— C'est lui qui classe les espèces protégées, comme vous n'êtes pas sans le savoir. Essayez de dénicher la personne qui s'occupe du classement de votre cœlacanthe et, avec l'aide de cette personne, élaborez-moi des arguments convaincants. Ça vous occupera gentiment et servira votre cause.

— *Notre* cause, chef.

Elle avait déjà raccroché.

Sénéchal composa le numéro du PNUE et finit par trouver un interlocuteur, un type courtois qui lui expliqua que oui, quelqu'un en particulier au Programme des Nations unies pour l'environnement s'occupait du cœlacanthe, mais que ce quelqu'un, le délégué de Jakarta, Indonésie, en l'occurrence, était récemment, euh (l'homme toussota), décédé, et son remplaçant pas encore en poste. Il lui était donc impossible – « À mon grand regret, monsieur » – de lui procurer des informations précises pour l'instant.

Sénéchal tiqua et, en bon détective, demanda à tout hasard de quoi l'homme du PNUE de Jakarta était décédé. Il sentit immédiatement un malaise chez son interlocuteur, qui éluda la question.

Sénéchal fit valoir son statut de fonctionnaire français dépendant de la FREDE et reposa la question sur un ton plus officiel. Le type courtois expliqua qu'il allait se renseigner. L'écoflic attendit un long moment, l'homme revint au téléphone, lui affirma que cette structure nommée FREDE était inconnue de son service, dit : « N'insistez pas, monsieur », et raccrocha.

Sénéchal regarda son téléphone cellulaire comme si celui-ci allait parler, murmura : « Tout le monde a décidé de me contrarier », puis il rechercha sur Internet les coordonnées du Programme des Nations unies pour l'environnement de Jakarta, île de Java, Indonésie.

17.

— Sénéchal ?

— Je reconnais votre voix pleine de mansuétude, chef.

— Sénéchal, la configuration a changé. Il se trouve que j'ai vu la ministre. Elle m'a fait répéter trois fois le mot cœlacanthe.

— Vous avez réussi à lui parler, j'imagine, entre deux gueuletons avec ses amis les chasseurs, les gens du lobby du nucléaire et ceux des grandes compagnies céréalières ?

— Sénéchal, cette ironie permanente pourrait passer pour de l'arrogance.

— Chef, telle que je vous vois partie, vous allez bientôt confondre compromis et compromission...

— Vous savez que, pour la ministre, la FREDE n'est qu'une danseuse entretenue par l'État, et notre survie ne tient qu'à un fil. J'ai bien du mal à nous faire tous surnager... Cette confidence se retournera un jour contre moi, je n'en doute pas, mais j'ai parfois la faiblesse de croire que vous êtes suffisamment adulte pour ne répéter ce que je vous dis qu'à une seule personne à la fois.

— D'autant que ce secret est un secret de polichinelle au sein de la FREDE, chef.

— En réalité, Sénéchal, votre histoire de poisson antédiluvien et rarissime tombe à pic. Politiquement, j'entends. Pour notre petite officine. Le mot « prestige » est revenu plusieurs fois dans la conversation, ainsi que « redorer le blason de l'environnement », « le développement durable passe par la préservation du patrimoine », etc.

— « À la pêche au cœlacanthe, la France est en première ligne » ?

— Je continue. L'idée est la suivante : « Alors que Madagascar, sa voisine, laisse détruire son patrimoine naturel, l'île de la Réunion se bat pour sauver le plus vieux poisson du monde... » J'ai fait sonner tous ces jolis mots aux oreilles de la ministre, mais en faisant des phrases avec, voyez-vous ?

— Et ça a marché ?

— Au-delà de mes espérances.

— Bilan globalement positif, alors ?

— Ne soyez pas naïf, ça ne vous ressemble pas. Entre nous, vous vous doutez bien que tout le monde s'en fout, au ministère, de cette bestiole...

Dame Pottier éleva soudain la voix.

— Sénéchal, courez après ce poisson, nom de Dieu ! Attrapez-moi tous ces gens-là, trafiquants petits et grands ! Soyez brillant ! La ministre a eu un sursaut de lucidité, c'est assez rare pour que nous en profitions !

18.

— Sénéchal ?

— Chef, je reconnais votre voix chargée d'autorité bienveillante.

— Sénéchal, il se trouve qu'il y a du nouveau. J'ai appelé l'antenne du PNUE de Jakarta. L'homme responsable, entre autres, de la protection des cœlacanthes, M. Shafik Mahakam, s'est jeté d'un immeuble en construction, à deux pas du siège des Nations unies pour l'environnement.

— Le fait de travailler tard et trop longtemps peut vous amener à commettre l'irréparable. J'ai été tenté cent fois. Mais mon sens du devoir a toujours pris le dessus.

— Cessez une seconde vos plaisanteries et écoutez-moi. La santé et la raison de ce Mahakam se sont altérées rapidement. Jusqu'à son suicide. Pourtant, son médecin n'a rien trouvé. Selon le délégué général, c'est-à-dire le chef du PNUE de Jakarta, cet homme se consumait. C'est ce qu'il m'a affirmé. Se con-su-mait... Il prenait des décisions folles, à tel point qu'on a dû lui retirer tous ses dossiers et le renvoyer chez lui. Cependant, il continuait à travailler sur un projet. Ou plusieurs projets. Avec un de ses amis, un scientifique, qui a disparu de la circulation après le décès. Un dénommé Rhaddiaunir.

— Et alors ?

— Alors ce délégué général pense que ce n'est pas un accident. Il pense également que la police, là-bas, n'a pas fait son travail sérieusement. Selon lui, des intérêts puissants ont pu être contrariés et on a fait disparaître l'homme du cœlacanthe. Vous saisissez ?

— Il soupçonne un meurtre?

— Apparemment, il n'est pas le seul. Un militaire enquête sur place, un colonel ou un capitaine Thamnir.

— Fort bien, fort bien, mais c'est un peu maigre, non, l'intime conviction d'un fonctionnaire sur la réalité du suicide de son collègue? Tout cela est très subjectif.

— Sur ce point vous avez, pour une fois, raison. L'ennui, c'est que *vous* avez levé le lièvre, Sénéchal, *vous* avez attiré l'attention sur cette bestiole en haut lieu, *vous* ne cessez de claironner que nous devons nous battre pour cette très vieille chose – je parle du poisson – et...

— C'est normal chef, je suis un peu votre conscience, votre Jimmy le Cricket, en somme.

— C'est donc *vous* qui allez donner un coup de main à ces braves gens du PNUE, en fouillant dans leurs poubelles pour savoir si on a tué un fonctionnaire des Nations unies parce qu'il protégeait des espèces menacées ou parce qu'il couchait avec la femme de son voisin de bureau.

— Mais, chef adulée, ils n'ont qu'à s'adresser aux flics du coin, non?

— Un point va vous intéresser : ce garçon a commencé à aller mal après une altercation féroce avec l'un de ses collègues, un délégué de la branche japonaise du PNUE.

— À quel sujet?

— Au sujet du déclassement éventuel du cœlacanthe comme espèce hautement protégée. Bon voyage, détective, et pas d'excès.

Deuxième partie

Le Stenocara

La maison est située au fond d'un chemin bordé de bambous dont le feuillage prend des reflets métalliques sous le soleil d'Indonésie. Elle est en bois, à un étage, et possède au rez-de-chaussée une véranda à colonnades décrépite. Sa peinture s'écaille par larges plaques. Au-dessus, on peut voir des volets clos et une fenêtre ouverte derrière un balconnet décati.

Le petit homme se gare dans une cour herbeuse cernée de palmiers. Il avise une moto tout-terrain devant la porte fermée d'un hangar aux flancs rouillés. Deux casques noirs et des outils brillants sont posés dans l'herbe à côté de l'engin.

— Il y a quelqu'un ? C'est le docteur !

Il se dirige vers la véranda occupée par un unique fauteuil en osier cassé, ouvre la porte munie d'une moustiquaire métallique et entre dans un salon où trônent une table et un poste de télévision. La table est jonchée de boîtes de bière vides. Un paravent aux motifs compliqués occupe le fond de la pièce. Il découvre l'escalier derrière le paravent.

Au premier, une seule porte est béante. Dans une chambre éclairée par les rayons du soleil filtrés par les feuilles des cocotiers au-dehors, un homme gît sur un lit de fer. Derrière le lit, la fenêtre laisse voir le balconnet de bois déglingué qui donne sur la cour.

L'homme allongé paraît jeune. Son visage est entouré d'un bandage, seuls ses yeux noirs et sa bouche sont visibles. Il porte uniquement un short, un linge blanc maculé de sang entoure sa cuisse dénudée.

Le petit médecin demande en anglais :

— Alors, qu'est-ce qui vous est arrivé ?

L'homme répond en indonésien, d'une voix pâteuse, comme s'il avait du mal à articuler :

— Me suis brûlé... (Il montre son visage recouvert de bandelettes.) Chalumeau cassé...

Puis il désigne sa jambe au linge sanguinolent.

— Dans l'atelier... métal...

Le médecin, sa mallette à la main, se penche sur la jambe blessée et, délicatement, entre le pouce et l'index, entreprend de dégager un coin du linge souillé de sang séché. Le blessé demande, de sa curieuse voix empâtée :

— Vous êtes venu seul ici, docteur ?

Le médecin, concentré, tire lentement le linge vers le haut.

— Oui-oui, pourquoi ?

Il fronce les sourcils : la jambe sous le chiffon ne montre aucune trace de blessure. La peau est intacte.

— Mais qu'est-ce que...

Il lève les yeux. Dressé sur les coudes, le malade tient un immense coutelas brillant à la main. Il sourit de toutes ses dents dans son visage masqué et dit d'une voix claire :

— Ça fait plaisir de se revoir, non, mon cher ami Dusung ?

Puis il s'assoit d'un bond sur le lit et tend l'arme à bout de bras, l'œil acéré, la tête penchée tel un rapace qui tente d'hypnotiser un mulot.

Dusung, les yeux écarquillés, émet un gémissement de terreur. L'homme aux bandelettes saute hors du lit, le coutelas à la main, et court vers la porte, coupant la route à sa proie.

Le médecin fait volte-face et fonce vers le balconnet en hurlant :

— Non ! J'ai fait le travail !

Sous le choc, la rambarde pourrie cède. Le petit homme bascule dans le vide, la tête en avant, atterrit deux mètres plus bas sur le toit de la véranda, la mallette dans sa main crispée. Il sent les tuiles sur son flanc, glisse, tombe encore et se retrouve assis dans l'herbe à côté de la moto.

Dans la chambre, l'homme contemple la rambarde défoncée et le balcon vide, ouvre la bouche stupidement et lâche son couteau. Il se rue vers le lit, fouille fébrilement sous le matelas, en sort un revolver noir. Un tube roule sur le plancher en émettant un tintement métallique.

— Merde, le silencieux ! Merde, trop tard...

Il bondit au balconnet et hurle :

— William ! William, je l'ai raté !

Jambes écartées sur l'avancée branlante, il ouvre le feu avec le 44 à canon court, faisant voler les tuiles en éclats. L'une des balles ricoche au loin en miaulant. La série de claquements brefs se répercute dans la cour.

Dusung a senti l'impact. La chaleur se diffuse dans son bras. Affolé, il court vers sa voiture. Un son strident et continu lui parvient du han-

gar. Il tend la main vers la portière du conducteur. Au même instant, la porte du hangar métallique couine sur ses gonds.

Il pirouette sur lui-même. Une ombre l'enveloppe. L'homme est gigantesque, il tient quelque chose dans les mains...

Le petit médecin se protège avec sa mallette, ferme les yeux.

Le géant lève le fer à béton au-dessus de sa tête, pousse un han! de bûcheron et, avec une incroyable sauvagerie, le plante de toutes ses forces dans la mallette. La tige de métal la traverse et transperce la poitrine de Dusung.

Ses yeux se portent, incrédules, sur la tige de fer qui dépasse de sa mallette. Puis il a l'air extrêmement fatigué. Il bouge un peu son bras blessé et murmure tristement :

— J'avais pourtant fait le travail...

Sa tête chavire, il émet un bruit de gorge semblable à un gargarisme, puis il s'immobilise. Ses yeux demeurent ouverts. Un filet de sang coule de sa bouche sur ses mains, toujours crispées sur sa mallette embrochée avec lui.

La tige de métal grince en rayant la carrosserie. Il tombe dans l'herbe avec lenteur.

Quelques minutes plus tard, la maison s'embrase d'un seul coup. À l'entrée de la propriété, des ouvriers, attirés par les coups de feu et la fumée, reculent avec ensemble, puis filent à toutes jambes.

Le toit éclate sous la pression des gaz, libérant des centaines de flammèches qui jaillissent en un superbe feu d'artifice crépusculaire.

Dans la cour, la carcasse de la voiture du médecin est illuminée comme sur un plateau de cinéma. Son passager carbonisé, qui tient toujours fermement les restes fondus de sa mallette, semble sourire au monde de toutes ses dents noircies.

19.

À l'aéroport Sukamo, dès sa descente de l'avion, la chaleur moite et l'odeur des cigarettes au girofle lui sautèrent au visage. Dans la foule, un homme frêle aux yeux battus et aux cheveux en bataille tendait une pancarte marquée « FREDE ». Sénéchal fonça droit sur lui. L'Indonésien lui secoua longuement la main et se présenta comme étant l'un des secrétaires de la délégation du Programme des Nations unies pour l'environnement.

Sur l'autoroute qui menait à Jakarta, il se mit à soliloquer tout en klaxonnant dans la circulation dense.

— Monsieur, soyez le bienvenu à Jakarta, la ville de tous les superlatifs... La plus riche, la plus peuplée, la plus polluée, la plus chère, la plus pauvre, la plus corrompue... La ville du brassage des ethnies... L'archipel compte au moins deux cents groupes ethniques. Bien sûr, il est rare de rencontrer un Papou d'Irian Jaya sur la Grande-Avenue, mais le monde entier s'y croise, Américains, Européens, Asiatiques, bouddhistes, hindouistes, islamistes, animistes, que sais-je encore ? La ville s'étend sur vingt kilomètres, je vous recommande de ne pas vous y hasarder la nuit, même grand et fort comme vous l'êtes. Notre immeuble se trouve heureusement dans le quartier des affaires.

La voiture s'engagea dans les faubourgs, puis pénétra dans la ville. Le détective fut frappé par la vision hétéroclite des immeubles modernes bordés de petites échoppes, des bulbes des mosquées côtoyant les publicités agressives, des marchands de brochettes et de riz avec leurs cuisines roulantes, des magasins chinois vivement éclairés en plein jour. Son chauffeur louvoyait entre les voitures et de curieux engins à trois roues qui changeaient de direction à chaque instant.

Sénéchal admira le front large et le visage triangulaire des femmes indonésiennes, le détachement de leurs regards, leurs coiffures en chignon, les voiles des musulmanes. À un feu rouge, il observa la manière particulière dont certains hommes tenaient leurs cigarettes, telles de petites sarbacanes. Les vieux et les jeunes, avec leurs turbans noués par-devant, vaquaient à leurs affaires, contournant des mendiants accroupis ou des marchandes de fruits en chapeau conique assises devant leurs étals de fortune. L'un des costumes les plus représentés chez les hommes lui parut être le pantalon roulé sur les chevilles, la veste noire aux nombreux boutons, la chemise blanche et le gilet brodé. Parmi les coiffures masculines, le fez et le calot dominaient, et la tongue semblait être la chaussure nationale. En traversant d'autres quartiers, il révisa son jugement : les djellabas, les larges chapeaux rigides en paille tressée et les turbans hindous multicolores tenaient manifestement le haut du pavé. Des soldats armés, passant par deux sur des scooters ou au volant de half-tracks bâchés, apportaient une touche pesante à ce tourbillon chamarré.

Alors qu'ils approchaient du quartier résidentiel, Sénéchal se demanda, dans un trou de mémoire soudain, ce qu'il était venu chercher dans cette ville.

Un Chinois d'une soixantaine d'années, aux cheveux gris peignés en arrière, ouvrit la porte à Sénéchal. Il était très élégant dans un costume clair rehaussé d'une cravate rouge nouée avec soin. Une profonde cicatrice barrait sa joue gauche et remontait jusqu'à la paupière inférieure.

Sénéchal demanda :

— Monsieur, euh, Xi Ping Zhu ?

Le Chinois sourit et tendit une main soignée.

— La prononciation est tout à fait correcte, monsieur Sénéchal. Soyez le bienvenu. Asseyez-vous, je vous en prie.

Le cabinet de travail du délégué était spacieux et sobrement meublé. Au mur se trouvait un grand logotype des Nations unies. Sur une carte du monde semée de points bleus, une affiche proclamait : *La crise de l'eau est au cœur de notre survie et de la survie de notre planète Terre.* Une table en teck d'une taille impressionnante servait de bureau. Un ordinateur et quelques objets y étaient disposés, dont les traditionnelles photos des membres de la famille, ainsi qu'un dossier jaune vif. Par la fenêtre derrière le fauteuil on apercevait le haut des immeubles et le ciel blanc de l'Indonésie à travers un brouillard jaunâtre de pollution urbaine.

— Je vous remercie d'être venu de si loin pour nous aider, monsieur Sénéchal.

Xi Ping Zhu se recula dans son fauteuil, croisa les mains sous son menton et observa un instant son visiteur. Puis il déclara :

— Vous savez quel est notre rôle. Puisque vous êtes partie prenante de ce système... en faisant appliquer dans votre pays les lois sur l'environnement. Je vais peut-être vous étonner : notre mission consiste à faire le bien dans le monde. À préserver l'avenir de cette planète malgré la folie et la rapacité de l'espèce humaine. Cependant, nous sommes également un important organisme financier, ne perdez pas ça de vue. Nous possédons et manipulons des fonds très... très importants. Destinés, entre autres, à financer des projets. Au niveau mondial, notre activité, dès cette année, va se focaliser sur le problème de l'eau.

Il indiqua à Sénéchal le slogan : *La crise de l'eau est au cœur de notre survie et de la survie de notre planète Terre.*

— D'ici vingt à trente ans, un tiers de l'eau potable disponible par habitant aura disparu. On estime qu'avant 2050, deux personnes sur trois dans le monde ne disposeront plus d'eau potable... Saviez-vous que près de la moitié des Africains vivent aujourd'hui sans eau potable, sur leur propre continent ?

— Disparu ? Euh... Et où ?

— Polluée, souillée. Donc impropre à la consommation. Il n'y a pas assez d'eau sur la Terre pour absorber et neutraliser tous les poisons que l'homme y introduit. Nous devons impérativement rechercher des solutions rapides et efficaces pour protéger ce patrimoine commun à l'humanité. Sinon...

Xi Ping Zhu baissa les yeux, comme absorbé par une réflexion intérieure. Sénéchal se tint parfaitement immobile, attendant la suite. Le délégué général reprit :

— Comme je vous le disais, nous disposons de fonds importants. On nous sollicite donc beaucoup financièrement, cela va de soi. Et nos décisions ont un impact sur les économies, grandes ou petites. Naturellement, des groupes de pression représentant divers intérêts – des intérêts que souvent nous sommes obligés de contrarier – tentent de nous influencer.

— Le lobby des marchands de soupe de tortue en boîte ?

Le Chinois eut un mince sourire.

— Ça a l'air d'une plaisanterie, présenté de cette manière, mais oui... Oui, ce commerce a dû pâtir de bon nombre de nos décisions concernant la protection des tortues terrestres et marines... Il n'y a pas qu'eux, bien entendu...

Il s'anima.

— Tenez, prenons un exemple local : récemment, nous avons porté un coup dur aux bûcherons clandestins... Nous avons trouvé un système assez original pour contrer les voleurs de bois, responsables de la majeure partie de la déforestation dans l'archipel. (Il tapota son bureau en teck.) Cette table est pour ainsi dire un objet de contrebande... Nous avons recruté des gardiens très efficaces. Cela va vous amuser... Nous sommes allés chercher des éléphants dans l'île de Sumatra. Des dresseurs leur ont enseigné à reconnaître le bruit des tronçonneuses. Et à charger... La plupart du temps, les bûcherons clandestins s'enfuient à toutes jambes quand ils voient des éléphants leur foncer dessus. Le programme lancé l'année dernière avec vingt-huit recrues est un succès. (Il sourit de nouveau.) Et je m'en flatte.

Sénéchal prit l'air faussement songeur.

— Des écoflics de plusieurs tonnes, avec de grandes oreilles. Mon service devrait en recruter dès l'année prochaine.

Xi Ping Zhu hocha la tête, puis regarda vers la porte. Il semblait écouter. Mais on n'entendait que le ronronnement du climatiseur dans la pièce. Son regard se tourna de nouveau vers Sénéchal.

— Tout cela n'est pas anecdotique... Notre gouvernement estime à six cents millions de dollars par an le coût de la contrebande de bois pour l'industrie du secteur. Mais nous faisons bien d'autres choses... Nous nous sommes attaqués récemment aux trafiquants qui massacrent les tigres pour les transformer en pseudo-remèdes vendus sous le manteau. Les tigres, ainsi que les derniers grands singes, qui sont nos plus proches parents. Un écologiste américain prétend qu'il n'est pas irréaliste de prévoir que nous aurons exterminé la moitié des espèces vivantes au milieu du XXIe siècle.

Il cueillit son stylo sur le bureau, joua un instant avec, puis lâcha :

— Nous devons être très vigilants, monsieur Sénéchal, car des groupes de pression – ceux-là mêmes que nous dérangeons dans leurs affaires peu... vertueuses – ne tentent plus seulement de nous influencer. Ils essaient désormais d'infiltrer notre institution. Et ça, c'est nouveau.

Sénéchal avait saisi son bloc-notes fermé par un élastique. Il l'observa puis le rempocha.

— Sur quels dossiers M. Mahakam travaillait-il ?

— Je me suis permis de vous préparer un mémorandum. Vous y trouverez un peu de tout. Si des éléments supplémentaires vous étaient nécessaires, n'hésitez pas à me les demander.

Il prit délicatement sur son bureau le dossier jaune. Il le tendit à Sénéchal. Mais il changea lui aussi d'avis et le reposa.

— Oh ! Il y a également là-dedans un papier que nous avons trouvé dans son bureau. Écrit de sa main. Je ne comprends pas ce que cela signifie... Une sorte de... Bref, je n'ai pas jugé utile d'en faire part à sa veuve... La pauvre femme... Le texte est assez délirant. Et, euh, il est rédigé en indonésien. C'est une photocopie. L'original n'a jamais été retrouvé, à ma connaissance.

Il donna enfin le dossier jaune à son interlocuteur.

Le dossier renfermait des sous-chemises numérotées. La première ne contenait qu'une seule feuille de papier, sur laquelle était imprimé en gros caractères un texte en anglais.

> « 1. Plus les projets de préservation de l'environnement bénéficient d'aides financières extérieures, plus les risques de détournements de fonds sont accrus.
>
> 2. Moins un État est impliqué dans les projets de préservation de l'environnement de son pays, plus il y a de corruption et de pillage des espèces naturelles.
>
> 3. Plus une espèce est protégée, plus elle prend de la valeur, et plus elle intéresse les trafiquants. »

L'écoflic lança un regard interrogatif au Chinois.

— Qu'est-ce que c'est ?

— Oh, j'appelle ça – avec immodestie – les trois principes de Xi Ping Zhu. Je distribue ce pensum à tous les fonctionnaires et acteurs économiques qui travaillent sur les projets environnementaux. Je me suis permis de le joindre à ce dossier. Mon credo est : en une génération, la situation de l'environnement mondial peut encore changer, dans deux générations, elle ne changera plus. Voyez-vous, parfois je me prends à rêver d'élargir les attributions du PNUE en envoyant des « casques verts » dans certains pays...

— Des casques verts ?

— L'équivalent de nos casques bleus. Mais pour protéger la

nature. Pour s'interposer entre les hommes et elle. Ils seraient des balises... Ils effectueraient un travail de veille et seraient des témoins à charge en cas de crimes avérés contre l'environnement. Comme ceux que commettent certaines entreprises contre la forêt primaire, par exemple, refuge de milliers d'espèces.

— Et aussi dans les cas de « non-assistance à espèces en danger » ?

— Par exemple... Mais poursuivez votre lecture, monsieur Sénéchal, mes casques verts ne sont que divagations d'un fonctionnaire parfois désabusé.

La chemise suivante contenait une grande photo sur papier glacé. Elle représentait un groupe de femmes et d'hommes debout sur le perron d'une grande demeure de style colonial. L'homme au premier rang au milieu de la photo était son interlocuteur, le délégué général à la cicatrice. À sa droite se tenait un homme mince d'une quarantaine d'années, sanglé dans un costume de bonne coupe. Ses mains gantées enserraient la poignée d'un parapluie pliant. Il portait une chemise démodée à rayures rouges, munie d'un col blanc amovible, et arborait une cravate sobre. Ses cheveux très noirs et brillants soigneusement peignés étaient rejetés sur le côté, ce qui leur donnait vaguement l'allure d'une coiffure des années vingt. Une croix avait été tracée au stylo à bille rouge au-dessus de sa tête. Son regard semblait perdu dans le lointain. Sénéchal se demanda s'il était préoccupé ou si c'était là une pose affectée.

— De quand cette photo date-t-elle ?

— De l'année dernière. J'avais offert un déjeuner dans un grand restaurant à toute la délégation, car nous avions réussi à boucler un projet qui nous tenait à cœur...

— Quel était-il ?

— Nous avions réussi à inciter le gouvernement indonésien à créer de nouvelles réserves naturelles, afin de tenter de sauver une partie de la faune et de la flore uniques de cet archipel. Ces réserves existent aujourd'hui. Elles sont très difficilement accessibles. Ou totalement interdites d'accès. Il faut s'en féliciter.

Le détective sortit ses demi-lunes et les approcha du cliché. Il scruta le visage du mort à travers ces loupes improvisées. Il détailla le visage sensible, les pommettes hautes et la bouche au pli un peu amer. Une ride unique barrait le front.

— C'était un homme très sérieux, dirait-on.

— En effet. On ne peut pas affirmer que Shafik était quelqu'un de très... de très expansif. Cependant, il ne manquait pas d'humour. En réalité, il était très content ce jour-là, mais ne le montrait pas. Il avait abattu un travail extraordinaire pour parvenir à la création de ces réserves...

— Il est le seul à porter un parapluie, de tout le groupe.

— Ce qui indique qu'il était le plus prévoyant de notre équipe. Ici, la pluie tombe au moment où l'on s'y attend le moins...

Sénéchal rempocha ses lunettes et feuilleta rapidement le dossier. Son regard fut soudain attiré, sur un feuillet, par un nom qu'il connaissait bien.

> Dans le cadre d'un programme de « simulation terrestre » lancé par l'Institut japonais des sciences et des technologies, Takenushi Corporation a remporté le marché de l'« ultracalculateur » le plus rapide du monde. Les vues des satellites d'observation terrestres seront utilisées par la première génération de cet ordinateur géant, qui sera chargé de l'optimisation et de la validation des modèles de simulation autorisant à terme la création d'une « Terre virtuelle ». Constituant un apport inestimable à la recherche mondiale en matière d'environnement, l'« Earth Simulator » est appelé à jouer un rôle fondamental dans la compréhension et la résolution des problèmes écologiques mondiaux.

Il leva le nez et demanda au délégué général :

— Excusez-moi... Quel est ce document ? A-t-il une importance particulière ?

— Je n'en sais trop rien. Je l'ai mis dans ce dossier parce que Shafik, avant de... de nous quitter, était très souvent connecté sur l'Earth Simulator.

— L'Earth Simulator ?

— Un système très récent. Très performant... Une entreprise a conçu, à la demande du gouvernement nippon, un superordinateur géant. Un supercalculateur-simulateur, devrais-je dire.

— Vaste programme...

— Il a pour mission d'analyser – et de simuler – les processus entraînant des modifications du milieu naturel mondial. Votre service, la FREDE, n'y est pas abonné ?

— Comment ? Euh, pas encore...

— Nous sommes nous-mêmes reliés en réseau avec ce système, qui bénéficie également des données de l'Organisation météorologique mondiale, un organisme qui dépend comme nous des Nations unies, et qui a pour mission de prévoir le temps partout sur la planète.

— Programme encore plus vaste. Ça ne marche jamais... Chez nous, en tout cas.

— La prévision météorologique, monsieur Sénéchal, est indispensable pour l'organisation de la vie économique, sociale, agricole, touristique, et surtout pour la protection des populations menacées par des événements violents. Prévoir un cyclone, c'est sauver des milliers de vies... Dans un village du Sahel, l'émission de bulletins météo par radio donnant la prévision des pluies est vitale pour un agriculteur qui doit décider s'il sème son mil ou pas...

— Et éviter la famine.

— Le PNUE a financé des systèmes d'observation météo dans beaucoup des pays pauvres membres de ce réseau. J'en ai moi-même fait financer ici dans certains points du pays.

Il croisa ses mains devant lui.

— Les Américains possèdent un outil superpuissant du même type que celui des Japonais. Le leur est destiné à mettre au point de nouveaux systèmes d'armements... Symptomatique, ne trouvez-vous pas ?

— Que pensez-vous que M. Mahakam recherchait sur l'Earth Simulator ?

Xi Ping Zhu fit un geste évasif.

— Il travaillait sur de nombreux dossiers. Il s'intéressait particulièrement au projet Amma.

— De quoi s'agit-il ?

— Un projet d'analyse de la mousson africaine, un phénomène décisif pour la sécurité alimentaire du Sahel. Il avait également entrepris, avant de... de tomber malade, de mettre sur pied un projet ambitieux concernant le cœlacanthe, cet animal dont il était, en quelque sorte, le protecteur officiel dans notre institution.

— Quel projet ?

— Créer un parc marin dans l'île de Manado Tua, proche de Célèbes. C'est à une heure d'avion d'ici. On y a trouvé le plus rare des cœlacanthes.

— Le *manadoensis.*

— Je vois que vous connaissez le sujet. Shafik avait réalisé une grande étude démontrant que l'instauration d'un parc marin pourrait exercer une impulsion sur les activités économiques de la région.

Il saisit un stylo dans un pot sur son bureau et fit machinalement « clic-clic » avec le mécanisme. Il reprit :

— Le projet de parc était en bonne voie. Shafik avait réussi à dégager des fonds importants pour mener cette affaire à son terme. Je pense qu'il aurait réussi ce projet-là également si...

Xi Ping Zhu remit posément le stylo dans le pot, puis émit un bref soupir.

— Vous savez... Il travaillait chez lui, à la fin. À ma demande, ou plutôt à cause du fait que... que je ne pouvais pas le garder ici. Malheureusement. Il délirait complètement... Bref, il avait chez lui un ordinateur personnel.

— Personne n'est allé examiner son disque dur ?

— Comme je vous l'ai dit, monsieur Sénéchal, la police n'a pas réellement fait son travail. Pour elle, la mort de M. Shafik Mahakam est un suicide. Point.

Sénéchal ferma le dossier. Levant la tête, il ne put s'empêcher de fixer une seconde la ligne rosée qui traversait le visage de Xi Ping Zhu. Celui-ci s'en aperçut.

— Vous regardez ma cicatrice ? Oh ! j'en ai pris l'habitude. Les émeutes de 1998, qui ont marqué la chute du président Suharto, ont fait beaucoup de morts à Jakarta. Mon jeune frère y a laissé la vie. Ma femme...

Il détourna la tête.

— Quant à moi, j'en ai gardé ce souvenir. Ce n'est rien à côté de ce que j'ai pu voir comme horreurs. Mais revenons à l'affaire de ce pauvre Shafik, qui a endeuillé notre délégation. J'ai, euh, prié le capitaine Thamnir de nous rejoindre. Il sera là dans quelques instants.

Sénéchal nota son hésitation. Il demanda :

— C'est un policier ?

— Non, il appartient à l'armée. À la Sécurité nationale. Les policiers sont trop mal payés, dans ce pays.

— C'est-à-dire ?

— Exactement ce que je viens de vous expliquer.

— Dans quel but lui avez-vous demandé de venir ?

— Hushni Thamnir s'est comporté très correctement lors des événements. Ce qui n'a pas été le cas de toute l'armée, loin s'en faut, puisque certains gradés ont fini devant le Tribunal pénal international, à la suite, entre autres, de l'affaire du Timor-Oriental.

— Vous avez une totale confiance en lui ?

— Je pense qu'il peut vous aider (Xi Ping Zhu ouvrit les mains), s'il y est disposé, ce qui n'est pas certain. Hushni Thamnir est un homme complexe, dont je ne comprends pas toujours les motivations... Il sait bien des choses sur ce qui se passe dans ce pays. Des choses que je ne saurai jamais, et qu'il vaut mieux ne pas savoir.

20.

On frappa à la porte du délégué général Xi Ping Zhu. Le capitaine Thamnir demeura une seconde immobile sur le seuil, droit comme une épée. Il était jeune et élancé, de petite taille, avec une chevelure aile de corbeau, et portait de fines lunettes dorées. Tête nue, il était vêtu d'une chemisette gris clair à épaulettes aux manches roulées bien à plat au-dessus de la pliure du coude et d'un pantalon bleu marine au pli marqué. Il arborait à la poitrine une discrète barrette de décorations et ses rangers étaient impeccablement cirés. À sa ceinture, dans un étui de cuir noir plaqué sur sa hanche, le gros pistolet automatique semblait presque un accessoire d'apparat.

Il referma doucement le battant derrière lui, puis vint à eux, se déplaçant avec la grâce feutrée d'un danseur. Il s'inclina brièvement devant Sénéchal. Ses avant-bras étaient fins et soyeux comme ceux d'une femme. À son poignet sa montre carrée en acier mat luisait telle une arme.

Tout le monde s'assit et le capitaine attendit patiemment, bien calé dans son fauteuil, que son hôte lui donne la parole. Il regarda directement Sénéchal. Ses yeux noirs le scrutèrent un instant, puis il prit une expression attentive mais lointaine, l'œil sec et vacant. L'écoflic nota le nez légèrement dévié de l'homme contrastant avec les lèvres au dessin délicat.

Le délégué noua ses mains sous le menton. Quelque chose chez lui s'était contracté, ce qui n'échappa pas à l'écoflic.

— Hushni Thamnir m'a beaucoup aidé dans cette affaire, comme je vous l'ai dit, monsieur Sénéchal... Bien. Résumons-nous. Shafik Mahakam était l'un de nos plus brillants fonctionnaires, actif et compétent, très bien noté. Sa carrière était en excellente progression. Il était manifestement promis à me remplacer un jour à la tête de la délégation de Jakarta. Un jour prochain, d'ailleurs, car je dois me retirer bientôt de la vie active... Il était ce qu'il est convenu d'appeler un bon père de famille... Son fils, d'ailleurs, est à l'université. On ne connaissait à Shafik aucune, euh, histoire avec le personnel féminin d'ici. Pas de secret dans sa vie, du moins selon l'enquête menée par le capitaine Thamnir.

Sénéchal demanda :

— Quelles étaient les relations exactes de M. Shafik Mahakam avec M. (Il regarda ses notes.) Rhaddiaunir, son ami scientifique ?

Ce fut le délégué qui répondit :

— Au-delà de leurs relations d'amitié, les deux hommes partageaient une passion pour les volcans... Selon tous ceux qui les ont connus, ils passaient beaucoup de temps à aller visiter et photographier – ou filmer, je crois – les volcans de l'archipel... J'ai été très surpris lorsque je l'ai appris... Shafik n'en avait jamais fait part à ses collègues ni à moi-même.

Sénéchal hasarda :

— Et ses convictions religieuses ?

Xi Ping Zhu plissa légèrement les yeux, ce qui fit ressortir sa cicatrice.

— Hum. Voilà ce que j'appelle une question des plus pertinentes pour un enquêteur occidental...

Il joignit vivement les paumes en un geste de contrition comique.

— Pardonnez-moi, monsieur Sénéchal... Je ne voulais pas vous froisser. Je voulais dire que vous aviez raison... Ici, la religion prend un relief tout particulier. Peut-être plus qu'en Occident. C'est un sujet brûlant...

Il sembla à Sénéchal que le Chinois avait, tout en parlant, jeté un coup d'œil ironique à l'impassible capitaine, mais à la seconde suivante il n'en était plus certain. Le délégué reprit :

— Shafik n'était pas musulman dans ce pays à grande majorité musulmane. Sa femme ne l'est pas non plus... Poursuivons... Cet homme mesuré, qui défendait fermement ses dossiers, mais sans passion – ainsi qu'il convient au sein de notre institution –, a eu un jour une terrible altercation avec le délégué japonais à propos du poisson rarissime qui vous intéresse tant, le fameux cœlacanthe. C'était... incongru et effrayant. J'étais présent à cette importante réunion, qui se tenait ici même. Nous devions travailler sur plusieurs dossiers, dont le classement de certaines espèces animales... À un moment, le délégué japonais a affirmé que ce bizarre poisson ne faisant l'objet d'aucun trafic connu, il ne convenait donc plus de le classer dans les animaux en grand danger, et que le projet de parc marin de Manado Tua n'avait donc aucune raison de voir le jour ! Ce qui était ridicule, évidemment. Nous nous sommes tous demandé ce que cela cachait. Et, surtout, quels intérêts cela servait... Avant que quiconque ait pu répondre, Shafik, qui, jusque-là, n'avait fait que des interventions d'ordre technique, s'est levé. Il était très pâle et il tremblait de rage. Il a empoigné son micro et il a demandé à M. Saïto – c'est le nom de cet homme – qui l'avait payé pour tenir de tels propos ! Imaginez l'émotion chez les délégués et les assistants... Il y a eu un grand silence. Shafik a reposé la question au Japonais et lui a intimé brutalement de donner les noms de ceux qui l'avaient payé ! Il a continué en l'insultant de la plus offensante manière, en anglais, d'abord, puis en indonésien... Il était hors de lui. Je ne savais que faire, j'aurais voulu me boucher les oreilles.

— Et le délégué du Japon ?

— Il était médusé. Il transpirait... Quelqu'un a coupé les micros et Shafik a continué à hurler... Il ne se tenait plus, il a jeté ses dossiers en l'air, puis s'est mis à donner des coups de pied dans son fauteuil. Il était comme fou... Il... Il a fallu appeler la sécurité. (Xi Ping Zhu hocha la tête.) Cela me fait de la peine quand j'y repense, voyez-vous.

— Que s'est-il passé ensuite ?

— On l'a emmené, il se débattait et criait. J'étais couvert de honte. J'ai dû présenter mes excuses et celles de ma délégation à ce Japonais... Nous étions tous mortifiés, ici. J'ai parlé de surmenage, d'une crise d'épilepsie, je ne me souviens plus exactement.

Il leva une main lasse et la laissa retomber lentement.

— J'étais loin de me douter que Shafik mourrait quelques semaines plus tard, bien sûr... Ce jour-là, j'avais demandé qu'on le transporte immédiatement à l'hôpital, mais une fois arrivé dans la rue, il s'est senti beaucoup mieux. Il a prétendu ne se souvenir de rien. Il a refusé d'aller à l'hôpital. Mon chauffeur l'a donc emmené chez lui et a appelé le docteur Dusung, son médecin de famille. J'aurais dû insister pour qu'on le soigne immédiatement... Parfois, je me sens responsable de ce qui est arrivé.

— Vous parliez de surmenage, ça vous paraît plausible ?

Le Chinois réfléchit une seconde, puis lâcha :

— Il travaillait beaucoup... Mais...

— Vous ne semblez pas tenir ce délégué japonais dans votre cœur, monsieur Zhu, je ne me trompe pas ?

Le capitaine Thamnir fixa soudain Sénéchal.

— Est-ce vraiment important pour votre enquête, monsieur ?

Il n'avait pas haussé le ton, mais son regard jusqu'ici lointain était devenu, derrière les fines lunettes, vif et attentif. Sénéchal se défaussa.

— Je me demandais simplement si c'est un homme antipathique ou un corrompu notoire, ou les deux, auquel cas cet incident prendrait une signification, et...

Le délégué l'interrompit.

— Je vais vous mettre à l'aise, monsieur Sénéchal. La question que vous vous posez est la suivante : soit Shafik Mahakam était un homme dépressif et surmené qui s'est suicidé, auquel cas nous vous avons fait perdre votre temps – et vous continuez à le perdre en ce moment avec nous –, soit Shafik savait sur ce délégué japonais – ou ceux qui le manipulaient éventuellement – des choses qu'il n'aurait pas dû savoir, auquel cas on l'a « suicidé »... Mais vous vous dites qu'on ne tue pas quelqu'un pour le classement – ou le déclassement – d'un vieux poisson qui n'intéresse personne.

— Certains riches trafiquants asiatiques, m'a-t-on rapporté...

Xi Ping Zhu n'avait pas l'air convaincu. Sénéchal regarda ses notes.

— À peu près un mois avant son geste tragique, M. Mahakam commençait, euh, à perdre les pédales, comme on dit en France.

— Oui. Il m'avait fait part de soupçons, d'inquiétudes. Il avait peur d'être suivi, d'être écouté.

— Cela vous paraît possible ?

Le délégué général croisa de nouveau ses mains en cathédrale et affirma sans aucune hésitation :

— Oui. Oui, c'est très possible.

Soudain, l'air préoccupé, il jeta un coup d'œil à sa montre.

— Vous avez un peu de route à faire, cet après-midi, monsieur Sénéchal, puisque vous souhaitez rencontrer Mme Mahakam. Sachez que la nuit tombe tôt, ici.

Il se tourna ensuite vers l'officier, toujours assis bien droit dans son fauteuil, l'air détaché.

— Serait-il possible, capitaine Thamnir, d'envisager une coopération informelle avec M. Sénéchal sur cette affaire ?

Sans répondre, le capitaine sortit avec lenteur de sa poche de poitrine une feuille de papier pliée en quatre, l'ouvrit et la déposa devant lui, sur l'angle du bureau. Puis il tendit une paume ouverte vers Xi Ping Zhu. C'était un geste typiquement militaire, un ordre muet. Le Chinois décapuchonna son stylo noir et or avant de le tendre au gradé. Le papier comportait un en-tête. Il y avait aussi un tampon à l'encre rouge, en bas à droite. Le capitaine rédigea rapidement quelques lignes et signa sur le tampon.

Il leva des yeux énigmatiques sur l'écoflic et rajusta ses fines lunettes.

— Monsieur, ceci vous aidera dans vos déplacements et dans vos recherches. Avec cette sorte de laissez-passer, les forces de l'ordre devraient vous faciliter certaines démarches. Cela étant, ce viatique est limité dans le temps. Dans le temps et dans l'espace. Ce papier vous sera utile uniquement à Java central. Si on vous cause quelque problème que ce soit, n'hésitez pas à me faire appeler... Je vous souhaite très bonne chance et me permets de vous déconseiller les visites nocturnes de Jakarta. Et de prendre des risques inutiles de manière générale. Dans cet esprit, je vous recommande vivement de vous adjoindre les services de mon lieutenant et de sa voiture, que je mets tous deux à votre disposition.

— Mais je ne...

— J'insiste. La voiture n'est pas un véhicule militaire. Le lieutenant Sitti Nuraini Sankaran vous attend au bas de l'immeuble.

Le ton était sans réplique. Il fit une courte pause, puis reprit :

— Je vais cependant vous donner une information qui peut éventuellement retenir votre attention : j'ai découvert que le médecin de M. Mahakam, un nommé Dusung, faisait partie d'une bande de chiens enragés, d'activistes nationalistes qui finançaient des milices... La politique, toujours la politique, n'est-ce pas ? Il n'est pas surprenant que des gens comme lui aient récolté ce qu'ils avaient semé.

Il avait prononcé ces derniers mots d'un ton glacial. Sénéchal demanda :

— Qu'est-il arrivé à ce médecin ?

— Il a eu un... accident. Au volant de sa voiture.

Le capitaine rendit le stylo à Zhu, se leva, serra les mains de ses interlocuteurs en s'inclinant, se dirigea vers la porte, se retourna, les dévisagea tous deux, ouvrit la porte et disparut.

Le Chinois souriait largement pour la première fois de leur entrevue. Il dit d'un ton doucereux :

— Eh bien, monsieur Sénéchal, vous lui avez plu. Je ne l'ai jamais vu aussi bavard.

Dans le hall de l'immeuble se tenait un Asiatique à l'allure martiale, portant blouson en jean et pantalon de toile grège à poches plaquées. Il mastiquait un chewing-gum et observait avec la plus vive curiosité ses rangers bien cirés, comme s'il les découvrait à l'instant lacés à ses pieds. Il leva un visage douloureux vers Sénéchal lorsque ce dernier sortit de l'ascenseur et s'avança vers lui d'une curieuse démarche : il semblait s'aventurer à chaque pas sur une couche de glace très mince. Il salua l'écoflic, fit volte-face et le précéda dans la rue. Sur le trottoir était garé un 4 × 4 noir aux vitres fumées. Il jeta un coup d'œil circulaire et, sans un mot, ouvrit la portière à Sénéchal du côté du passager.

Le mouvement leva un pan de son blouson, laissant apparaître fugitivement, en arrière de sa hanche, une arme dans son étui de cuir.

21.

Ils venaient de quitter les faubourgs de Jakarta lorsque le téléphone de Sénéchal sonna dans sa poche.

— Pierre ? C'est Lucrèce... Tu vas être déçu... On a retrouvé les restes du bateau coulé au fond de l'eau. Il transportait cinq bidons à tête de mort.

— Oui, oui... Eh bien, qu'est-ce qu'ils contenaient, ces bidons ?

— De l'eau.

— Quoi ?

— De l'eau tout ce qu'il y a de normale. Elle contient du calcium, du magnésium, du sodium, du potassium, du bicarbonate, des sulfates, des chlorures et des nitrates, et des traces d'engrais classiques... C'est de l'eau, de l'eau toute bête. H_2O. Un atome d'hydrogène, deux atomes d'oxygène. Plus des engrais. En tant que chimiste, je suis toujours émerveillé par cet amour que l'hydrogène porte à l'oxygène... Je n'arrive d'ailleurs pas vraiment à me l'expliquer. Parfois, la nature...

— Tu veux dire qu'il y a dans ces bidons à peu près tout ce qu'on peut trouver dans une bouteille d'eau minérale achetée au supermarché du coin ?

— Oui, plus les traces d'engrais qui montrent que cette eau a dû traverser des terrains agricoles, et...

— Ce n'est pas possible ! Ce n'est pas possible qu'il n'y ait que ça dans ces bidons ! Je le sens, je le sais, ça ne colle pas avec le contexte !

— Écoute-moi bien, Pierre : il va falloir que tu te sortes de la tête ces histoires de détectives qui trouvent absolument tout dans un verre d'eau... Il pourrait y avoir dix grammes de morphine en solution là-dedans, je ne les verrais pas, parce que ce n'est pas ce que je cherche, espèce de tête de mule ! Dans une analyse, on ne trouve que ce que l'on cherche ! Trouve-moi quelque chose à chercher, voilà tout !

— Tu es chimiste, nom de Dieu ! Cherche autre chose que les trucs habituels, je ne sais pas, des substances bizarres. Des protozoaires, du shampooing, des poissons rouges, du sirop d'orgeat... Confie ça à d'autres labos si tes foutues bécanes – qu'on devrait toutes envoyer à la ferraille – ne sont pas capables de trouver autre chose que du calcium et du bicarbonate dans de la flotte !

— Pierre, tu deviens franchement antipathique. Laisse-moi te dire également...

— Cherche, Lucrèce, cherche !

Sénéchal coupa la communication et jeta un coup d'œil au lieutenant qui, un œil mi-clos, se préparait à doubler par la gauche, sans aucune visibilité, un long camion-citerne.

Sénéchal haussa les épaules. Lucrèce déclinait intellectuellement de jour en jour... C'était le chant du cygne, pour ce pauvre garçon.

22.

Elle ouvrit la porte et observa l'immense visiteur aux traits tirés devant le seuil de son pavillon. Il tenait une valisette de toile grège qui ressemblait à un jouet dans sa grande main.

— Vous êtes, je pense, le policier français ? M. Zhu m'a prévenue de votre visite...

Sénéchal mit une seconde avant de s'apercevoir que Mme Mahakam venait de s'exprimer dans sa langue.

C'était une femme mince à l'air farouche, d'une quarantaine d'années, aux cheveux blancs coupés court. Elle était entièrement vêtue de noir et portait aux oreilles de minuscules pendentifs en argent. Ses yeux bridés, dans son visage lisse et pâle, parurent au détective d'une intensité stupéfiante. Il se demanda si c'était une femme en colère, une femme très malheureuse ou tout cela à la fois, et si, de fait, elle pouvait voir à travers lui.

— Vous parlez couramment le français, madame ?

— Pas aussi bien que mon mari. (Elle corrigea.) Pas aussi bien que le parlait mon mari, mais oui, je le parle. Je n'ai pas de mérite, je suis traductrice. En trois langues.

Elle jeta un long regard au 4 × 4 noir garé sur le trottoir d'en face, puis s'effaça pour laisser passer l'écoflic.

Dans le couloir, derrière elle, se tenait un adolescent maigrichon en jean, de très grosses chaussures de sport blanches aux pieds. Il portait sur son tee-shirt un blouson de nylon trop grand. Ses cheveux gominés étaient soigneusement tirés en arrière. Il avait enfoncé ses mains dans les poches du blouson. En voyant Sénéchal, son visage las prit une expression inamicale et un peu méprisante. Il demanda brusquement :

— Est-ce que vous êtes officier, monsieur ?

— Non, je ne suis pas officier... Pourquoi ?

Le gamin le scruta d'un air perplexe, comme s'il pouvait estimer d'un coup d'œil, et de manière générale, les capacités intellectuelles et la position hiérarchique de Sénéchal. Ses yeux n'étaient que deux minces meurtrières.

— Je croyais qu'il n'y avait que les officiers, dans votre police occidentale, qui avaient le droit de voyager aussi loin. Pourquoi venez-vous enquêter sur la mort de mon père ?

Avant que Sénéchal ait pu répondre, la femme dit quelque chose en indonésien, d'un ton sans réplique. L'adolescent fit demi-tour et disparut. Elle avait l'air ennuyée.

— Je vous prie d'excuser Lang, monsieur... Il est très, très affecté.

— Je comprends, madame, je ne vous dérangerai pas longtemps. Cependant, je dois vous poser quelques questions.

Elle le fit entrer dans le salon. La pièce était confortable sans être cossue. Trois fauteuils étaient posés sur un tapis de laine aux motifs orientaux. Sur les murs, des cadres patinés renfermaient des peintures sur soie représentant des personnages grotesques ou effrayants, figures classiques du panthéon indonésien. Trônant sur un buffet d'origine hollandaise, trois marionnettes javanaises, vêtues de velours noir rehaussé d'or et d'argent, semblaient regarder venir Sénéchal de leurs yeux effilés. L'enquêteur remarqua dans un coin de la pièce un temple miniature dans une niche. Des offrandes y étaient disposées et une bougie rouge brûlait dans un verre. Un bouddha de bronze y voisinait avec des figurines de terre cuite. Sénéchal y reconnut également une photo souriante du mari défunt, avec sa coiffure désuète.

Mme Mahakam lui désigna l'un des fauteuils. Sénéchal sortit son bloc-notes et son crayon. Il lui posa de nombreuses questions, questions dont elle ne comprenait pas toujours la finalité, mais auxquelles elle répondit du mieux qu'elle put, d'une voix calme. Pour finir, il demanda :

— On m'a dit au PNUE que votre mari travaillait chez lui à... à un certain moment. Pourrais-je voir son bureau ?

Elle hésita.

— Je regrette, la femme de ménage n'est pas revenue après la mort de mon mari.

Elle fit un geste.

— Pfuit ! Envolée... Maintenant, cet endroit est très sale.

— J'aimerais tout de même le voir.
Elle ouvrit les mains vers le plafond.
— *Tidak ada masala!*
— Je vous demande pardon?
— Ce qui signifie : « Pas de problème. » Cela pourrait d'ailleurs être la devise nationale indonésienne.

La pièce sentait le renfermé. Les volets de l'unique fenêtre qui donnait sur le jardin étaient clos, la lumière filtrant à travers leurs fentes. Ses rayons, dans laquelle dansaient des particules, tombaient directement sur des meubles qui luisaient dans la pénombre. Sénéchal avait observé en arrivant que toutes les fenêtres du rez-de-chaussée du pavillon étaient protégées par des barres métalliques, ce qui lui donnait un petit côté carcéral.
La femme appuya sur un commutateur électrique, une lampe sur pied répandit une lumière dorée dans toute la pièce, révélant les murs tendus de tapis, à l'orientale. Un mobilier hétéroclite avait été entreposé là. Au centre du parquet se tenait une table de bois rouge sombre, simple et dépourvue de tiroir, sur laquelle était posé un téléphone noir couvert de poussière. Elle voisinait avec un fauteuil à oreillettes recouvert d'une housse de tissu grège. L'un des coins de la pièce était occupé par un canapé d'angle en cuir sur lequel on avait jeté des coussins. Une chaise était calée le long du mur de gauche. Deux poufs de cuir étaient disposés devant un élégant secrétaire, son panneau avant grand ouvert. Sur le mur, à côté, une bibliothèque vide donnait à l'ensemble un air de profonde désolation.
Mme Mahakam soupira.
— Il y a un bon moment que je ne suis pas venue. Cela me rend trop triste. Je n'ai même plus le courage d'y entrer pour faire le ménage...
— Mais où sont passées ses affaires? Ses papiers, les bibelots, les livres?
— J'ai fait le tri. Ce qui me semblait d'ordre professionnel, je l'ai donné au PNUE, le reste, les... les témoignages de notre vie commune, ainsi que les papiers administratifs, je les ai conservés, évidemment. Les livres et tout ce genre de choses, je les ai jetés. Ou vendus.
— Tout?
Elle hocha la tête.
— Tout. Et j'ai dû vendre sa voiture pour pouvoir faire face, financièrement. Vous comprenez, n'est-ce pas? Monsieur, vous

pouvez faire ici tout ce qui sera utile à votre travail. Mais je souhaiterais que vous n'ouvriez pas ces volets. (Sa voix chevrota un peu.) D'ailleurs, je les ai cadenassés. Je n'ai plus envie de revoir cette pièce au grand jour. Même comme ça... Quasiment vide...

Elle désigna les murs.

— C'est lui qui avait fait poser les tapis, pour étouffer le bruit des conversations quand il recevait des gens. Il disait que c'était pour ne pas me déranger. Mais je crois que c'était surtout pour qu'on n'entende pas ce qui s'y discutait. Il avait peur d'être écouté à... à la fin.

— Même par vous ?

Elle ne cilla pas.

— Par tout le monde.

Sénéchal referma la porte derrière lui. Sa valisette était posée à ses pieds, ouverte. Il observa que seul le fauteuil était recouvert d'une housse de tissu.

Il sortit de sa valise une paire de gants en caoutchouc, qu'il enfila, puis il alluma une minuscule torche électrique. Il commença par regarder soigneusement autour de lui, essayant de voir si rien ne lui avait échappé au premier coup d'œil. Il alla au plateau de la table, balada le faisceau de la lampe dessus. Il se pencha, un peu de profil. La couche de poussière lui parut inégale. Il se demanda si Shafik Mahakam avait mis un ordinateur dans cette pièce, et dans ce cas, ce qu'il était devenu. Il explora le sol. Du pied, il tenta de faire bouger les lattes du plancher, les examina l'une après l'autre. Il retourna les coussins, les palpa, regarda sous le canapé, n'y trouva que des moutons. Il explora ensuite le dessous du secrétaire, retourna les poufs, les tritura, retourna également la chaise, ouvrit tous les tiroirs du secrétaire – les faisant jouer plusieurs fois –, remarqua que la serrure du panneau était cassée et que le bois avait éclaté autour, se glissa sous la table avec la torche, déplaça la bibliothèque vide et dit :

— Merde, rien de rien !

Il grimpa sur la chaise et sonda les tapis du mur du plat de la main, systématiquement. Il termina par les rideaux, jeta un coup d'œil à travers les jalousies de bois, mais ne vit qu'une partie du sol herbeux de ce qui devait être un petit jardin. Il apercevait la base des palissades vertes à sa gauche, rien d'autre. Il revint vers le secrétaire. Il le déplaça pour l'éloigner du mur et l'observa de près. Il le tapota de l'index, passa la main sur le bois ciré, chercha, à l'arrière, des sceaux ou une marque quelconque. Il murmura :

— Hmmm... Faux Louis XIV. Ancien quand même... La touche française à Java... Décidément !

Il retira les trois grands tiroirs du bas de leurs logements et les examina. Puis il leva le panneau de merisier muni d'une serrure et ouvrit les six petits tiroirs du haut, qui résistèrent légèrement. Il nota que la clé du panneau était absente. Il se demanda si elle avait jamais été là. Il découvrit le tiroir « à secrets » : un second espace caché derrière le fond apparent de l'un des tiroirs, système classique bien connu des antiquaires et des amateurs de vieux meubles.

Le tiroir à secrets était parfaitement vide. Sénéchal soupira, déçu.

La lueur de sa torche accrocha quelque chose dont la vue lui fit lever un sourcil.

23.

Dans le salon, Mme Mahakam l'observait, intriguée. L'appel du muezzin, amplifié par des haut-parleurs, se faisait entendre au-dehors, très loin. L'air était étouffant.

Sénéchal avait posé sur la table le stylo à bille jusqu'alors retenu par un élastique à son petit carnet, et l'avait démonté pour n'en conserver que le tube transparent. Il avait fait rouler près de lui l'aspirateur que la veuve était allée quérir dans le placard. Il en avait extrait le sac de papier, l'avait jeté dans la poubelle de la cuisine, avait remis un autre sac, avait fait fonctionner l'engin un instant, le bout du tuyau noir d'aspiration tenu en l'air, puis avait jeté le nouveau sac et l'avait de nouveau remplacé par un neuf.

Maintenant, il raccordait avec de l'adhésif d'emballage le tube transparent du stylo à l'extrémité du tuyau de l'aspirateur. Elle remarqua qu'il accomplissait tous ces gestes sans hâte, avec méticulosité. Pour un homme doté d'aussi grandes mains, il faisait preuve d'une étonnante dextérité.

Il demanda soudain, tout en s'affairant :

— Il ne doit pas y avoir beaucoup de meubles français en Indonésie, madame Mahakam, non ? Comme ce petit secrétaire en merisier, dans le bureau de votre mari.

— C'était un cadeau de M. Rhaddiaunir, son ami qui a, euh, disparu. M. Rhaddiaunir l'avait fait venir de France par bateau. Mon mari aimait beaucoup ce qui venait de France. Je l'ai conservé, parce que... En fait, je ne sais pas pourquoi je l'ai conservé.

— Ce meuble est vide.

— J'ai tout jeté.
— Il y conservait des papiers ?
— Un seul. Un dossier de couleur rouge.
— Qu'est-il devenu ?
— La femme de ménage l'a emporté.
— Comment ça ?
— Elle n'est pas revenue après le décès de mon mari. Je me suis aperçue qu'elle avait fracturé le secrétaire et que le dossier rouge n'y était plus. Elle l'a volé. Je ne comprends pas pourquoi.
— Elle n'a rien volé d'autre ?
— Je ne sais pas.
— Hormis ce dossier, votre mari conservait-il autre chose dans ce meuble ?
— Juste du bric-à-brac : de la papeterie, des stylos, des élastiques, des trombones... Des coquillages, des presse-papiers en pierre, vous voyez ? Il en conservait toujours la clé sur lui. Je n'ai su qu'après sa mort ce qu'il contenait. En fait, il n'y avait presque rien, là-dedans... Je ne comprends pas pourquoi il gardait cette clé si jalousement. Il mettait ses papiers personnels dans un meuble fonctionnel que je... que j'ai vendu, celui-là.

Sénéchal leva les yeux sur elle.
— C'était un très beau cadeau, ce secrétaire... Pourquoi y a-t-il une housse uniquement sur le fauteuil et pas sur les autres meubles ? Vous les avez enlevées ?
— Ce n'est pas moi qui l'ai mise. C'est Shafik. Il pensait qu'il était allergique à la matière de ce fauteuil. Il... il avait des irritations dans le dos. Des petites rougeurs. Il travaillait parfois torse nu à cette table, durant les grosses chaleurs, comme beaucoup de gens, ici, qui portent le sarong à la maison.

Sans un mot, Sénéchal sortit de sa poche une paire de gants de caoutchouc, dégagea un sac d'aspirateur neuf de l'emballage plastique (qui s'était rapidement vidé depuis son arrivée), puis disparut dans le bureau du mort avec tout son attirail.

Il approcha l'aspirateur du secrétaire et se mit en devoir de faire circuler l'embout du stylo à bille le long des angles intérieurs du tiroir à secrets, aspirant méthodiquement la fine trace de poussière noire et brillante que le reflet de sa lampe-torche avait révélée tout à l'heure. Il sortit le sac de l'aspirateur avec d'infinies précautions, en replia l'embouchure sur elle-même et le plia très serré. Il l'entoura d'un ruban adhésif et le rangea dans sa valise. Il remit un sac neuf dans l'engin, sortit de leur logement tous les petits tiroirs du haut (qui allèrent rejoindre sur le parquet les trois grands tiroirs du bas), n'y trouva aucune trace de poussière noire.

Il se dirigea vers le fauteuil, enleva la housse et l'explora. Il se glissa sous le siège et en examina la mécanique du faisceau de sa lampe torche. Il le fit monter, descendre, tourner, rouler, puis le recouvrit à nouveau de sa housse. L'air pensif, il sortit son téléphone portable et prit des photos au flash de toute la pièce. Enfin, il revint au secrétaire, se mit en devoir de réengager dans leurs logements tous les tiroirs. Au moment où, par acquit de conscience, il passait la main en dessous du dernier, il sentit sous son index ganté quelque chose de pointu. Une goutte de sang perla sur le gant blanc.

Surpris, il retourna le tiroir. Une lame de verre était collée en dessous, en biais. Elle devait se trouver là depuis longtemps, car elle avait été comme incrustée dans le bois, sans doute à cause du va-et-vient du tiroir dans son logement. Il reconnut une lame de microscope. Deux angles étaient cassés. C'était l'un des coins cassés qui lui avait piqué le doigt. Une lamelle ronde, en verre très mince, était collée dessus. Quelque chose était emprisonné entre la lame et la lamelle. Sénéchal regarda de plus près. C'était brun, rond, très petit, et cela ressemblait à des œufs de poisson.

Ça paraissait humide.

Il montra à Mme Mahakam la lame de verre cassée (qu'il avait eu bien du mal à extraire du bois du tiroir sans la casser une seconde fois). Il l'avait glissée dans un sachet de plastique transparent. La veuve affirma n'avoir aucune idée de ce que cela pouvait être. Il lui demanda alors d'aller chercher son fils. L'adolescent descendit, l'air toujours maussade. Il examina l'objet à travers le plastique, perplexe.

— C'est une lame pour l'observation au microscope. Je ne sais pas du tout ce que sont ces petits grains sous la lamelle. Où l'avez-vous trouvée, monsieur le détective français ?

Sénéchal ne releva pas l'ironie. Il le lui expliqua, puis ajouta :

— Je pense qu'elle n'était pas cachée. Elle a dû simplement tomber derrière le tiroir et se coincer, puis s'enfoncer dans le bois avec le temps et le frottement.

Lang observa de nouveau la découverte de l'enquêteur.

— C'est curieux, il y a de la buée dans le plastique, maintenant.

Sénéchal leva le sachet à hauteur de ses yeux.

— Oui, tu as raison... Dis-moi une chose : ton père devait posséder un ordinateur ? Qu'est-il devenu ? Il me faudrait en étudier le contenu.

L'adolescent enfonça ses mains dans les poches de son blouson de nylon et coula un regard en biais à sa mère. Ce fut elle qui répondit :

— Monsieur, j'ai bien peur que vous ne perdiez votre temps ici. L'ordinateur de mon mari a rejoint toutes ses autres affaires. Tout le reste.

Sénéchal les dévisagea tout deux. Il se sentait sale et fatigué.

— Vous avez vendu son ordinateur ?

— Non. Je l'ai jeté. Je ne voulais plus le voir. Avec toutes ses affaires, ses vêtements... Je ne...

Elle baissa les yeux.

— Vous l'avez jeté ? Tout est parti à la poubelle ? Il y a longtemps ?

La mère et le fils s'observèrent. L'adolescent fronça les sourcils.

— Vous voulez dire dans une poubelle, dans la rue ? Non... Non, pas du tout. Je vais vous emmener.

Sénéchal surprit le rapide coup d'œil désapprobateur de la femme aux cheveux blancs.

24.

Sénéchal s'était étonné de ne plus voir le 4 × 4 noir du lieutenant garé sur le trottoir d'en face, lorsque l'adolescent et lui étaient sortis de la maison de Mme Mahakam, mais il n'en avait rien montré.

Leurs parapluies en main, ils cheminaient maintenant en silence sur un sentier qui longeait un cours d'eau paisible bordé de palétuviers aux énormes racines. Des morceaux de plastique flottaient sur la surface fangeuse et se coinçaient dans les racines en groupes serrés. Ils croisèrent un pêcheur aux jambes arquées, uniquement vêtu d'un short de cycliste, qui jetait son filet dans l'eau trouble. Ses muscles saillants soulignaient sa maigreur. Sénéchal observa qu'à chaque lancer il rapportait surtout des déchets multicolores : câbles électriques rongés par l'eau, débris électroniques divers et plaques de plastique cassées.

Un peu plus loin, une pancarte en anglais et en indonésien déclarait qu'il était interdit, pour des raisons d'hygiène, de déverser quoi que ce soit dans la rivière, sous peine de poursuites.

Sénéchal demanda à son compagnon :

— Ainsi, tu étudies à l'université ?

— Oui. À Depok, près de Jakarta. J'y apprends les sciences.

— Tu es content d'y vivre ?

— Oui. Le campus est très beau. Il y a beaucoup d'arbres. Il y a un lac. (Un sourire triste passa sur le visage las de Lang.) Mais il ne faut pas se promener avec sa petite amie près du lac, les esprits qui y vivent auront vite fait de briser votre amour et de vous séparer d'elle...

Sénéchal se demanda si les sciences et la superstition faisaient toujours aussi bon ménage à l'université de Depok. Il décida, sans trop savoir pourquoi, que le jeune homme évoquait une rupture amoureuse récente.

— À ton avis, pourquoi ta mère a-t-elle jeté toutes les affaires de ton père ?

— Je ne sais pas.

— Tu connaissais bien M. Rhaddiaunir ?

Le gamin eut une infime hésitation qui aurait échappé à Sénéchal s'il ne l'avait tenu dans sa ligne de mire.

— Pas vraiment. C'était un ami de mon père, c'est tout. Il était vieux. Ils partaient quelquefois tous les deux pendant leurs jours de congé pour aller voir et filmer les volcans.

— Tu les as accompagnés une fois ou deux ?

— Non, ça ne m'intéressait pas. Et mon père... Il pouvait parfois être très... très ennuyeux, vous savez.

— Elle datait de longtemps, cette passion des volcans, chez ton père ?

— Non.

Devant le visage buté de l'adolescent, l'écoflic n'insista pas.

À mesure qu'ils progressaient sur le chemin, leur parvenait l'odeur âcre du plastique brûlé. Ils entendaient des conversations proches, ainsi qu'une sorte de brouhaha mécanique.

Passé un tournant, ils se retrouvèrent brutalement devant une montagne de détritus. Derrière un grillage à demi disloqué Sénéchal put contempler, à une vingtaine de mètres, le plus grand tas d'ordinateurs périmés qu'il ait jamais vu. Il atteignait à peu près la hauteur d'une maison de deux étages. Des gamins s'affairaient tout autour. Certains étaient grimpés dans l'enchevêtrement de boîtes de métal et d'écrans, au mépris du danger que représentait un éventuel effondrement de l'édifice de déchets. Une épaisse fumée s'élevait dans le ciel, masquant des cabanes en planches qui apparaissaient fugitivement, au gré du vent.

Un petit vendeur de sodas, surgi de nulle part, vint à la rencontre des nouveaux venus armés de leurs parapluies fermés, puis demeura à leurs côtés sans rien dire, les yeux fixés devant lui.

Sénéchal observait sans bouger le ballet incessant des enfants. Dans la chaleur humide, couverts de poussière, ils séparaient les unités centrales des écrans et récupéraient les souris et les claviers, qu'ils jetaient sur un tas éloigné. Puis ils portaient, à deux ou trois, les unités centrales à un groupe d'adultes torse nu, certains accroupis sur leurs talons, d'autre assis sur des petits tabourets, qui en démontaient les éléments. Le regard vide, ils dévissaient, désossaient, séparaient le plastique des pièces de métal, ôtaient les composants électroniques, retiraient les câbles... Tous les gestes étaient répétés à l'infini.

Un peu plus loin, des adolescents, casquette sur la tête, démontaient des écrans. Sénéchal observa une gamine d'une dizaine d'années en chemisette à pois et short, les cheveux sagement retenus par des peignes de couleur, pince coupante en main, qui se livrait à une mystérieuse occupation sur un monceau de câbles de liaison ressemblant à un paquet de vers gigantesques.

La fumée se dissipa, révélant l'étendue du chantier : une autre colline miniature apparut, faite de milliers de carcasses en plastique de téléphones portables, ainsi que de monceaux de claviers gris et de cartes-mères. Des cabanes en planches sortaient des enchevêtrements de pièces électroniques de toutes tailles et de toutes couleurs. Puis la fumée se rabattit au sol, masquant la scène.

Sénéchal s'avança. Le brouhaha mécanique qu'il avait entendu tout à l'heure s'amplifiait à mesure qu'il contournait le tas d'ordinateurs, prenant garde à ne pas se mettre en travers du chemin des petits ouvriers. Des transistors et des composants de toutes sortes crissaient sous ses pas. Des enfants démontaient des touches de clavier qui gisaient tels des dominos tout autour d'eux.

Au milieu de cette activité frénétique, devant l'une des cabanes, un homme buvait du thé, tenant son bol à deux mains, le portant de temps à autre à ses lèvres, les yeux rivés sur deux ouvriers qui discutaient, à côté d'étagères sur lesquelles s'alignaient des tubes cathodiques. Les ouvriers captèrent son regard et se remirent instantanément au travail. L'homme avait manifestement aperçu Sénéchal et son compagnon, mais n'en laissait rien paraître.

Sénéchal cria à Lang, qui l'avait rejoint :

— Nous n'avons pas besoin de l'écran. L'unité centrale suffira. Mais nous ne la retrouverons jamais là-dedans...

— Il n'y a pas d'unité centrale. C'était un I Mac rouge transparent. (Lang montra la montagne d'ordinateurs.) Il n'y en a pas beaucoup, ici, dans ces déchets.

— Rouge ?

— Cela amusait ma mère. Ce n'était pas du tout dans le style de mon père. Il y avait le sigle du PNUE sur le côté.

— C'est curieux, non ?

— L'ordinateur appartenait au PNUE. Mon père avait le droit de l'emporter chez lui, mais ce n'était pas sa propriété.

— Vous l'avez jeté... Et le PNUE ?

— Ils n'ont pas réagi. Je pense que M. Zhu n'a pas eu le cœur d'envoyer une facture à ma mère. Si mon père avait été autorisé à l'acheter lui-même, il aurait choisi une couleur plus... classique. Il ne cessait de dire que l'administration aurait pu lui donner une machine moins clinquante. Alors, un jour, ma mère et moi, pour nous moquer de son sérieux, nous avons acheté des adhésifs qui représentaient les animaux du zoo, les animaux que mon père protégeait dans sa profession, et nous les avons collés sur l'arrière de l'ordinateur, sur le boîtier rouge.

— Qu'est-ce qu'il a dit ?

— Il était très sérieux dans son métier, monsieur, croyez-moi. Mais il avait de l'humour. Son humour à lui. Il a dit que de cette manière le PNUE ne pourrait jamais plus le lui reprendre, sinon pour le cacher, ou pour créer un musée des horreurs.

Lang sourit à cette évocation. Puis, comme pour chasser une pensée trop triste, il désigna du menton le buveur de thé. Il dit à Sénéchal, assez fort pour couvrir le bruit des machines, mais de manière que l'homme ne l'entende pas :

— Celui que vous voyez là-bas, c'est le patron... C'était un paysan qui cultivait ici du riz et des légumes. Ce terrain lui appartient. Il s'est lancé dans le recyclage des ordinateurs. Il est devenu riche. Depuis cinq ans, le volume de déchets électroniques a triplé... Les Américains et les Japonais nous envoient tous leurs ordinateurs usagés... Les recycler eux-mêmes leur coûte trop cher. On appelle ça des e-déchets. Les enfants qui travaillent ici pour quelques rupiahs s'empoisonnent avec ces saletés... Et les adultes aussi, évidemment. Ils tombent malades. Vous voyez, les gens travaillent ici sans protection. Pas de masque, rien. Même pas des lunettes contre les éclats de plastique et de métal qui volent partout. Ils n'ont que des gants. Beaucoup d'entre eux finissent à l'hôpital, mais on ne peut pas les soigner. C'est trop tard. Ou ils meurent chez eux... Un ordinateur est un cocktail de produits qui empoisonnent les gens, la nature, les rivières, et donc les rizières. Il y a plus de mille pièces, je crois, là-dedans (il s'échauffait à mesure qu'il parlait), qui contiennent surtout du plomb des soudures, du mercure dans les interrupteurs et des poudres phosphorescentes dans les écrans, du cadmium, du chrome, du baryum, des métaux lourds de toutes sortes... Sans parler du cuivre des fils électriques. Je l'ai appris à l'université, à Depok. Regardez ce bâtiment en planches, tout au fond...

Lang désigna à travers la fumée une cabane plus grande et plus basse que les autres.

— Celle avec la pancarte marquée « PVC » ?

— Oui. Il y a des machines dans ce local.

— Ça, on les entend. Quel vacarme...

— J'y suis déjà allé. C'est l'enfer, là-dedans. Il fait plus de quarante degrés. Le bruit vous rend sourd. Des gens y trient du plastique, le broient et le font fondre. Ils inhalent des vapeurs de plastique en fusion toute la journée...

L'adolescent montra les bidons métalliques d'où émanait la fumée noire.

— Le pire, c'est qu'ils brûlent du plastique en plein air, ce qui est interdit, mais les autorités regardent ailleurs. Mon père était toujours furieux de voir ce désastre. (Il haussa les épaules.) Mais que faire ? Il disait parfois que ce n'était pas la peine de se battre pour la préservation de quelques oiseaux ou d'un vieux poisson qui n'intéresse personne (il jeta un regard peu amène à l'écoflic), alors qu'ici...

Sénéchal passa sa large patte sur ses paupières. La fumée le faisait pleurer. Il hocha la tête.

— Je comprends.

L'adolescent n'insista pas.

— Je vais parler à cet homme. Si, par miracle, l'ordinateur de mon père n'a pas encore été détruit, il faudra le payer. Vous avez de l'argent ?

— J'ai ce qu'il faut. Tu me diras ce qu'il demande.

Le garçon s'avança résolument dans la fumée en direction du buveur de thé.

Sénéchal observa l'activité fébrile des enfants. Deux d'entre eux se disputaient âprement un ordinateur d'apparence neuve. Le ton montait rapidement. Soudain, les gamins en vinrent aux mains, roulant dans la poussière parmi les débris électroniques et se distribuant coups de pied et coups de poing avec une urgence que Sénéchal n'avait jamais observée chez des enfants de cet âge. Un adulte torse nu cria quelques mots, vint vers eux, observa l'ordinateur, puis le chargea sur son épaule, laissant là les jeunes belligérants qui se rouaient de coups au sol. Le combat prit fin aussi vite qu'il avait commencé et les gosses regardèrent leur trésor s'en aller sur le dos de l'ouvrier. Ce dernier posa son larcin à ses pieds et croisa les bras dans une position de défi. Les petits lui lancèrent quelques invectives de leurs voix pointues, puis, comme si rien ne s'était passé, se remirent immédiatement à leur travail de démontage des pièces détachées, assis sur leurs talons. À deux pas d'eux, Lang et son interlocuteur discutaient dans la fumée chargée d'effluves âcres, aussi à l'aise que s'ils se tenaient sous un parasol, à la terrasse d'un bar confortable. Le patron, qui avait allumé une cigarette, secouait la tête négativement.

L'adolescent revint, l'air déçu.

— Il dit que tout a disparu, que l'ordinateur a été démonté, il en voit tellement, il ne sait plus. Mais peut-être qu'il ment. On lui fait perdre son temps. Il ne tient aucun livre, pas de comptabilité, pas de stocks. Il dit qu'il achète les déchets en vrac, que les camions arrivent pleins et repartent vides, que les gens arrivent les mains pleines et repartent les mains vides, c'est tout... Je suis vraiment désolé pour vous.

Puis il ajouta, un peu gêné :

— Euh, si je peux vous donner un conseil, monsieur.

— Oui ?

— Ne mettez pas vos mains sur vos hanches, s'il vous plaît. C'est très impoli, chez nous. Certains pourraient le prendre mal.

Sénéchal montra discrètement les deux gamins qui s'étaient battus quelques secondes plus tôt.

— Les petits gars qui sont là pourraient peut-être nous aider, non ?

L'adolescent se frotta le menton, pensif.

— Hum. Peut-être. Il y a une autre décharge, d'un autre genre, un peu plus loin, de l'autre côté de la route. Il y a aussi des enfants qui y travaillent. Tous les enfants se connaissent, ici, alors...

Il leva des yeux interrogatifs vers Sénéchal. L'enquêteur comprit le message muet.

— Je te l'ai dit, pour l'argent, j'ai ce qu'il faut. Et bien plus que pour le patron. Lang, tu vois ce type, là-bas, qui nous surveille, près de l'entrée ?

L'adolescent aperçut, à travers la fumée, l'homme qui les observait, un peu en retrait, près de la porte d'entrée, les mains dans le dos.

— Qui est-ce ? On dirait un militaire.

— C'en est un. Un lieutenant. C'est lui qui m'a amené chez ta mère.

L'adolescent lui jeta un regard soupçonneux.

— Vous travaillez avec les gens de l'armée ?

Il avait dit ça sur un ton méprisant.

— Non. Je crois, au contraire, que les gens de l'armée me surveillent. Ce type m'a été imposé. Est-ce que tu penses qu'on peut le semer pour aller à l'autre décharge ?

Le jeune Indonésien se dandina d'un pied sur l'autre, les yeux mi-clos, tête penchée, les mains enfoncées dans ses poches. Il soupesa les propos de l'Occidental. Puis il finit par déclarer :

— Je vais parler aux gamins. Ensuite, il y a un trou dans la palissade juste derrière le local marqué « PVC ». Restez bien derrière la fumée et baissez la tête en passant.

25.

Ils traversèrent une piste défoncée sur laquelle roulaient des camions chargés d'ordinateurs et de déchets électroniques. En cahotant, ils éjectaient de leurs bennes des composants qui bondissaient dans l'air et rejoignaient ceux qui jonchaient le sol. Les chauffeurs faisaient rugir leurs diesels, ajoutant des panaches de fumée bleue à la fumée noire qui sortait de la décharge dans laquelle ils allaient déverser leur cargaison.

Arrivé de l'autre côté, Sénéchal aperçut une colline de déchets où, cette fois, dominaient les couleurs bleue et noire des sacs de plastique. Des oiseaux par centaines survolaient l'ensemble. Certains s'étaient posés, formant des taches claires, avant de repartir à tire-d'aile rejoindre la ronde de leurs semblables. Des cabanes construites avec des matériaux de récupération – palettes de bois, tôles peintes de publicités éclatantes – cernaient la décharge, se jouxtant, se superposant, créant un maillage serré sur le fond des rizières lointaines. L'une d'elles était une sorte de bunker édifié en boîtes métalliques de bière et de soda. À contre-jour, de petites silhouettes s'affairaient sur l'immense tas d'ordures. Le vent apporta soudain des effluves pestilentiels. Sénéchal pinça les narines.

Lang, qui semblait ne rien sentir, parla un instant en indonésien avec les deux enfants, qui lui répondirent sur un ton aigu, puis il se tourna vers Sénéchal.

— Ils disent qu'il ne faut pas venir avec eux. Là-dedans, il y a beaucoup d'ordures ménagères. Il y a des rats. Et comme il y a des rats, il y a aussi des serpents qui chassent les rats...

Il montra les oiseaux.

— Ils sont là parce qu'il y a des rats et des serpents à manger. Il y a aussi des... (il chercha le mot) des scolopendres venimeux. C'est dangereux.

— Mais ces gosses ont les jambes nues, et ils n'ont même pas de gants. Il n'y a pas que ça, là-dedans, il y a aussi le tétanos qui guette, sans parler de...

— Les petits ont l'habitude. (L'adolescent secoua la tête d'un air fataliste.) Toute la journée, ils récupèrent des boîtes de conserve, des bouteilles, des tas d'objets qu'ils peuvent revendre... Ils vivent dans ces cabanes, là-haut. Ils sont aussi très... agressifs. Ils n'aiment pas que les adultes viennent ici pour leur voler ce qu'ils trouvent. À plus forte raison...

Il hésita. Sénéchal termina sa phrase pour lui :

— À plus forte raison un étranger occidental. (Il se sentit d'un seul coup encore plus fatigué.) Ils récupèrent les déchets des déchets. C'est le deuxième cercle de l'enfer, en somme...

Lang désigna les gamins.

— Ces deux-là disent qu'ils connaissent tous les enfants qui vivent dans ces cabanes, là-haut... Ils vont les interroger. Vous savez, les enfants d'ici restent quand même des enfants. Parfois ils conservent des trucs qui n'ont aucune utilité.

— Comme un ordinateur dont la couleur pourrait leur plaire. Avec des animaux dessus. Hmm... C'est possible...

Sénéchal sortit quelques billets, déjà humides de sueur, de sa poche de chemise. Les gosses les lui arrachèrent des mains et détalèrent vers la décharge aux oiseaux.

— Vidé. Il a été vidé comme une noix. Il n'y a plus que la carcasse... C'est foutu !

Sénéchal avait envie de partir très loin de cet endroit. Il transpirait à grosses gouttes en contemplant le I Mac rouge que les deux garçons lui avaient apporté, escortés par un môme plus âgé aux yeux farouches couverts de saleté. Ils l'avaient déniché, avaient-ils dit, chez un plus petit qui l'avait conservé dans sa cabane. Ne restaient que le boîtier arrière avec ses adhésifs d'animaux, désormais salis et rayés, ainsi que le tour de plastique de l'écran. Lang avait été formel : c'était bien l'ordinateur de son père. Le sigle du PNUE, à demi décollé, y figurait d'ailleurs toujours.

— Il n'y avait rien d'autre ? demanda Sénéchal sans conviction.

Lang traduisit, les gamins firent non de la tête. Le dernier arrivé se gratta un genou couvert de plaques d'eczéma.

Sénéchal sortit encore des billets, les distribua, et retourna en tous sens la carcasse du I Mac, y cherchant une trace, un signe, même infime. Il n'osa pas sortir devant les petits miséreux son téléphone photographique flambant neuf pour prendre un cliché des vestiges de l'engin. L'idée lui vint même à l'esprit d'écraser, de rage et de honte, son téléphone de poche sous son talon et d'en jeter les débris toxiques sur le tas de e-déchets.

Lang leva la tête vers Sénéchal.

— Il faut rentrer, maintenant, la nuit tombe très vite et nous ne... nous ne serons plus en sécurité, ici. Des prostituées viennent, le soir, pour les camionneurs, alors...

— Je vois.

— Nous allons reprendre le chemin qui borde la rivière, mais par l'autre côté. Comme ça, nous éviterons le militaire qui vous suit. S'il est toujours là.

Sénéchal se tint un instant immobile, déçu et épuisé, puis il se secoua.

— Allons-y, je te suis.

Au moment où ils allaient traverser, Sénéchal se sentit tiré par la manche. Se retournant, il avisa le gamin aux yeux farouches. Celui-ci tenait quelque chose caché derrière son dos et il lui cria quelques mots en indonésien. Il n'avait pas l'air commode. Lang s'approcha et discuta un instant avec l'enfant. Il se tourna ensuite vers l'écoflic.

— Il a quelque chose qui peut nous intéresser... Quelque chose qui était avec l'ordinateur. Il dit qu'il faut encore le payer...

— Je veux voir ce que c'est.

C'était une boîte en plastique couleur ivoire, opaque, partiellement maculée de boue. Elle était entourée d'adhésifs qui avaient été coupés à la jointure du couvercle. L'un des côtés révéla une grande fente étoilée dans le plastique. Au milieu de la fente, il y avait un trou de la taille et de la forme d'une olive. Lang écarquilla les yeux.

— Je me souviens qu'avec ma mère nous avons mis quelques objets là-dedans... Cette vieille boîte fermait mal.

— Quels objets?

— Des trucs qui étaient dans le tiroir du secrétaire de mon père. Rien d'important. Les petits ont dû prendre ce qui les intéressait. Vous voyez, ils l'ont ouverte.

— Tu te souviens du contenu exact?

— Non... je... non.

— Il y avait un trou dans cette boîte, sur le côté ?

— Je ne crois pas.

Sénéchal ouvrit la boîte doucement, espérant qu'un couple de scolopendres avec toute sa petite famille ne s'y était pas lové. Il soupira devant ce qu'elle renfermait.

— Ce n'est pas mon jour de chance. C'est une vieille paire de chaussures... Enfin, pas si vieilles. Mais moisies. (Il secoua la boîte.) Il n'y a rien d'autre.

Lang observa les chaussures couvertes à leur extrémité ronde d'une moisissure ayant la texture et l'apparence du velours vert.

— Ce sont les chaussures de mon père. Je reconnais l'espèce de tressage du cuir sur le dessus... Celles qu'il portait pour aller à son bureau... Elles étaient un peu usées.

— Tu es certain ?

— Oui, mon père était très économe. Il les portait avant que...

— Explique à ce petit gars (Sénéchal sortit son portefeuille et en extirpa cérémonieusement deux gros billets) que s'il retrouve quelque chose d'autre qui ait un rapport avec l'ordinateur, ou qui était avec l'ordinateur, qu'il le mette de côté. Qu'il le cache, surtout. Dis-lui aussi que tu reviendras le voir la semaine prochaine.

— Il n'a pas la notion de ce qu'est la semaine prochaine, vous savez.

— Que tu reviendras bientôt le voir. Et que s'il a retrouvé quelque chose, tu lui donneras le même billet que celui-ci...

L'adolescent traduisit. Le môme hocha la tête gravement. Sénéchal donna un des billets à Lang afin que les choses soient bien comprises, puis il donna le second billet à l'enfant.

Le petit regarda autour de lui pour s'assurer que personne ne l'observait, prit le billet du bout des doigts, le plia serré, souleva son tee-shirt crasseux et fouilla dans la ceinture de son short. Il en exhuma une bourse de cuir rouge reliée à une ficelle qui faisait le tour de sa taille. Il glissa le billet dans la bourse, la ferma soigneusement et fit disparaître le tout dans le fond de son short avec la rapidité d'un prestidigitateur. Quand il eut fait tout cela, il leva ses yeux noirs vers Sénéchal, comme pour le jauger, fouilla dans sa poche et lui tendit son poing fermé. Puis il prononça quelques mots rapides.

— C'est un cadeau, traduisit Lang. Prenez-le. Il dit que c'était avec l'ordinateur et les chaussures.

Le gamin lâcha le contenu de sa main dans celle de l'écoflic, tourna les talons et partit telle une flèche vers la décharge aux oiseaux, aux rats, aux serpents et aux scolopendres.

Sénéchal regarda ce qu'il tenait dans la main : une poignée de cailloux noirs et ronds, à la surface rugueuse et au contact abrasif. Un plus gros de forme ovale avait une apparence laiteuse. Il sembla à l'écoflic plus léger que les autres.

Une pluie pénétrante avait commencé à tomber tout à coup, noyant le paysage, et Sénéchal avait pu apprécier la prévoyance de Mme Mahakam, lorsqu'elle leur avait donné des parapluies. Elle avait demandé à Sénéchal de revenir vite, car son fils devait repartir à l'université dès le lendemain. Il avait trouvé à cet instant que, malgré sa fragilité, la petite femme dégageait une impression de courage.

L'odeur de la fumée des e-déchets lui parut être devenue plus forte dès que les premières gouttes avaient commencé à tomber, mais il s'aperçut, en reniflant sa chemise et sa main, que l'odeur de plastique brûlé s'était incrustée dans ses vêtements et dans sa peau. Il avait calé sous son bras la boîte contenant les chaussures et il tripotait les cailloux dans sa poche, se demandant s'ils avaient réellement un rapport avec le défunt délégué. Lang lui avait affirmé qu'il n'avait jamais vu ces petites pierres dans les affaires de son père.

Ils cheminaient tous deux en silence. Le ciel virait au bleu foncé, la surface de l'eau était brouillée par les gouttes de pluie, le pêcheur qu'ils avaient croisé à l'aller avait disparu. Ne restait de sa présence que le tas de déchets qu'il avait sortis de la rivière, et qui se désagrégeait sous l'action des gouttes glissant dans l'eau sale.

Tout à coup, Lang commença à parler d'une voix basse.

— Il... Il discutait tout seul dans son bureau. Je l'entendais. Des fois, il criait. Ma mère le calmait. Je les entendais tous les deux, elle essayait de le raisonner. Mais il avait peur. Il pleurait. La nuit, il pleurait dans sa chambre. Ma mère avait fini par dormir dans un lit de camp, au pied de son lit. Il faisait des cauchemars terrifiants. Elle lui donnait parfois des somnifères, comme le lui avait conseillé le docteur, et des calmants, mais ça ne servait à rien... Alors elle lui passait de la pommade au camphre.

Sénéchal mit un instant à saisir que Lang parlait de son père.

— De la pommade au camphre ?

— Chez nous, on soigne tout avec un baume au camphre... Médecine chinoise. Ça apaise. Ça fait dormir. J'allais en acheter à la boutique d'à côté. Ma mère passait une grande partie de sa nuit à s'occuper de mon père. La pauvre. Et il lui fallait quand même aller au travail. Il parlait sans cesse des... (Lang chercha le mot) des chimères. Il disait que les chimères le suivaient. Qu'elles venaient dans ses rêves...

La pluie cessa aussi brutalement qu'elle avait commencé.

— Ces... chimères, tu ne sais pas de quoi il pourrait s'agir ?

— Vous savez, à la fin, il ne nous reconnaissait plus, ma mère et moi, il voyait des choses invisibles, des gens... avant que... avant que...

Soudain l'adolescent se cassa en deux comme s'il venait de recevoir un coup de poing à l'estomac, son parapluie lui tomba des mains et son visage se transforma en un masque de douleur. Des larmes ruisselèrent sur ses joues. Il prit une profonde inspiration et hurla. Sénéchal le retint par un bras avant qu'il ne tombe, la boîte à chaussures roula vers la rivière. Le gamin hurla de nouveau quelque chose et plaqua ses deux mains devant sa bouche.

L'écoflic comprit tout à coup que, sans aucun signe avant-coureur, le gosse venait d'être terrassé par le chagrin, là, sur ce chemin pluvieux et devant cet étranger désemparé. Il était maintenant secoué de hoquets, son petit visage déformé par une peine insondable.

26.

Ils étaient arrivés au pavillon des Mahakam alors que la nuit était tombée. Sénéchal avait aperçu le 4 × 4 garé un peu plus loin sur le trottoir. Sous la faible lumière électrique du porche, l'adolescent avait détourné la tête en passant devant sa mère lorsqu'elle leur avait ouvert la porte. Mais Sénéchal avait capté le regard pénétrant de la femme, qui avait entrevu les yeux rougis de son fils et ses cheveux en désordre, juste avant qu'il ne monte rapidement à l'étage, sans un mot. Ils avaient entendu tous deux la porte de sa chambre claquer.

La gêne s'était installée, puis la veuve l'avait fait entrer dans le salon, s'était assise en face de lui, les mains posées bien à plat sur ses genoux, et avait attendu qu'il parle. Elle regardait le fauteuil vide, et Sénéchal avait pu sentir tout le poids de l'absence du mari dans cette pièce. Il lui avait montré alors le contenu de la boîte (qu'il avait récupérée dans la boue de la berge de la rivière). Elle avait baissé la tête devant les chaussures moisies. Elle lui avait expliqué que la boîte n'allait pas avec les chaussures, et que les enfants de la décharge avaient dû trouver boîte et chaussures séparément, même si, au départ, elles faisaient partie du même lot d'affaires jetées. Elle pensait que le contenu de la boîte avait dû être conservé ou revendu par les petits forçats qui triaient des monceaux d'ordures puantes chaque jour pour survivre.

Quand elle vit les cailloux noirs, elle hocha la tête tristement et leva vers Sénéchal ses yeux intenses.

— Je ne les connais que trop bien... Mon mari les avait rapportés un jour de son bureau. Ils avaient un lien avec son ami disparu. Avec un travail qu'il avait commencé avec lui.

— Quel travail ?

— Tout ce que je sais, c'est que ces cailloux avaient quelque chose à voir avec un projet. Mais je ne connais pas les détails.

— Un projet dans le cadre du PNUE, ou un projet personnel ?

— Je ne pourrais pas vous en dire plus, malheureusement. Souvent, il apportait des dossiers ici, dans son bureau. Et son ami, M. Rhaddiaunir, venait bavarder avec lui. De travail, me semble-t-il. Mais j'ignore de quel travail précisément. Ils s'enfermaient tous les deux dans le bureau, buvaient du thé et discutaient.

— Vous leur apportiez le thé dans ces moments-là ?

— Non, c'était la femme de ménage...

— À votre connaissance, cela avait-il un rapport avec un conflit qui l'aurait opposé à un collègue japonais ?

Elle resta muette. Son visage ne reflétait rien. Elle haussa les épaules.

— Je ne sais pas.

— Quel genre d'homme était-ce, M. Rhaddiaunir ?

— Un homme nerveux. Perpétuellement en mouvement. Avec des yeux larmoyants. Il y avait un... un geste qu'il faisait souvent.

— Lequel ?

— Il s'essuyait – ou plutôt se tamponnait – les yeux avec un mouchoir bleu.

Elle mima le geste en appuyant du plat de la main sur chaque œil.

— Ce n'était pas un homme très gai.

— Comment cela ? Il vous semblait triste ?

— Non. Non. (Elle tourna le regard vers le fauteuil vide du salon.) Non, je dirais plutôt que c'était un homme... inquiet. Exactement. Inquiet.

— Et le docteur Dusung ?

Elle eut une moue méprisante.

— Un imbécile. Mon mari lui faisait confiance. Il était de Timor. Il en avait bavé. Avec moi, il était servile. Servile comme un chien. C'était un incompétent.

La colère passa sur son visage, puis disparut pour laisser place à la douleur.

— Et les cailloux, madame Mahakam, pourquoi disiez-vous que vous ne les connaissiez que trop bien ?

Elle eut un bref soupir.

— Quand Shafik est tombé malade (Sénéchal l'entendait pour la première fois prononcer le prénom de son mari), il transportait toujours ces cailloux dans sa poche. Il les faisait rouler en permanence entre ses doigts, au fond de sa poche. (Elle pressa ses mains sur ses tempes, ce qui agrandit ses yeux bridés.) Ce bruit me rendait folle... Sans cesse il tournait et retournait ces cailloux dans sa poche. Il ne pouvait pas s'en empêcher... Et je ne pouvais pas l'en empêcher.

Sénéchal demanda :

— Lang ne les avait jamais vus ?

— La plupart du temps, Lang est à l'université. J'ai essayé de le tenir à l'écart de tout cela.

Sénéchal sortit de sa propre poche le caillou d'aspect un peu laiteux et le lui tendit.

— Est-ce que celui-ci allait avec les autres ?

Mme Mahakam prit l'objet et le regarda, la tête basculée en arrière.

— Je ne l'ai jamais vu. Pourtant, sa forme me rappelle quelque chose...

— Il était dans la décharge. Mais il ne vient pas forcément des affaires de votre mari.

Elle hésita.

— Il est possible qu'il ait été jeté avec le reste. Je n'ai pas tout passé en revue. Je voulais vraiment... (Elle respira profondément.) Je voulais vraiment que...

Elle fit un geste vague, s'apprêta à rendre le caillou à l'écoflic. Mais sa main se referma sur la petite pierre. Elle la soupesa lentement, l'approcha de son visage, l'observa de près, la faisant tourner sur elle-même. Puis elle en gratta la surface de son ongle carré, l'air intriguée, et déclara :

— Ce n'est pas un caillou. C'est une autre matière.

Sénéchal regarda sa montre. Il devait rentrer à Jakarta. Il raconta alors brièvement à Mme Mahakam ce qu'il avait vu l'après-midi même en compagnie de son fils, lui expliqua qu'il avait donné de l'argent à Lang au cas où le gamin de la décharge trouverait des papiers, des objets, n'importe quoi qui pourrait être utile à son enquête. Si tel était le cas, il faudrait qu'elle envoie impérativement en express (et en recommandé) à l'adresse qu'il lui écrivit en caractères bâtons sur un papier froissé (*FREDE, service analyses, à l'attention de M. Méjaville*), ce qui aurait été trouvé, même si elle pensait que cela n'appartenait pas à son mari.

Il aborda enfin un point délicat.

— Et les... chimères ? Lang m'a parlé des chimères. Vous avez une idée de ce que cela signifiait ?

La veuve le regarda un instant en silence. Son expression était énigmatique. Elle dit lentement :

— Il disait qu'il était terrorisé par les chimères. Qu'une chimère était... était après lui.

— Des chimères ou une chimère ?

Elle haussa les épaules.

— Il délirait, n'est-ce pas ?

L'écoflic sortit sur le perron. Le ciel reflétait les lumières lointaines de la circulation. Des insectes voltigeaient autour des lampadaires, et des grenouilles, quelque part dans les buissons, derrière eux, attaquaient leur concert nocturne, se répondant par intervalles. Il serra la main de la femme aux cheveux blancs qui demeura immobile dans l'embrasure de la porte. Le haut de son visage était resté dans l'ombre. Tout à coup, elle parut sortir de son espèce d'indifférence.

— Je ne sais pas ce que vous recherchez, monsieur le policier français. Peut-être ne le savez-vous pas vous-même. Je crois que vous avez fait un long voyage pour rien... Voyez-vous, Shafik ne croyait pas aux envoûtements, à la magie. Pourtant, nous, les Indonésiens, sommes volontiers superstitieux. (Elle regarda ses mains.) Tout du moins selon vos critères occidentaux. Même la grande majorité musulmane... Chez nous, les morts dansent chaque nuit sur les montagnes et dans les rizières. Shafik échappait à toutes ces croyances. Bien qu'il ait toujours encouragé chez les autres la pérennité des rites les plus anciens. Et honoré fidèlement nos dieux, qui sont légion. Vous ai-je dit qu'il avait eu la malchance de naître au Timor-Oriental ? Parfois, je pense qu'on lui a jeté un mauvais sort. C'est pour cela que les médecins n'ont pas pu le guérir. Ni les dieux. Je l'ai fait inhumer. C'est tout.

— Je suis désolé... Si quelque chose vous revenait, n'hésitez pas à m'appeler, et cela quelle que soit l'heure. (Il lui tendit une carte.) Si par hasard M. Rhaddiaunir réapparaissait, donnez-lui cette carte. Il pourrait peut-être avoir plus envie de discuter avec un étranger qu'avec la police. Ou la Sécurité nationale.

Mme Mahakam hocha la tête, comme s'il lui demandait cela pour la millième fois. Puis elle inclina le buste, se rapprocha et dit dans un souffle :

— N'avez-vous jamais envisagé que des êtres invisibles, d'une autre nature que la nôtre, puissent se livrer sans cesse, dans l'ombre, un combat sans merci ?

Elle lui sourit brusquement. Son sourire était enchanteur, il illumina son visage comme celui d'une enfant. Sénéchal en fut stupéfié. La porte se referma sur elle.

27.

En se dirigeant vers la voiture, Sénéchal leva la tête vers la fenêtre du premier étage. La silhouette de Lang apparaissait en contre-jour derrière les rideaux tirés. Un coin du rideau se souleva. L'adolescent le regardait partir, sans doute soulagé.

Le lieutenant Sankaran, assis bien droit derrière le volant, ne fit aucun commentaire, mais il paraissait irrité. Il démarra en trombe et se lança immédiatement à vive allure sur la route défoncée. Malgré les cahots, les coups de klaxon furieux des automobilistes et les lueurs des phares qui filaient dans la nuit, Sénéchal s'endormit.

Lorsque le militaire le secoua. Sénéchal vit qu'ils étaient arrivés devant son hôtel. Engourdi et épuisé, il prit sa valisette et ouvrit la portière. Il regarda les immeubles illuminés au-dessus de sa tête. Il se ravisa et demanda au conducteur d'allumer ses phares et de ne pas redémarrer immédiatement.

Le lieutenant le dévisagea, perplexe, mais obtempéra.

Sénéchal se posta devant l'un des phares et sortit le caillou blanc de sa poche sans que Sankaran puisse le voir. Il mira le caillou à la lumière, comme un œuf. Il distingua une petite forme sombre au milieu. Il l'observa encore en le faisant tourner entre ses doigts.

Il en était certain, maintenant : il y avait quelque chose au cœur de l'objet.

Derrière la grande vitrine dépolie jusqu'aux deux tiers de sa hauteur, on apercevait le haut de trois turbans qui bougeaient. La chose aurait paru comique à Sénéchal si, juste à côté de la porte d'entrée de la boutique, ne s'était tenu un garde armé d'un impressionnant fusil, qui lui jetait des coups d'œil mauvais. L'écoflic lui fit un sourire de cinéma et entra.

Dans un étroit couloir, protégés par une autre vitre, se tenaient trois hommes enturbannés qui travaillaient sur des établis miniatures à l'aide d'instruments ressemblant aux fraises des dentistes. Des loupes disposées sur des bras articulés focalisaient la lumière sur leur travail. Le bruit aigu était irritant malgré l'épaisseur de la vitre.

Une porte s'ouvrit au fond du couloir et un Hindou replet vint vers Sénéchal d'un pas solennel, les bras tenus le long du corps, telle une statue en marche. Il était comme écrasé par son énorme turban fuchsia, rehaussé d'une perle à la lisière du front. Les deux hommes se saluèrent courtoisement, et Sénéchal sortit le caillou ovale de sa poche de poitrine. L'Indien se vissa un compte-fils sur l'œil, examina la pierre, la soupesa, la frotta entre ses mains potelées, la renifla, la mira à la lumière électrique, hocha sa tête enturbannée, cligna les yeux, regarda sa montre, puis finit par proposer un prix d'une voix suave.

Sénéchal marchanda pour la forme et finit par accepter. Il repassa devant le gardien au fusil (en lui décochant un nouveau sourire en plastique de marchand de voitures), capta le regard incandescent d'une femme voilée qui le croisa tel un fantôme noir et tourna le coin de la rue.

Quand il revint à la boutique du diamantaire, l'homme au fusil avait disparu. Les tailleurs de pierres précieuses aussi. Le couloir était vide. Soudain, la porte du fond s'ouvrit sur le lieutenant Sankaran, comme surgi de la trappe d'un coucou suisse.

Il s'avança de sa curieuse démarche vers l'Occidental et lui tendit une petite boîte de cuir rouge. Sur un lit de satin blanc reposait ce qui avait été le caillou laiteux trouvé dans la décharge. Grâce à un fin polissage, il était devenu tout à fait lisse. Lisse et transparent. Au milieu, un scarabée noir aux longues pattes et à la carapace brillante y était emprisonné pour l'éternité. Une infime bulle d'air était coincée entre ses antennes.

Sénéchal se réveilla frais et dispos, fit quelques préparatifs et descendit par l'escalier de l'hôtel. Arrivé aux dernières marches, il demeura un instant dans l'ombre et scruta le hall d'entrée. À deux pas de l'une des épaisses colonnes de la salle, le lieutenant

Sankaran était installé dans l'un des fauteuils de cuir blanc qui faisaient face aux ascenseurs. Il contemplait ses chaussures d'un air pensif et levait la tête chaque fois que les portes métalliques s'ouvraient sur des clients.

Sénéchal descendit l'escalier sans se hâter. Il se faufila derrière une colonne, puis passa derrière les autres, contournant le lieutenant assis dans son fauteuil. Il se retrouva à la porte vitrée de l'entrée. Le réceptionniste n'avait pas levé la tête et le militaire n'avait pas bougé de sa place.

Il grimpa dans un *bajaj* orange, sorte de demi-scooter traînant derrière lui une caisse cubique, sentant la papaye mûre et munie de sièges défoncés, dans lequel il se plia en deux, et qui fonça dans la circulation en produisant un bruit irritant de tondeuse à gazon. Le pilote de l'engin, un gamin qui portait blouson de cuir bariolé et piercings aux oreilles, le déposa au poste de police le plus proche. Là, le détective montra sa carte de la FREDE, demanda à rencontrer un supérieur, attendit un long moment dans l'odeur des cigarettes au girofle que les flics fumaient à la chaîne, distribua force sourires à la ronde – sourires qu'on lui rendit de bon cœur – et finit par sortir de sa poche la recommandation du capitaine Thamnir. Il alla directement la coller sous le nez du planton de garde.

Il put constater l'efficacité de son sésame en étant reçu immédiatement par le gradé de service. Il demanda alors courtoisement à celui-ci de bien vouloir poser des scellés sur la boîte qui contenait chaussures, sacs d'aspirateur bien pliés, plaquette de verre et pierres noires, d'emballer le tout dans du film plastique et de l'expédier à l'adresse qu'il inscrivit sur un formulaire d'interrogatoire vierge. Il lui demanda un renseignement, qu'il nota sur son calepin, lui communiqua son numéro de téléphone et termina l'entretien en l'abreuvant de recommandations.

Le type regarda sa montre en or, promit que tout cela serait fait et que le colis serait à Paris sous trois jours. Puis il serra la main de Sénéchal et sortit dans le couloir pour engueuler le flic de garde.

Une heure plus tard, Sénéchal rentrait dans son ordinateur portable une série complète de photographies, en très gros plans, du caillou ovale et de son contenu. Le scarabée avait été pris sous tous les angles possibles, on distinguait parfaitement sur plusieurs clichés la bulle coincée entre ses antennes. Il expédia les images par Internet, se prépara à passer un coup de fil à leur destinataire mais, en jetant un coup d'œil à sa montre, il estima qu'au regard du décalage horaire le professeur Morel ne devait pas encore être arrivé à son curieux laboratoire parisien.

28.

— Ne vous énervez pas, Sénéchal. Puisque vous ne pouvez pas faire un geste sans être suivi, j'ai trouvé une parade. Vous souvenez-vous d'Edouardo, le petit flic moustachu monté sur talonnettes qui vous a aidé en Guyane ?

— Parfaitement, chef redoutée. Sans lui, je n'aurais jamais connu la jungle bourrée de moustiques, ni la fricassée d'iguane et le tapir à la Strogonoff.

— Je l'ai joint. Il est à Manille.

— Edouardo est aux Philippines ?

— Oui, il était rentré de Guyane depuis deux mois... Je n'ai toujours pas compris la nature exacte de son travail, mais il m'a affirmé sans rire que cette enquête en Indonésie entrait précisément dans le cadre de ses fonctions : coopération internationale inter-polices et tout le tintouin.

— Il y va un peu fort, non ?

— Les plus grosses ficelles sont parfois les meilleures...

— Et alors ?

— Alors il a empoigné son téléphone et a fait tout un baratin à ses supérieurs. Il semble qu'il ait été convaincant. Il va donc vous rejoindre, et cela sur ordre.

L'écoflic avait trois bonnes heures devant lui avant de gagner l'aéroport. Il dîna au restaurant de l'hôtel, puis se faufila dans les cuisines, des bouteilles de bière et de sodas frais à la main. Il repoussa d'un geste impérial un cuistot armé d'une spatule de bois qui prétendait lui en interdire l'entrée, puis il souleva les couvercles, libérant des nuages de vapeur, et renifla le contenu des marmites. Ensuite, il harcela les mitrons hilares jusqu'à ce qu'ils lui montrent un par un les ingrédients qu'ils utilisaient pour réaliser leurs plats. Enfin, il leur extorqua, devant un verre, les tours de main indispensables à la réalisation du *Bebek Tutu*, le canard balinais farci d'aromates et cuit à l'étouffée pendant douze heures dans une feuille de palmier.

29.

À l'intérieur de la porte anonyme du bureau officiel du détective Sénéchal, dans les profondeurs du ministère parisien de l'Environnement, une affiche humoristique proclamait : *Pierre Sénéchal, enquêtes et filatures, discrétion assurée.* Sur une étagère, la pendule qui cliquetait vaillamment sous sa couche de poussière allait afficher trois heures du matin lorsque la porte s'ouvrit soudain, faisant voleter l'affiche. Lucrèce, les yeux bouffis, actionna l'interrupteur. Il tenait dans la main droite un cahier d'écolier à spirale. Son nœud papillon était défait, signe chez lui de grande fatigue.

Il s'assit dans le fauteuil et se trouva fort mal installé. Il grogna et régla minutieusement le siège que Sénéchal avait un beau matin débarqué de sa Méhari, siège quasi dictatorial (mais élimé) qu'il avait acquis à vil prix dans une brocante. Sénéchal avait alors expliqué à sa supérieure hiérarchique, Dame Pottier, tout en transportant sans effort apparent le formidable engin, que la notion même de travail lui soulevant le cœur – ce qu'elle ne pouvait ignorer –, il valait mieux souffrir en étant bien assis. Haussant les épaules, Dame Pottier avait rejeté d'un revers de la main la facture qu'il lui avait présentée – et qui sentait sa fabrication maison –, puis avait récupéré dans le bureau du détective le morne siège administratif d'origine pour l'installer dans la salle de conférences. Curieusement, personne ne l'avait plus jamais utilisé.

Ses réglages terminés, le petit chimiste écrivit :

Pierre,

J'ai employé plusieurs méthodes d'analyse sur l'eau que contenaient les bidons trouvés sur le bateau coulé. Et j'y ai effective-

ment découvert quelque chose de curieux. Cette eau, en plus des traces d'éléments minéraux et d'engrais que j'y avais décelés, contient des protéines. Les protéines sont des grosses molécules que l'on trouve dans les organismes vivants. J'ai bien dit « vivants », par opposition à « morts », évidemment, mais également pour différencier ces éléments organiques des éléments minéraux, ce que tu appelles des cailloux.
On connaît aujourd'hui beaucoup de ces protéines, elles sont recensées par des banques de données internationales. Il y en a plusieurs variétés dans les bidons. Ont-elles un usage particulier ? Sont-elles là accidentellement ? Je l'ignore, du moins pour l'instant. Je ne sais pas non plus d'où elles proviennent.
L'étape suivante va donc consister à comparer leurs « portraits » à ceux de protéines connues et recensées. Il existe des logiciels spécialisés pour cela.
Si elles ne sont pas recensées, ça va être coton.

Il hésita une seconde, soupira, puis écrivit :

P.S. : Et je te prie de m'épargner tes sarcasmes sur les chimistes !

Il regarda son mail, tapa de l'index un point d'exclamation supplémentaire, signa et expédia, puis réussit à extraire son corps replet du fauteuil impérial de Sénéchal. Se retournant, il avisa une pile de paperasses en équilibre instable et la remit d'aplomb d'une main, d'un geste lent et mesuré. Il pencha la tête de côté pour apprécier son œuvre, parut satisfait et sortit en claquant la porte derrière lui. La pile hésita une fraction de seconde, puis son sommet glissa lentement, entraînant l'édifice de papier dans une chute irrémédiable.

30.

Dans l'avion, Sénéchal chaussa ses demi-lunes et défit l'élastique du dossier jaune que lui avait remis Xi Ping Zhu. Il contenait des sous-chemises classées par dates. Celle marquée *Lettre Mahakam* ne contenait qu'un seul feuillet.

Son voisin, un Indonésien aux allures d'homme d'affaires, tentait désespérément de tenir son journal ouvert, malgré l'espace qu'occupait le géant occidental assis à côté de lui. Du coin de l'œil il s'aperçut que le géant en question lisait (ou regardait ?) ce qui semblait être une photocopie d'un texte indonésien. En fait, quelques mots écrits à la main, d'une écriture minuscule, déformée par endroits, biffée à d'autres... Une curieuse écriture. Une écriture maladive. C'est ça, maladive...

Il se tordait le cou pour lire par-dessus son journal, lorsque Sénéchal se tourna brusquement vers lui.

— Vous parlez bien l'anglais ?

L'Indonésien eut l'air d'un lapin pris dans les phares d'une voiture. Il cligna les yeux.

— Je... euh... oui, enfin. (Il se redressa sur son siège.) Je suis professeur.

— Professeur de quoi ?

— De psychologie, monsieur. À Jakarta.

— Parfait. Vous pourriez me traduire ça ?

L'écoflic lui tendait le papier à la curieuse écriture. Il n'avait pas l'air très accommodant.

— Comment ? Traduire ça ? Maintenant ?

— Pourquoi pas ? Il n'y a pas grand-chose à faire, dans cet avion. Je vais vous tenir votre journal... Voici un crayon à papier, soyez gentil, écrivez-moi les mots en anglais à la suite des mots en indonésien, ligne par ligne. Essayez de coller au plus près au texte, hein ? S'il y a des synonymes, n'hésitez pas à les écrire aussi. Je vous suis très reconnaissant.

Le détective se plongea immédiatement dans le journal, regardant les photos avec attention, et laissant le petit professeur suçoter son crayon comme un écolier, perplexe devant le texte. Quelques minutes plus tard, l'Indonésien l'appela :

— Monsieur ?

— Hmm ?

— Voilà. C'est fini.

Sénéchal replia le journal et lui jeta un regard soupçonneux.

— Déjà ?

Le bonhomme eut un timide sourire.

— C'était facile... Je, euh, je n'ai pas compris la teneur de ce texte. C'est un texte étrange, monsieur. Très étrange.

Estimé délégué (rayé)
Estimés collègues (rayé)
Je ne sais pas ce qu'ils m'ont fait.
sorcelleries (rayé)
Dusung ?
Je suis seul maintenant
Je ne dirai rien.
S'ils le prennent
ils le tueront et Lang
ils croient me tenir
l'eau. Peur. Leurs chimères très peur tous ces cauchemars
Il faut décider
Pour ma famille je le ferai
sortir de l'enfer
Je dois
Je suis très malade
je suis très malade

Sénéchal leva le nez brusquement et regarda le professeur.

— Vous êtes certain de votre traduction ?

L'Indonésien eut l'air offusqué.

— Mais absolument !

— Et vous êtes également certain du mot « chimères » ?

— Mais c'est le seul mot écrit en anglais !

— Hmm... Je vous remercie beaucoup.

Le détective fit un clin d'œil appuyé à son voisin.

— Ah ! ces poètes. Où vont-ils chercher tout ça ?

Le professeur acquiesça poliment. Puis, avec douceur, il reprit son journal des mains de son immense voisin.

Qu'est-ce que c'est que ce texte ? Un délire dû à la fièvre ? Des chimères ? Mais quelles chimères ? Qui est déjà ce Dusung évoqué dans le texte ? Ah, oui, le toubib de Mahakam. Tiens donc...

Sénéchal prit un crayon, posa ses lunettes sur le bout de son nez, puis reclassa les mots d'une manière différente. Cela ne donnait rien de plus... Pourquoi Mahakam avait-il rayé certains mots ? *Un brouillon de lettre ? Une lettre destinée à Xi Ping Zhu et à ses collègues ? Un appel au secours ?* Si c'était un message crypté, il ne voyait pas comment le faire « parler »... *Raul.* Raul, le Catalan de la FREDE, le spécialiste du craquage informatique. *Ce grand échalas à barbe noire pourrait peut-être faire tourner ses logiciels de cryptage là-dessus... Hmmm... Non, non, Mahakam était fêlé, voilà tout...*

31.

Edouardo était assis à la terrasse d'un bar dans le hall de l'aéroport de Kuala Lumpur. Un curieux chapeau de paille rouge le faisait ressembler à un champignon vénéneux. Ses yeux étaient apparemment fixés sur un quotidien malais qu'il tenait à deux mains, mais de temps à autre ils s'égaraient vers la foule des passagers lorsque passait une superbe créature.

Il plia son journal et se leva de toute sa petite taille devant la haute silhouette de Sénéchal. L'écoflic s'avança, main tendue.

— Mon cher Edouardo, c'est un immense plaisir...

Ils se serrèrent la main avec chaleur.

— Monsieur Sénéchal ! N'auriez-vous pas grandi depuis la dernière fois que nous nous sommes rencontrés ?

— C'est très possible, car il est prouvé scientifiquement que le climat de la Malaisie favorise la croissance.

Edouardo lui désigna la chaise opposée. L'écoflic s'assit en face de lui et l'observa un instant. Quelques fils blancs commençaient à apparaître dans la moustache noire d'Edouardo.

— C'est joli ici... Un peu bruyant. Mais les femmes, hein ?

Edouardo sourit de son sourire impeccable de séducteur. Sénéchal hocha la tête, amusé.

— Comment vous y êtes-vous pris, si ce n'est pas indiscret, pour vous faire expédier ici aussi rapidement ? Et d'ailleurs, que faisiez-vous aux Philippines ?

Le petit flic fit un geste évasif.

— Ooof... Coopération policière internationale, échange de bons procédés et tout ça. En fait, j'étais là-bas, officiellement, pour tisser des liens avec les services de renseignements philippins dans le cadre... Mais peu importe. C'était mortellement ennuyeux... Conférences dans des grands hôtels, rencontres avec des huiles de la police locale, exposés fastidieux sur les techniques d'investigation comparées... Et nourriture également internationale... J'ai été ravi de sauter dans cet avion pour venir vous donner un coup de main. Les types de la Sécurité nationale indonésienne vous ont mené la vie dure, si j'ai bien compris. Ils n'ont pas précisément une réputation d'enfants de chœur. Mais je trouve bizarre que ce capitaine Thamnir vous ait fait suivre en permanence. Ce délégué des Nations unies s'est bien suicidé, non ?

— Il y a là-dessous quelque chose que je ne comprends pas. Ce Thamnir m'a suggéré de manière aussi subtile qu'asiatique qu'il ne voulait pas m'avoir dans les pattes. Vous aurez sans doute plus de chance.

— De la chance ? Disons plutôt que le service auquel j'appartiens désormais a beaucoup plus de poids dans cette région du monde que la FREDE, sans vouloir vous froisser... J'ai pris contact par téléphone avec ce Thamnir. Il n'était pas très chaud pour que je vienne jouer dans sa cour, mais il a des supérieurs, lui aussi, et mes chefs ne leur ont pas laissé le choix. Ils leur ont chanté le grand air de « Il existe des accords internationaux de coopération policière et autres entre nos deux pays, il est grand temps de les appliquer ». Il va falloir signer des tas de paperasses des deux côtés, mais tout ça est maintenant parfaitement officiel, j'aurai donc les mains libres. C'est bien pour cela que vous m'avez demandé de vous remplacer, non ?

— Parfaitement, mon cher Edouardo. Et également parce que notre collaboration passée en Guyane m'a laissé un excellent souvenir.

L'écoflic entreprit ensuite de lui raconter par le menu tout ce qu'il avait fait jusqu'alors, lui donna des noms, des adresses et des numéros de téléphone qu'Edouardo nota sur son calepin. Il termina son exposé en disant :

— La femme de ménage de ce Mahakam, une certaine Maryati Soekarno, a volé un dossier rouge dans son bureau personnel, chez lui. Ça me préoccupe.

— Je vais voir ça.

Sénéchal hésita, puis reprit :

— Je serais vous, mon cher Edouardo, je n'en dirais pas trop à cet élégant capitaine Thamnir. Je ne sais pas ce qu'il fait exactement, ce type-là, je ne sais pas pourquoi il tourne autour du

PNUE depuis si longtemps, et je ne suis pas certain que nous ayons réellement les mêmes intérêts. De mon côté, je vais aller faire dès cet après-midi un saut au siège de la vénérable Takenushi Corporation.

— Bonne chance, monsieur Sénéchal. Bien... J'embarque dans vingt minutes pour Jakarta. J'ai hâte de rencontrer mes nouveaux collègues de la Sécurité indonésienne.

Au moment précis où Sénéchal finissait de passer la douane, son téléphone sonna. Quelqu'un dit en anglais : « Ne quittez pas, s'il vous plaît. » Il y eut un bip et une très vieille voix lui demanda :

— Avez-vous fait bon voyage, monsieur Sénéchal ?

— Je... Qui êtes-vous ?

— Je suis Akira Takenushi. Je me suis permis de décommander le rendez-vous au siège de ma compagnie dont vous étiez convenu avec Toshiro Matsumoto, mon directeur général. (L'homme parlait d'une voix de crécelle, par courtes rafales.) Je pense avec immodestie que c'est moi que vous souhaitiez rencontrer pour bavarder... J'en serais ravi. Prenez un taxi, s'il vous plaît. Dites-lui de vous mener à Tanah Rhata, Jalan Maktab Amar... À très bientôt, monsieur Sénéchal. N'oubliez pas : à Tanah Rhata, Jalan Maktab Amar. Vous avez bien noté ? Pardonnez-moi, c'est un peu loin.

— Mais attendez, je...

On avait raccroché. Sénéchal nota l'adresse sur un morceau de papier froissé et se dirigea vers la file des voyageurs qui prenaient les taxis de l'aéroport.

Il était perplexe et se tenait sur ses gardes.

32.

Edouardo s'entraîne. Edouardo est seul, en bordure d'une rizière en terrasse. Edouardo a les jambes écartées, l'ombre projetée par sa petite silhouette fait une tache sur l'eau calme d'où émergent de jeunes plants d'un vert soutenu. Edouardo glisse la main sous sa veste, côté cœur, comme s'il allait y cueillir son portefeuille. Ses doigts se referment sur la crosse de l'arme, bien blottie dans son holster à ressort. Son doigt se pose sur la détente. Le revolver est maintenu dans son étui, canon dirigé vers le haut. « Le flingue qui tient tout seul la tête en bas », pense Edouardo en plissant les yeux sous son *ten gallons hat* imaginaire. Il donne une poussée vers l'intérieur de l'étui, le ressort fait « clic » et libère l'arme, qui bondit dans la main d'Edouardo-le-magnifique, tel un petit animal froid. Le moustachu soupèse le revolver couleur feuille morte. Il est chargé. Il aime ça, Edouardo. Bras tendu, il vise un bananier solitaire, pas trop loin, puis fait tourner rapidement le revolver autour de son doigt, comme dans l'Ouest. (« *Six shots gun, rascal !* ») Il le replace dans son étui, clic, l'arme est en place, bien bloquée, la crosse en bas sur le pectoral d'Edouardo... *Épatant, ce truc. Un coup à prendre... Penser à pousser le canon au fond de l'étui, clic, pour défourailler. L'inverse des autres, c'est tout. Hum. Sénéchal n'a peut-être pas tort. Il faut commencer par la femme de ménage de Mahakam. Maryati quelque chose. Maryati Soekarno, c'est ça... Demain j'irai dans ce bled lui parler.*

Edouardo détend sa main et recommence. Il pousse, clic, l'arme bondit, il vise, la fait tourner autour du doigt, et clic, la remet dans son étui, ni vu ni connu. Vraiment épatant.

Il recommence le même geste, encore et encore, jusqu'à ce que le revolver jaillisse au bout de son bras avant qu'il s'en soit aperçu lui-même. Puis, se lissant la moustache, Edouardo rabat mentalement sur ses yeux son couvre-chef imaginaire. *Vraiment étonnant, quand on y pense. Tout le monde devrait avoir ce truc sur lui.*

Edouardo-le-satisfait contemple la beauté de l'eau découpée en terrasses qui reflète le ciel en d'infinies variations. Il aperçoit soudain, à une dizaine de mètres, les trois paysans assis sur leurs talons au milieu du chemin, leurs chapeaux coniques sur la tête, qui l'observent depuis un bon moment, appuyés sur leurs houlettes. L'un d'eux lui fait un sourire qui plisse de rides innombrables sa face tannée et crache droit devant lui un jet rougeâtre de bétel. Edouardo hésite, puis leur décoche, en retour, un rictus en lame de faux qui tord sa moustache.

Il pivote sur ses talonnettes et part, du pas pressé de l'homme qui a encore un million de choses à faire avant que le soir tombe.

Le soleil blanc de midi frappe les toits de tôle et de palmes du hameau, fait de maisons déglinguées peintes en rouge et noir imbriquées les unes dans les autres. Un coq chante, pas très loin. Une femme, un panier rempli de fleurs posé sur la tête, se dirige vers Edouardo, assis dans l'ombre projetée par l'un des toits métalliques. Des poules affairées picorent la terre craquelée à quelques pas de lui, sans lui prêter la moindre attention. Edouardo a un panama sur la tête, des lunettes noires (du genre de celles que possède immanquablement un type qui pilote une Chevy Corvet décapotable sur la Cinquième Avenue) et, malgré la chaleur, il porte une veste de lin noblement froissée qui dissimule son artillerie portative. Il a lesté le bas de la veste, à l'arrière, avec du plomb de pêche attaché par du velcro, ce qui lui permet de dégainer plus vite – du moins en est-il persuadé – son Beretta 9 mm endormi dans son étui de hanche.

Pour l'instant, Edouardo admire les hanches de la fille qui roulent sous la soie du sarong. Elle se tient très droite en marchant vers lui, ce qui fait ressortir ses jeunes seins, qu'il devine fermes. L'ovale de son visage et son demi-sourire lui font penser à ces bas-reliefs qu'il a vus à la télévision... *Sur ce temple hindou, là, avec des gens enchevêtrés qui font le... Kama-sutra, c'est ça. Oho ! du calme, Edouardo, du calme ! C'est la chaleur. Persuasion et psychologie avant tout... Allons-y !*

Edouardo jette un rapide regard à sa voiture de location garée à l'entrée du village, là-bas sous les arbres. Il se lève lentement, ôte son chapeau et se dirige vers la fille. Il l'aborde courtoisement et lui demande, en détachant bien ses mots, si elle parle anglais. Elle ne répond pas, baisse les yeux, puis dans un souffle avoue qu'elle le parle mal. Mais son frère, lui, le parle très bien. Elle peut, s'il le désire, l'accompagner jusque chez son frère, à deux pas.

Edouardo lui décoche un sourire de séducteur. Il a envie de rendre service, aujourd'hui, Edouardo.

Edouardo suit la fille dans un dédale de planches serpentant le long de maisons de bois sur pilotis, de courettes pleines de verdure et de minuscules enclos où des cochons noirs aux reins cambrés et aux courtes pattes traînent leur ventre dans la boue. Les odeurs de la porcherie se mélangent à celles d'invisibles cuisines et aux senteurs acides des piments rouges et verts dont il aperçoit un tas brillant sur une table basse. Le regard d'Edouardo est aimanté par le derrière de la fille qui ondule devant lui, son panier de fleurs sur la tête. Il a chaud, Edouardo, il transpire. Il s'éponge discrètement le front d'un mouchoir.

La fille ouvre une porte qui donne sur une courette. Dans l'ombre d'un manguier, un jeune homme se tient accroupi sur ses talons. Il est vêtu d'un sarong, torse nu. Ses muscles jouent sous sa peau. Il fume une cigarette à l'eucalyptus et caresse négligemment un coq de combat, qui penche un peu la tête pour mieux observer l'arrivant.

La fille dit à Edouardo :

— Voici mon frère.

Puis elle tourne les talons. Edouardo est déçu.

Le jeune homme au coq sourit en plissant les yeux. Edouardo s'avance et s'accroupit lui aussi. Dans le mouvement, sa veste s'entrouvre, laissant voir une des armes qu'il porte. L'autre ne sourit plus. Mais le flic moustachu parle doucement, ôte ses lunettes de soleil, sort des billets, les tient dans la main, pose des questions (tout en surveillant le coq aux griffes démesurées qui s'affûte vivement le bec sur une pierre). Il prononce le nom de la femme, Maryati Soekarno, avec un drôle d'accent. Le visage de son interlocuteur s'est fermé, il hésite. Il tend la main. Il l'avance doucement vers les billets et jette en même temps un coup d'œil par-dessus la tête d'Edouardo qui se retourne, sentant une présence dans son dos. Une vieille les observe. Elle s'avance vers le flic accroupi et de sa paume rêche lui touche le visage. Puis elle lui sourit d'un sourire édenté et s'en va en marmonnant.

Edouardo jette un regard interrogateur à l'homme au coq qui tient maintenant les billets de banque bien serrés dans sa main et qui rigole franchement, détendu.

— C'est ma grand-mère. Elle pense que ça porte bonheur de toucher un homme blanc au long nez... La personne que vous cherchez, Maryati Soekarno, est partie. Elle ne reviendra pas. Elle avait de l'argent. Sa maison est vide et les voisins ont pris ses animaux. Son argent... (Il se suçote une dent.) Son argent, c'est aussi un Occidental qui lui avait donné. Sous les arbres, là où vous avez garé votre voiture.

— Ah bon ?

Il sait déjà où est garée ma voiture, ce gars-là ?

— Elle croyait que personne ne la voyait en train de recevoir de l'argent du long-nez. Mais une enfant l'a vue. C'était la nuit.

— C'était la nuit. Très bien.

Edouardo se trouve rempli d'une patience infinie envers le frère de cette fille. Il a juste une envie furieuse de lui coller son flingue sous le nez pour le faire parler, de lui plier le bras dans le dos, là, tout de suite, dans la poussière, et si le coq fait le malin, il le...

L'autre reprend, tout à coup, comme s'il redémarrait :

— Un Occidental grand comme un Américain. Et large.

L'Indonésien écarte lentement les bras, tel un pêcheur du dimanche évoquant sa plus belle prise.

— Large comme ça. Elle lui a donné des papiers de couleur.

— Quelle couleur ?

— Rouge. Une grande feuille de papier rouge.

— Un dossier ?

Le flegmatique interlocuteur d'Edouardo hoche la tête d'un air pénétré, le regard dans le vide. Puis il se décide.

— Je ne sais pas. Peut-être... Je vais vous montrer sa maison. Si vous voulez. Mais c'est fermé à clé.

— Et la clé ?

L'autre regarde son coq. Edouardo tord sa moustache entre le pouce et l'index. Derrière le jeune type, il y a une roue de moto crevée. Edouardo-le-magnifique, marshall de Tombstone à ses heures, avise un grand démonte-pneu rouillé qui gît dans la poussière juste à côté.

Edouardo enfonce le démonte-pneu de moto entre le battant et le chambranle, fait « Han ! » La porte résiste, il y a un craquement faible, puis rien ne bouge. Edouardo en a marre, il a chaud. Il recommence, dit « Merdeuuu », et cette fois la porte cède... Il entre. C'est vide, ça pue et il n'y a rien à voir.

Un coup dans l'eau.

33.

Sénéchal avait sommeillé tout le long du chemin. Lorsqu'il rouvrit les yeux, la voiture montait une colline bordée de palmiers et d'une végétation dense. Des balisiers aux couleurs vives apparaissaient de temps à autre le long de la route. Le chauffeur commença à ralentir. Le détective aperçut à travers le pare-brise quelque chose qui brillait au-dessus des arbres, une longue ligne claire qui jetait des reflets éblouissants sous le soleil. Il mit sa main en visière. C'étaient les toits de verre d'immenses serres qui se reflétaient sous le ciel.

Ils longèrent une première serre et s'engagèrent sur un chemin goudronné, sous de hautes frondaisons. Une barrière se leva devant une guérite occupée par un gardien en uniforme. Sur la guérite était peint le symbole représentant les pales rouges d'une hélice.

Plus loin, le chemin fit un angle brusque sous les arbres, et, à la grande surprise de Sénéchal, la voiture stoppa doucement dans une cour bordée de tous côtés par des serres d'une hauteur peu commune. Des voiturettes électriques étaient alignées devant leurs portes de plastique transparent. Deux costauds, en costume croisé, le cheveu ras et le visage hermétique, s'approchèrent du taxi. Ils tenaient les bras le long du corps et les poings fermés, comme s'ils s'apprêtaient à affronter à eux deux les hordes de Gengis Khan au grand complet.

L'écoflic, surpris par la chaleur en sortant du véhicule climatisé, salua les arrivants de la tête et fit quelques pas. Il s'approcha de la serre la plus proche. Ce qu'il découvrit à l'intérieur de l'immense bâtiment le stupéfia. Derrière la vitre, il y avait une forêt. Avec ses arbres, ses lianes, ses plantes grimpantes et ses sous-bois. À quelques mètres de lui, sous les premières frondaisons, de grands papillons bleus virevoltaient. Il devina, toute proche, l'orée d'un sentier s'enfonçant entre des racines tourmentées. Un fin brouillard l'empêchait d'apercevoir l'autre extrémité du bâtiment, mais il estima qu'il devait couvrir plusieurs hectares. Dans le plafond de l'édifice, il remarqua des dômes transparents, pareils à certaines verrières de gare du début du XXe siècle. Leurs emplacements coïncidaient avec celui des arbres les plus élevés, dont les cimes dominaient cette incroyable forêt recréée dans ce coin perdu de Malaisie.

Le garde du corps qui avait ouvert sa portière, et qui maintenant tenait sa valisette de toile à la main, lui dit :

— Voulez-vous me suivre, monsieur ?

Le détective lui emboîta le pas.

34.

Des nuages roulent dans le ciel indonésien qui déverse des trombes d'eau sur les rizières, masquant par instants un hameau constitué de huit longues maisons sur pilotis, aux toits de palmes recourbés vers le ciel. Les coassements de centaines de grenouilles couvrent le crépitement continu des gouttes qui martèlent le sol. La terre fume et les palmiers s'inclinent sous la bourrasque. Un cochon noir et blanc passe en courant, se jette dans une flaque de boue et s'y vautre en poussant des grognements de plaisir.

Bien à l'abri d'une cabane dressée à l'entrée du hameau, une vieille femme aux cheveux noués en chignon le regarde s'ébrouer, les yeux dans le vague. Ses mains, animées d'une vie propre, roulent des boules de riz gluant dans des feuille de bananier. La pluie gifle par rafales le toit de palmes au-dessus de sa tête. Un grondement retentit, puis un éclair zèbre le ciel d'étain au-dessus de la jungle. L'eau ruisselle à flots sur les cornes de buffle qui décorent le pignon sculpté de la maison voisine. La vieille femme plisse les yeux. Elle n'en est plus très sûre, mais elle a cru voir bouger quelque chose, là-bas, à l'orée de la forêt... Des enfants qui viennent par ici en s'abritant sous des feuilles ?

Un nouveau grondement retentit, plus proche. Il lui semble que le concert des grenouilles a diminué d'intensité. Le cochon dans sa flaque est maintenant debout, le poil en bataille, la boue dégoulinant de son dos. Il pousse de brefs grognements en regardant dans la même direction qu'elle. La vieille femme est distraite par un rapide mouvement sur sa droite : un homme vient d'apparaître dans l'encadrement de la porte d'une des longues maisons. Il est vêtu d'un short bleu d'où déborde sa bedaine et il plisse les yeux lui aussi en scrutant le ciel, puis il l'aperçoit et lui fait un signe amical. Elle sourit en retour au jeune chef du village. Un éclair illumine les feuilles argentées des palmiers, un claquement résonne, suivi d'un nouveau grondement de tonnerre. Soudain, l'homme en short sort sous la pluie battante, une expression soucieuse sur le visage. Il s'appuie des deux mains contre la balustrade qui borde le balcon et tend le cou pour mieux voir.

Le cochon est tombé dans la flaque de boue, ses pattes s'agitent vers le ciel, du sang gicle de son ventre par saccades. Il a un sursaut, comme s'il voulait se remettre debout, puis il pousse un sanglot de terreur presque humain.

Le chef pivote sur lui-même et s'élance à l'intérieur de la maison.

Là-bas, des hommes armés accourent.

Le véhicule tout-terrain bâché fonce sur la digue de terre, tressautant au rythme des ornières et projetant des gerbes d'eau dans les rizières qu'il longe. Le conducteur donne de furieux coups de volant pour ne pas perdre le contrôle de l'engin sur le terrain détrempé. À l'arrière, des hommes se cramponnent aux ridelles. L'un d'eux porte un treillis défraîchi, il est coiffé d'une casquette militaire verte. Dans le rugissement du moteur il crie des ordres à des barbus enturbannés, aux torses nus ceints de cartouchières. Le chauffeur braque brutalement, l'engin grimpe un talus et s'arrête dans un gémissement de freins juste à côté d'une voiture cabossée. Elle est penchée de guingois dans la boue et un adhésif sur sa vitre arrière proclame : *Alahu Akba.* Elle est vide.

Les barbus ouvrent l'arrière de la bâche et bondissent au sol. Depuis le véhicule, l'homme à la casquette leur lance à chacun des fusils d'assaut, qu'ils attrapent au vol. Le plus grand d'entre eux brandit alors une courte machette vers le hameau et lance un cri guerrier. Ils se mettent tous à courir sous la pluie, leurs pieds nus frappant les flaques. À travers le pare-brise balayé par le mouvement incessant des essuie-glaces le chauffeur les regarde disparaître, puis il s'empare d'une paire de jumelles dans la boîte à gants. Derrière lui, l'homme à la casquette verte manœuvre la culasse d'un fusil à longue portée. Un fusil de l'armée.

Dans sa cabane, la vieille femme n'a pas bougé. Elle entend comme dans un rêve des cris qui proviennent du hameau, et, par-dessus le crépitement de la pluie, un gong qui résonne sans arrêt. L'alarme. Les hommes sont là, à une dizaine de mètres d'elle, près du cochon mort. Ils tiennent des fusils d'assaut, des machettes et des pistolets. Elle en compte cinq. Des adolescents aux aguets, portant des chemises sombres et des shorts, leurs cheveux mi-longs retenus par des foulards. Ils paraissent indécis, comme s'ils attendaient quelque chose. Ils l'ont aperçue, mais ne s'intéressent qu'aux maisons. La femme frémit, tétanisée par la peur. Elle est certaine qu'ils attendent des renforts.

L'homme de tête, un jeune moustachu au teint pâle porteur d'une cape noire dégoulinante qui lui colle au dos, se retourne encore, impatient. Puis il prend une décision. Il dirige le canon de son fusil d'assaut sur la porte ouverte de la grande maison et lâche une rafale qui lacère le bois de la balustrade. Une corne de buffle se détache du pignon, tombe sur le balcon, rebondit et choit dans la boue quasiment à ses pieds, déclenchant l'hilarité de ses compagnons. Il se retourne vers eux et lève son arme, en riant lui aussi. Tout à coup, le haut de sa cape noire explose entre ses épaules. Son sourire se fige, il lâche son arme, plie les genoux et tombe au ralenti près du cochon mort, les yeux ouverts. La pluie dilue le sang qui s'écoule de son dos.

Depuis le balcon, l'homme au short bleu tire encore. Son revolver tonne trois fois. Un des agresseurs porte les mains à son ventre, hébété, fait deux pas en avant et s'affale dans une flaque, le visage dans l'eau. Ses compagnons, les yeux écarquillés, fixent stupidement le balcon. Un autre homme vient de se matérialiser à côté du tireur au revolver, et il les vise avec un fusil de chasse. Ils pivotent, lâchent leurs armes et s'enfuient à toutes jambes, poursuivis par des balles qui sifflent dans l'air et font gicler la boue autour d'eux. Ils finissent par disparaître derrière le rideau de pluie. L'homme au fusil de chasse rentre rapidement dans la maison tandis que le chef recharge son revolver.

La vieille femme dans sa cabane retrouve au même instant l'usage de ses membres. Elle se prépare à se lever, ankylosée, quand un crépitement d'arme automatique retentit sur sa gauche. Le jeune chef du village bascule par-dessus la balustrade, ses bras fauchent l'air et son corps fait un bruit mou en atterrissant sur le sol détrempé.

Des barbus enturbannés aux torses nus ceints de cartouchières viennent d'arriver en courant, leurs armes tendues devant eux. L'un d'eux recule de quelques pas, arrache une grenade de sa ceinture, la dégoupille avec les dents et la lance dans le trou béant de la porte de la longue maison. Le bruit est pareil à un coup de marteau géant, des feuilles de palmier jaillissent du toit et des morceaux de plancher tombent entre les pilotis. Des cris s'élèvent à l'intérieur, puis une femme apparaît à l'embrasure, enveloppée de fumée. Ses vêtements sont déchirés, elle est à demi nue et ruisselle de sang. Elle tient d'une main son visage brûlé, couvrant son œil. Elle se met à hurler vers le ciel, comme un animal. L'homme à la grenade empoigne son arme, lui tire deux balles dans la poitrine et court rejoindre ses compagnons. Le cri de la femme se transforme en gargouillement, elle avance en titubant, bras écartés, tombe en travers de la balustrade branlante et y reste accrochée. Un spasme agite sa main gauche amputée de plusieurs doigts.

À présent les barbus pénètrent dans le hameau en longeant prudemment les maisons, dos courbé, puis ils se déploient tout en tirant des courtes rafales dans les minces cloisons au-dessus d'eux. Des cris retentissent de toutes parts.

La vieille femme à genoux contemple les corps qui gisent dans la boue en contrebas. Elle pleure.

À l'arrière du véhicule tout-terrain, l'homme à la casquette verte ouvre le pan latéral de la bâche, puis l'attache tranquillement. Il se félicite que la pluie ait cessé, ce qui va améliorer fortement la visibilité. Depuis sa position, il peut entendre les coups de feu et apercevoir à travers le brouillard de vapeur d'eau la fumée qui monte des maisons, là-bas. Les gamins auraient dû attendre le deuxième groupe avant d'attaquer. Mais la jeunesse est impatiente.

Il sourit en écoutant le chauffeur, à côté de lui, qui téléphone.

— Deux jeunes hommes tués par le chef du village, Excellence. Presque des enfants. Leurs compagnons les ont vengés. Oui... J'ai tenu à vous prévenir... Oui... Une fusillade... L'armée va venir rétablir l'ordre, n'est-ce pas ?... Ah, parfait, parfait, Excellence. Et traquer les terroristes qui se cachent dans les collines, j'espère... Parfait...

L'homme à la casquette jette un coup d'œil à sa montre. Il a un peu de temps pour s'amuser avant que l'armée n'arrive. Pour s'amuser avec ces chiens d'indépendantistes qui aident les terroristes et leur donnent des vivres. Et cachent sans doute des armes, comme tous les paysans de cette foutue région.

Telle une confirmation, il entend maintenant les rafales d'une mitraillette répondant aux fusils d'assaut des miliciens, les *laskar Jihad* qui nettoient le hameau. Puis la mitraillette se tait brutalement.

Il s'allonge au fond du véhicule, fusil en main, règle sa lunette et la colle à son œil. Son doigt se pose sur la détente. Des chiffres défilent dans le viseur télémétrique. Il cherche une cible, lentement, posément.

Il balaye l'horizon sur la gauche du hameau. Une petite silhouette floue s'encadre dans le viseur de la lunette. Ce type qui s'enfuit vers la jungle ? Non. Trop loin. Il fouille les ombres. Cette fille avec son enfant dans les bras, qui court comme une poule affolée en se cognant partout ? Ce jeune gars, entre les maisons ? Trop tard.

Les reflets dans les flaques l'éblouissent ; un soleil timide vient de se lever. Sa bouche esquisse une petite moue. Son doigt s'éloigne de la détente de son fusil. Il pourrait toucher un des miliciens. Or ces types-là font du bon boulot.

Il est sur le point de renoncer lorsqu'il aperçoit enfin ce qu'il cherchait. Dans cette cabane à l'entrée du hameau, quasiment en pleine lumière. Cette vieille femme à genoux, que tout le monde semble avoir oubliée. Cette vieille femme secouée de hoquets.

Arrête donc de bouger, vieille femme.

Il pose doucement le croisillon de sa lunette au milieu du front de sa cible. *Parfait.*

Il est extrêmement concentré. Il respire à peine.

Il presse la détente. Une détonation sèche. Là-bas, un nuage rouge auréole le crâne de la vieille, qui est projetée au fond de la cabane.

35.

Sénéchal pénétra dans la forêt. L'odeur d'humus et de terre était intense. La touffeur de l'air le surprit, une goutte de transpiration roula sur son front. Un sentier s'ouvrait devant lui. Il l'emprunta et croisa une curieuse créature métallique, un robot qui ressemblait de loin à un aspirateur, mais un aspirateur d'un vert mat monté sur d'étroites chenillettes de caoutchouc, et qui zonzonnait tout en tournicotant sur place, absorbé par une tâche mystérieuse. L'une de ses extrémités comportait une caméra montée sur un axe ainsi que d'autres instruments, dont certains étaient en mouvement, mais que Sénéchal ne put identifier. L'écoflic stoppa net devant lui et le regarda s'enfoncer dans le sous-bois, s'inclinant d'avant en arrière lorsqu'il franchit l'obstacle d'une racine, tel un bulldozer miniature.

Un peu plus loin, il croisa un autre robot qui s'affairait. Il le dépassa et arriva dans une clairière. Levant la tête, il vit, à travers la structure de verre dont on apercevait, très haut, les croisillons d'aluminium, le ciel traversé de nuages pommelés. Au milieu de la clairière plusieurs personnes se tenaient assises autour de tables de jardin surmontées de parasols blancs. L'écoflic, circonspect, se dirigea vers elles en ralentissant le pas pour mieux les observer.

À mesure qu'il s'approchait, il s'aperçut que les six hommes qui l'attendaient avaient en commun le fait de porter chemise blanche et cravate noire, mais surtout d'être très vieux et de tous se ressembler vaguement – du moins à ses yeux d'Occidental. Ils paraissaient pétrifiés, tels des personnages dans un musée de cire. L'un d'eux se tenait de profil, le regard fixe, le coude posé sur la table où étaient disposées des bouteilles et des tasses de grès. Derrière le groupe, se tenaient, de dos, deux jardiniers en salopette et coiffés de chapeaux de paille, manifestement occupés à des tâches d'entretien.

Lorsqu'il fut parvenu à quelques mètres de leurs tables, les vieillards en chemise blanche se levèrent et s'inclinèrent, le dos bien droit. L'écoflic, gêné, s'inclina à son tour, maladroitement. Puis ils restèrent debout, immobiles. Les vieillards ne le regardaient pas directement, mais semblaient observer quelque chose à ses pieds. Un grand papillon passa d'un vol lourd. Les feuilles des arbres bruissèrent quelque part au-dessus de leurs têtes. Le jardinier le plus proche pivota lentement sur lui-même et fit face à l'écoflic.

Sénéchal sursauta : le visage décharné de l'homme était semblable à un masque ancien aux yeux enfoncés dans les orbites, et dont le grain et la couleur rappelaient ceux du cuir tanné. Le Japonais le scruta un instant, puis il exhiba les bords bien coupants d'un superbe dentier. La mimique fit surgir des milliers de rides au coin de ses lèvres. Il dit à toute vitesse :

— Soyez le bienvenu monsieur Sénéchal. Je suis Akira Takenushi.

Sa salopette flambant neuve de jardinier, avec sa poche de poitrine, flottait autour de son corps rabougri. Son chapeau de paille était enfoncé sur sa tête jusqu'aux oreilles et il portait autour du cou un stéthoscope incongru. L'appareil possédait, entre ses branches chromées, un étroit boîtier blanc sur lequel Sénéchal distingua le symbole à l'hélice rouge.

L'autre jardinier se retourna à son tour et fit face à l'écoflic. C'était un homme d'une quarantaine d'années au regard dur. Il tenait dans la main droite une canne-siège chromée. L'autre main était nonchalamment posée le long de sa cuisse. Sénéchal était certain qu'il y avait une arme dans la poche de la salopette. Il hésita.

— Je suis très heureux de vous rencontrer enfin, monsieur Takenushi.

— Aimeriez-vous faire une petite promenade en forêt avec moi, monsieur Sénéchal ? Êtes-vous capable de marcher très lentement ?

Le regard de l'écoflic embrassa l'étendue de la serre.

— Je suis parfaitement coutumier du rythme lent des campagnes.

Comme à un signal invisible, le garde du corps tendit la canne-siège chromée à Takenushi, qui la saisit de sa main d'oiseau. Puis il sortit de sa poche de poitrine un étui métallique plat, en dégagea une paire de lunettes fumées et les posa avec délicatesse sur le nez du vieillard. Sénéchal songea que Takenushi avait maintenant l'air d'un homme qui se prépare à faire de la soudure.

Le vieux Japonais dit, comme pour s'excuser :

— La lumière est vive dans cette serre. Je dois protéger mes yeux.

Il se mit en marche, glissant un pied devant l'autre péniblement, plantant sa canne devant lui, courbé en avant pour maintenir son équilibre. Il avait l'allure d'une très vieille geisha parcourant à pas menus les couloirs d'un jardin aussi impérial qu'interdit. Puis, au bout de quelques mètres, son pas s'affermit. Ils disparurent tous deux à la vue des autres hommes.

Sénéchal demanda :

— Vous n'emmenez pas un de vos gardes du corps en promenade, monsieur Takenushi ?

— Je ne devrais pas vous le révéler, bien sûr, mais je porte sur moi de discrets capteurs à ondes courtes – mais à longue portée – qui les avertissent s'il m'arrivait... un inconvénient. Je suis obligé de vivre ainsi... J'ai choisi cette vie... Je me permets de vous rappeler également que je suis âgé d'un peu plus d'une centaine d'années et que mon médecin doit savoir à quel rythme bat mon cœur, même à distance. Dites-moi, ne trouvez-vous pas qu'il manque quelque chose à cette forêt, monsieur Sénéchal ?

— Si. Il n'y a pas d'oiseaux. Du moins, on n'en entend aucun.

— C'est très bien observé. Les oiseaux n'ont malheureusement pas droit de cité dans ma grande serre, car ils mangent les chenilles que je fais venir de partout dans le monde et qui me donnent ces si beaux papillons...

— C'est vous qui avez fait construire ces serres ?

— Non, je les ai rachetées. C'était un grand centre de production horticole, ici... Puis la crise économique est venue... Je me suis contenté d'en faire surélever certaines parties pour abriter les grands arbres. Les systèmes de climatisation et d'irrigation étaient déjà en place, pour la plupart... Ah ! nous voilà arrivés.

Il tendit sa canne vers un amas de feuilles mortes.

— Savez-vous que la forêt est un milieu très conservateur ? Les éléments nutritifs passent du sol dans les racines, des racines aux feuilles et des feuilles au sol. Chaque année, le cycle recommence, éternellement. Ce sont les plantes les plus voraces, à la sexualité la plus... intense, qui sont les meilleures colonisatrices. Certaines autres n'avancent guère de plus d'un mètre par siècle.

Il s'arrêta sur place et sourit.

— Un peu comme moi, si on y songe.

Takenushi reprit son petit trot de jouet mécanique. Ils parvinrent en silence à un croisement. Loin au-dessus de leurs têtes, à travers le vitrage, ils pouvaient apercevoir les nuages qui défilaient lentement. Les feuilles frémissaient autour d'eux sous un vent impalpable. L'odeur d'humus était entêtante.

Takenushi leva ses yeux masqués par les lunettes vers les frondaisons d'un grand arbre.

— Le voilà. Prenez donc mon stéthoscope et allez écouter son cœur.

— Je vous demande pardon ?

— Cet arbre est un acacia. Ses fleurs ont un parfum envoûtant et son bois est très dur. Ses racines descendent jusqu'à quatre-vingts mètres de profondeur dans les régions désertiques... Les aborigènes fabriquaient leurs boomerangs avec. Nous, les Japonais, nous en faisons des têtes de club de golf... Mettez la membrane bien à plat sur son tronc. Vous trouverez un endroit un peu usé, là. À ma hauteur, bien sûr.

D'un index desséché, il montra l'emplacement.

— Vous le voyez ? Vous devriez vous pencher un peu.

Sénéchal se sentait ridicule. Cependant, il s'avança et, courbant sa haute taille, posa le stéthoscope sur le tronc de l'arbre. Au début, il n'entendit rien, puis lui parvinrent des craquements, des grincements et, loin derrière, le bruit ténu de la circulation de la sève. Il revint lentement vers le vieil homme immobile.

— C'est extraordinaire !

— Un écologiste comme vous... Vous ne saviez pas ça ?

— Mes services ne se passionnent pas forcément pour la physique amusante ou les sciences naturelles. Nous nous occupons plutôt de la pérennité de l'espèce... Je veux dire : la nôtre.

— Il s'agit d'un stéthoscope électronique, le signal en est amplifié. Les arbres sont vivants, et j'aime à me le rappeler chaque jour. Celui que vous voyez la-bas est un cèdre de mon pays. Un cryptomeria. Je l'ai fait transporter ici par nostalgie, bien sûr, et aussi parce que le cèdre du Japon bat des records de longévité. Certains ont plus de cinq mille ans... Celui-ci n'a que deux cent cinquante ans.

— Un gamin, en somme.

— Il existe, près de la plage d'Okinawa, une inscription très ancienne gravée sur un rocher. Elle dit : *À 70 ans, vous n'êtes qu'un enfant, à 80, vous êtes à peine un adolescent et, à 90, si les ancêtres vous invitent à les rejoindre au paradis, demandez-leur d'attendre jusqu'à 100 ans, âge auquel vous reconsidérerez la question.* (Il sourit.) Je précise qu'on vit très vieux dans la région d'Okinawa. La population japonaise possède l'espérance de vie la plus élevée du monde. L'être le plus âgé de la planète est une femme qui vit sur l'île de Kyushu depuis cent quinze ans... Ça me laisse toujours un peu d'espoir, vous ne trouvez pas ?

Sénéchal lui tendit le stéthoscope. Le vieux Japonais s'en empara avec douceur et prit un temps infini pour le remettre autour de son cou.

L'écoflic demanda :

— Dites-moi, tout cela doit vous coûter une fortune, si je puis me permettre. Ça vous fait un peu cher la petite promenade, non, monsieur Takenushi ?

— Regardez autour de vous, monsieur Sénéchal. Que voyez-vous réellement ?

Sénéchal jeta un coup d'œil circulaire, davantage pour faire plaisir au vieil homme que pour observer réellement ce qui l'entourait.

— Des arbres, des feuilles, des fleurs, des plantes vertes... Et un de vos gardes du corps déguisé en jardinier. Je crois même qu'un papillon s'est posé sur son nez, le malheureux.

Takenushi hocha la tête

— Les dieux de la chance m'ont souvent souri au cours de ma vie, ils m'ont autorisé à lier mes affaires et mon plaisir. Ce que vous voyez en réalité, c'est une banque.

36.

L'hélicoptère militaire peint en camouflage remonte le cours d'eau dans un rugissement de rotors. Les arbres de la rive et les rizières qui la bordent défilent à toute allure de chaque côté de l'habitacle. Le pilote incline son appareil pour négocier un virage serré dans une boucle de la rivière, faisant s'envoler des hérons. L'horizon bascule, l'homme redresse sa machine, puis fonce tout droit sur une embarcation solitaire qu'il vient d'apercevoir, point noir sur l'eau jaune-brun. Il sourit. Son copilote désigne du doigt la jonque et crie quelques mots. À bord de l'embarcation, deux pêcheurs coiffés de chapeaux plats en paille tressée relèvent leurs filets. L'engin passe si bas au-dessus de leurs têtes que le souffle des pales fait s'envoler les chapeaux et trois paniers de bambou remplis de poissons frétillants basculent par-dessus bord l'un après l'autre. Les pêcheurs se cramponnent au bastingage avant de lever le poing ensemble, en hurlant des insultes à l'appareil qui disparaît au loin.

Le pilote remonte au-dessus des arbres, ralentit et fait un commentaire d'une voix pointue à son compagnon, déclenchant une hilarité bruyante dans l'habitacle. Soudain, la radio de bord émet des bruits électroniques, puis une voix pressée débite en indonésien une litanie qui efface les sourires des deux hommes. Le pilote répond brièvement et se tourne vers son compagnon.

— C'est la Sécurité nationale de Java. On doit aller chercher une prisonnière...

L'appareil s'engouffre dans un corridor montagneux, les rizières s'effacent pour laisser place à un moutonnement vert escaladant les éperons rocheux. Un cours d'eau scintille au fond de l'étroite ravine. Dans le lointain, des nuages descendent lentement sur les sommets, des lambeaux de brume s'accrochent aux cimes des arbres.

L'engin ralentit, puis il vire pour contourner un bloc rocheux recouvert d'une maigre végétation, ses pales jetant de brefs éclats. En dessous de lui s'ouvre maintenant une vallée où alternent le jaune des prairies desséchées, le mouchetis brun des marécages et le vert des rizières. Elle est bordée de montagnes enveloppées d'une brume de chaleur. Les deux hommes aperçoivent le hameau d'où s'élève une fumée qui fait danser les feuilles des cocotiers. Deux longues maisons sur pilotis finissent de se consumer. À quelque distance des autres habitations encore debout sont alignées des tentes kaki. Ils distinguent les deux automitrailleuses sous leurs filets de camouflage, posées le long d'un chemin d'accès, les jeeps couvertes de boue, les sacs empilés devant les mitrailleuses et les hommes en tenue de combat qui mettent leurs mains en visière pour les apercevoir dans le ciel.

Tandis que le pilote amorce sa descente, le copilote fait une grimace en apercevant la silhouette d'un porc couché dans la rizière, le ventre gonflé et le flanc éclaboussé de sang. Une vieille femme morte gît non loin de lui, les bras écartés comme si elle faisait tranquillement la planche, à deux pas de son village incendié, par ce bel après-midi ensoleillé.

Le pilote de l'hélicoptère et son compagnon vont chercher la femme, guidés par un type armé d'un pistolet-mitrailleur et d'un sergent nerveux aux cils longs comme ceux d'une fille et au bras en écharpe. Il profère un juron quasiment à chaque pas. Il leur explique qu'avec un petit groupe il s'est fait accrocher la veille dans la montagne par ces chiens de rebelles, et qu'il y a eu un type de chez eux tué dans l'affaire. Quant à lui, il est tombé dans le sentier en chargeant héroïquement les terroristes, et il s'est blessé à l'épaule. Le pilote de l'hélicoptère pense, sans trop savoir pourquoi, que ce gars-là a essayé de se planquer dans un fossé quand il s'est fait tirer dessus, et qu'il s'est mal reçu.

Tout en continuant à jurer, le sergent les amène dans la case où sont enfermés les prisonniers. Il fait ouvrir la porte par le type armé, puis regarde dans l'ombre les paysans accroupis sur leurs talons, certains assis par terre, tête nue, les mains liées dans le dos. L'odeur d'excréments et la chaleur sont insupportables, des mouches noires les harcèlent sans cesse. L'homme armé hurle en braquant son pistolet-mitrailleur sur les visages résignés ou apeurés. Tous les yeux se baissent. Le sergent se fraye alors un chemin à coups de pied parmi les villageois entravés et empoigne par les cheveux, de sa main valide, une femme d'une cinquantaine d'années qui se met à jeter des cris déchirants lorsqu'il l'oblige à se lever en la tirant à lui. Il la lâche, puis la gifle de toutes ses forces, du revers de la main. Ensuite, il l'emmène, en l'agrippant de nouveau par les cheveux, jusqu'à la porte ouverte sur le soleil. Là, il la jette sur le sol. Elle sanglote sans bruit. Il tourne alors ses yeux fous vers les hommes de l'hélicoptère en désignant la femme par terre. Il leur dit d'une voix aigre que lorsqu'ils l'ont arrêtée, elle et sa famille, ils ont trouvé de l'argent sous sa natte, des dollars américains. Elle est riche, elle a essayé de faire croire qu'elle était une pauvre paysanne, mais c'est une espionne, évidemment. Il aurait dû la tuer tout de suite, il regrette. Elle a aussi un billet d'avion et d'autres objets qu'ils doivent emporter dans leur foutu hélicoptère pour édifier les gens de la Sécurité nationale de Java – ces gens haut placés qui veulent tellement parler à cette chienne, tel ce capitaine Thamnir.

Il entre alors dans une terrible colère contre les gens de la Sécurité nationale, celle de Java en particulier et de l'Indonésie en général. Ces gens-là qui viennent l'emmerder jusqu'ici, en pleine zone de combat, pendant que des braves comme lui, des bons croyants, se font tuer tous les jours dans cette guérilla imbécile et interminable, tout ça pendant que Leurs Seigneuries, là-bas, dégustent leur thé bien tranquillement dans des jardins fleuris.

Puis il crache sur la femme à terre.

Plus tard, alors que la prisonnière est installée dans l'hélicoptère, les mains attachées au siège, le sergent leur remet les objets trouvés chez elle, ainsi que ses papiers d'identité. Il leur fait signer des paperasses officielles déclarant qu'ils prennent livraison, pour le capitaine Thamnir, de la Sécurité nationale indonésienne, de la femme Maryati Soekarno vivante et en bonne santé. Le copilote demande où est passé l'argent, tous ces dollars qu'on a trouvés chez elle. Le lieutenant le regarde de ses yeux de fille, comme s'il n'avait pas compris, puis il lui rit au nez, d'un grand rire sec qui laisse entrevoir plusieurs magnifiques dents en or.

37.

Sénéchal avançait à petits pas pour ne pas dépasser le vieillard.

— Une banque ? Pourquoi me dites-vous que cette forêt est en réalité une banque, monsieur Takenushi ?

— Une banque génétique. Tout jardin botanique digne de ce nom est une sorte de banque de gènes. J'ai créé la mienne, comme vous le voyez. Son capital est protégé par toutes sortes de machineries qui contrôlent l'irrigation, la température, le rayonnement... Tout ce qui est utile aux plantes. Des générateurs de brouillard et de vent sont cachés dans les montants du toit de verre... Les jardiniers s'occupent de tout, et ces petits robots font le reste. Mon oncle m'a enseigné cela. Sans le savoir.

— Je ne comprends pas...

— Étant adolescent, je parcourais les marchés villageois avec lui. Il vendait des semences. Les gens lui achetaient des graines pour faire pousser leur nourriture, si l'on peut dire. Certaines variétés de plantes robustes résistaient au gel, aux insectes, d'autres pas, comme vous le savez. Mon oncle sillonnait le pays pour trouver les meilleures souches de plantes, les sélectionner. Afin de les préserver pour l'avenir. Celles-là, il ne les vendait pas.

— Qu'en faisait-il ?

— Il les stockait dans des tas de petites boîtes qu'il gardait au sec dans sa maison. Je les étiquetais. J'ai appris des centaines et des centaines de noms de plantes. Puis un jour mon oncle et sa maison ont été soufflés par les bombes américaines, et les graines ont été dispersées aux quatre vents... Quel gâchis ! Néanmoins, j'en ai sauvé quelques-unes, que j'ai fait croître dans cette serre, un peu plus loin, là-bas.

Le vieil homme baissa la tête, sa bouche prit un pli amer.

— Curieusement, parfois j'ai encore dans l'oreille les flonflons de la musique que jouaient les troupes alliées quand elles sont entrées en conquérantes dans mon pays dévasté. Moi-même, plus tard, j'aurais pu fabriquer des bombes, des missiles guidés, de l'électronique militaire, que sais-je encore ? Nous possédions le savoir-faire, chez Takenushi Corporation. J'ai toujours refusé... Je participe à un courant de pensée pacifiste qui date de l'après-guerre. Nous ne voulons plus jamais voir cela. Tout simplement.

Il changea soudain de ton. Son débit devint moins mécanique.

— Je vais entrer dans ma cent deuxième année... Je m'attends donc à rejoindre un monde réputé meilleur. Il y a longtemps que le temps m'est compté. Trop longtemps. Il me reste deux fils. L'aîné s'est éteint l'année dernière à l'âge de soixante-dix ans. C'est une curieuse expérience, ne trouvez-vous pas, que de voir l'un de ses propres enfants mourir de vieillesse ? Les deux qui restent sont vieux, eux aussi. Dans tous les sens du terme. Ils sont, je crois, de parfaits imbéciles. Mais j'ai une petite-fille, Mitsuo, qui est une personne de grande valeur. Je fais tout cela pour elle.

Sénéchal penchait sa silhouette vers le petit homme frêle pour mieux écouter. Takenushi reprit :

— Il y a bien longtemps, j'ai compris que tout ce que l'homme entreprenait depuis son avènement engendrait la destruction de la planète qui l'héberge. J'ai senti avant beaucoup de gens qu'il fallait prévoir, pour ceux qui me suivraient, non pas de leur léguer seulement de l'argent, ou un capital immobilier, mais de leur léguer le patrimoine génétique que j'ai lentement constitué, comme l'avait fait mon oncle. Savez-vous que les cinq plantes les plus cultivées au monde sont le blé, le riz, le maïs, la pomme de terre et l'orge ? Elles assurent plus de la moitié de l'alimentation mondiale. Regardez encore autour de vous... Il y a peut-être ici, dans cette serre, la plante de l'avenir, celle qui nourrira des milliers d'êtres humains... (Il eut un sourire mélancolique.) Voyez-vous, monsieur Sénéchal, la mort ne me dit pas encore quand elle viendra me voir. C'est curieux, la vieillesse extrême, comme on parlerait des sports extrêmes... J'ai l'impression qu'un paysage gris s'étend progressivement sur toute chose, et c'est cela qui est angoissant. Qui me fait peur. Et c'est pour cette raison que j'ai mis toutes mes affaires en règle.

Une grimace de douleur mal réprimée lui tordit les lèvres.

— Retournons là-bas, monsieur Sénéchal, voulez-vous ? (Il renifla.) J'espère que vous avez apprécié à sa juste valeur notre promenade dans les bois... La totalité des forêts primaires de cette planète aura disparu dans moins de cinquante ans, ainsi qu'environ un million d'espèces vivantes... Vous serez peut-être encore là pour le voir, monsieur Sénéchal. Moi, j'aurai eu la chance de partir bien avant.

Le retour fut plus difficile que l'aller. Le vieil homme faisait manifestement de grands efforts pour marcher. Il respirait difficilement. Soudain, sans qu'il ait fait le moindre signe, une des voiturettes de golf vint à leur rencontre, cahotant dans les sentiers. Le chauffeur aida le vieillard à monter péniblement dans l'engin, Sénéchal s'installa à l'arrière. Ils revinrent à leur point de départ et se garèrent à quelque distance du groupe de personnes toujours attablées. Elles n'avaient apparemment pas bougé d'un millimètre de la position dans laquelle Sénéchal les avait trouvées à son arrivée.

D'un geste las, Takenushi releva ses lunettes fumées sur son front, hésita, les remit devant ses yeux, et fit signe au chauffeur de disposer. Ce dernier s'inclina et tourna les talons.

Le vieux Japonais croisa ses mains desséchées sur son ventre creux. Assis, il paraissait s'être encore amenuisé et ses genoux pointus tendaient la toile bleue de sa salopette de jardinier.

— Pour être direct, de quoi me soupçonnez-vous, monsieur Sénéchal ? (Il regarda l'écoflic droit dans les yeux.) Mes manières vous étonnent, je pense. Vous devez me trouver bien peu... japonais. Les Occidentaux m'ont inculqué de nombreux travers. Je crois que chez vous, en France, on dit quelque chose comme... (Il fouilla dans sa mémoire un instant.) Comme... « Ne pas y aller par quatre chemins », est-ce bien cela ?

Sénéchal prit son temps pour répondre, lentement :

— C'est tout à fait correct, monsieur Takenushi. Je vais d'ailleurs être direct moi aussi... Je sais que vous collectionnez absolument tout ce qui existe concernant un vieux poisson nommé cœlacanthe.

— J'ai toujours été fasciné par cet animal antédiluvien. Mais, à ma connaissance, cela n'a rien de répréhensible. Nous avons chacun nos petites marottes. Et ma collection est visible dans mon musée privé d'Osaka. On peut même la visiter sur Internet... Il ne s'agit donc pas d'un très grand secret.

— Je sais que vous offrez une prime de plusieurs millions de dollars à qui vous rapportera un cœlacanthe vivant.

Le vieillard sourit franchement, exhibant les bords bien coupants de son dentier.

— J'ai bien peur que ce ne soit une légende. On colporte bien des choses sur mon compte, voyez-vous... Et cela depuis près d'un siècle.

— Je crois qu'une certaine fondation Abyss est à la recherche d'un de ces poissons rarissimes pour votre compte. J'ai enquêté sur leur bateau, actuellement mouillé à l'île de la Réunion, où un spécimen de cet animal rarissime – et hautement protégé – a été repéré récemment. J'y ai rencontré MM. Ziegler et Designe. Ces noms vous disent sans doute quelque chose ? À l'avant de leur sous-marin, une perche magnétique en platine sert de leurre à cœlacanthes. Je l'ai vue, bien qu'on ait essayé de me la cacher... Je pense enfin que vous avez soudoyé un délégué japonais du Programme des Nations unies pour l'environnement, M. Saïto, afin qu'il intrigue pour faire déclasser le cœlacanthe de la liste internationale des animaux protégés. M. Saïto a eu une vive altercation avec M. Mahakam, le fonctionnaire indonésien chargé de la protection du cœlacanthe. À la suite de cette altercation, M. Mahakam est tombé d'un immeuble et son médecin de famille a été éliminé physiquement. Vous le saviez, sans doute ?

Takenushi ne broncha pas.

— Non. Non, je ne le savais pas. Racontez-moi, voulez-vous. Si vous le souhaitez. Ou, du moins, racontez-moi ce qui ne relève pas du secret de votre profession.

Sénéchal hésita, le jaugea du regard, puis lui fit un bref exposé. Takenushi dodelina de la tête. Il paraissait absent et Sénéchal se demanda s'il avait entendu et compris tout ce qu'il venait de lui raconter. Enfin le vieillard leva les yeux sur l'écoflic.

— Tout cela est bien étrange. Mais croyez bien que je n'y suis pour rien.

— Vous prétendez n'avoir aucune relation avec M. Saïto, délégué japonais du Programme des Nations unies pour l'environnement ?

— Je ne connais ni M. Ziegler, ni M. Designe, ni M. Saïto. Hormis le plaisir que me crée votre visite, monsieur Sénéchal, j'ai bien peur que vous ne soyez venu ici pour rien... Nous nous reverrons, si vous le souhaitez, dans une heure. Prenez donc le temps de vous promener un peu. Mon cuisinier va vous préparer une collation... Aimez-vous le sushi ?

38.

Deux hommes au visage barbouillé d'argile sont allongés dans les herbes au bord du fleuve, dissimulés sous une couverture de camouflage. L'un d'eux se relève sur ses coudes et plisse ses yeux en amande. Il penche la tête, écoutant quelque chose dans le murmure du vent. Un bruit lui parvient faiblement, un bruit qu'il connaît bien. Il souffle quelque chose à son compagnon, qui arme son fusil-mitrailleur.

— ... Ils vont descendre. Ils ne peuvent pas s'en empêcher, ces porcs ! Ça va réussir. Avec l'aide d'Allah le Miséricordieux...

Il tend une main vers le lance-missile Stinger caché dans l'herbe à côté de lui, tel un gros serpent assoupi.

La femme attachée à l'arrière de l'hélicoptère est malade, elle a la nausée et la peau de son crâne lui fait mal – le soldat aux yeux de fille lui a arraché une touffe de cheveux. Les militaires l'ont entravée avec une chaînette de métal qui lui scie les poignets à chaque mouvement de l'appareil. Lorsque le pilote fait basculer son engin pour prendre un virage, elle a envie de vomir et crie dans le vacarme, ce qui fait rire les deux hommes à l'avant. Soudain, le copilote trépigne et montre quelque chose du doigt, au loin. L'homme aux commandes ricane et fonce sur le bateau, petit point noir sur l'eau jaune-brun. Il descend à toute allure en faisant hurler les rotors. Il adore ça, il va les balancer à la flotte, ces salauds de...

Les pêcheurs sur leur bateau voient une étoile brillante bondir hors des herbes de la berge dans un sifflement furieux, la fumée qui zigzague dans le ciel, et ils entendent la terrible détonation quand l'hélicoptère se casse en deux. L'hélicoptère devenu boule de feu qui tombe au ralenti, ses pales brassant encore l'air et lâchant une nuée de débris qui frappent la surface de la rivière en courts geysers.

39.

Des papillons dansent sans fin dans les lumières blafardes de l'éclairage public, dont les lueurs orangées se reflètent sur la carrosserie d'une voiture grise immobile sur le trottoir.

L'ampoule d'un lampadaire vacille et s'éteint. Le plus proche lampadaire s'éteint à son tour, puis tous les lampadaires cessent de fonctionner en même temps. L'obscurité s'abat sur la rue bordée de pavillons aux volets clos. Les arbres deviennent des masses noires au-dessus de la tête des deux hommes dans la voiture. Ils clignent les yeux pour les accoutumer à la nuit sans lune.

Au volant, l'homme en tenue de combat allume uniquement les veilleuses et démarre. La voiture s'ébranle dans un bruit discret. Il passe une main dans ses cheveux en brosse, puis rive son regard sur la bande plus claire, devant lui, qui lui indique la chaussée. Dans son dos, le passager en complet-veston et chapeau de toile vissé sur la tête demande :

— Vous êtes certain qu'il viendra ?

Le chauffeur hoche la tête.

— Son téléphone cellulaire est sur une ligne cryptée. Rien à faire pour l'écouter... C'est un pro, ce type-là. Mais on a truffé les appuie-tête de sa voiture de location avec les nouveaux p'tits micros HF. Il a appelé quelqu'un. On sait pas qui. Sans doute son supérieur... Il a dit qu'il viendrait ici aujourd'hui à l'aube.

La voiture roule encore sur le bitume pendant une centaine de mètres, puis tourne pour s'engager sous les frondaisons. Le conducteur éteint ses veilleuses. Devant eux, il n'y a plus que l'obscurité.

— Je vais finir en roue libre et m'arrêter sous les arbres, là-bas.

La voiture cahote sur une bosse, court un instant sur son élan, puis le bruit des pneus meurt lorsqu'elle s'immobilise.

Le chauffeur descend la vitre de son côté, faisant entrer les odeurs de la nuit, le bruissement des feuilles et le chant lancinant des insectes nocturnes. Il ouvre une mallette plate posée sur le siège à côté de lui, révélant un système électronique dont il tripote un instant les boutons avant d'en sortir un long tube muni d'une crosse semblable à celle d'une arme de poing. Il se coiffe d'un casque audio et dirige, par sa vitre ouverte, le tube sur son objectif. Il effectue quelques réglages, puis déclare :

— C'est bon. Le Français va arriver.

40.

Les feuilles des arbres chatouillent le visage d'Edouardo. Il tient depuis un bon moment devant son œil droit une petite jumelle de tireur d'élite. De temps à autre il dirige son engin vers la maison qui commence à se dessiner, là-bas, au fond de l'allée, dans les premières lueurs de l'aube. Une maison aux volets clos qui a un air abandonné à cette heure ultramatinale. Il recommence son manège, lentement. Il oriente sa longue-vue sur chaque arbre autour de la maison, descend vers le sol, scrute de plus en plus souvent les ombres sous les troncs à mesure que le jour se lève. Des chiffres défilent dans son viseur.

La palissade, à cinquante-quatre, cinquante-cinq mètres, un peu à l'arrière de la maison endormie, l'intéresse prodigieusement... Et ce reflet naissant, juste au-dessus, n'est sûrement pas un effet d'optique. Pour en connaître la distance exacte, il attend que les deux points rouges phosphorescents se superposent au centre de son télescope miniature...

Edouardo-le-grand-professionnel est en mission.

La chaleur monte graduellement, les premiers rayons du soleil apparaîtront dans un petit quart d'heure. L'homme à l'arrière de la voiture n'a pas bronché sous son chapeau de toile. On pourrait croire qu'il est endormi, mais ses yeux sont vifs derrière ses fines lunettes. Il ne regarde rien de particulier, il attend, lui aussi. Un livre est posé sur le siège de cuir à côté de lui. Des deux mains il ajuste son nœud de cravate puis, d'un geste qui dénote une longue habitude, saisit son pistolet automatique, un Desert Eagle .357 au mufle épais qu'il tenait sur ses genoux. Sans le regarder, il manœuvre la culasse presque sans bruit. Il le range doucement près du livre et du talkie-walkie, cran de sûreté dégagé.

Edouardo-le-félin saute et se suspend des deux mains à la première palissade, juste au-dessus de la porte en bois fermée à clé qui donne sur le chemin. Il effectue un rapide rétablissement, jette un coup d'œil dans le jardin de l'autre côté – personne –, enjambe le sommet (en faisant très attention de ne pas coincer son holster) et se propulse sur le sol, les deux pieds bien groupés. Ses chaussures compensées amortissent le choc. Il tend l'oreille et saisit son revolver dans l'étui à ressort. *Poussez vers le haut – clic –, ça vous saute dans la main, c'est épatant, ce truc-là, d'ailleurs tout le monde devrait...* Une odeur de feuilles mortes et de champignons lui remplit les narines. Revolver tendu à bout de bras, il avance vers le fond du jardin.

Il ne met que quelques secondes à identifier l'emplacement d'une porte dans la seconde palissade. Il s'accroupit et l'ouvre avec d'infinies précautions pour ne pas faire grincer les gonds sans doute rouillés. Il constate qu'ils ont été huilés récemment.

Il passe très lentement la tête par l'embrasure, centimètre par centimètre. Il n'aime pas l'idée que l'angle mort derrière la porte puisse lui dissimuler quelqu'un. Il bondit de l'autre côté, balayant l'espace du canon de son flingue. Il n'y a personne.

Le moustachu est certain que l'endroit est désert. Malgré tout, son instinct professionnel lui commande de se déplacer derrière son arme avec une prudence exemplaire. Comme si une horde de derviches tourneurs armés de sabres effilés tels des rasoirs allaient surgir de la cabane aux planches pourries qui lui fait face. Une cabane couverte de mousse et presque entièrement dissimulée sous des branchages roussis, au beau milieu de cet enclos en friche qui avait dû être, dans le passé, un second jardin attenant à celui qu'il vient de traverser. Des lianes montent et tournicotent sur le toit de palmes grillées par le soleil, puis grimpent à l'assaut d'un tronc. Edouardo lève la tête et aperçoit l'antenne à demi rouillée dans l'arbre. Cette antenne dont il a perçu un reflet tout à l'heure (cinquante-neuf mètres) depuis le toit de la voiture. Sans se soucier du bruit, il dégage des branchages et ouvre avec mille précautions la porte vermoulue qui n'est même pas totalement close. Il tend son bras armé à l'intérieur. Avec une remarquable absence de conviction, il dit :

— Sortez, les mains bien en vue !

Comme il l'avait deviné, personne ne lui répond. Il regarde à l'intérieur. Il ne voit pas grand-chose, va dégager les branches masquant la fenêtre de la cabane – un panneau de plastique translucide jauni par le temps – et entre à nouveau à l'intérieur en manquant se cogner la tête dans une lampe-tempête pendue au plafond.

Il n'est pas tranquille. La moustache frémissante, les yeux aux aguets, il essaye de détecter la présence d'un piège : un fil relié à un détonateur, un système en équilibre qui va basculer... Il cueille dans sa poche de poitrine un stylo-torche et braque le faisceau devant lui. Il découvre le canapé défoncé sous sa couche de poussière, le meuble bas en bambou, aux pieds bancals, recouvert d'une toile cirée craquelée, la tablette de contreplaqué sur laquelle gît une radio à lampes alimentée par une batterie d'accumulateurs. Des écouteurs, un micro, un amplificateur, une enceinte unique dont l'une des membranes est crevée. Au-dessus de la radio, une araignée jaune et rouge a tissé sa toile qui vibre légèrement... *Putain de bestiole ! Faut faire gaffe, ici. Y a peut-être des scorpions, dans cette vieille cabane. Ou des serpents. Ne touche à rien. Regarde où tu mets les pieds, Edouardo.*

Des posters de groupes de rock indonésiens se décollent des murs. Edouardo éteint son stylo-torche. À mesure que ses yeux s'accoutument à la relative obscurité, il perçoit d'autres détails : des bouteilles de soda vides dans un coin, un réchaud à gaz, un tas de bandes dessinées découpées... Il est dans un repaire de gosse. Une cabane d'aventurier. Il range son arme dans son holster. Clic.

Edouardo-le-grand-détective aperçoit un bout de tissu bleu dépassant entre deux coussins du canapé. Il est sur le point d'aller le regarder de plus près, quand ses yeux se posent sur la caisse de bois, là-bas, fermée par un élégant cadenas neuf qui semble lui faire signe. Edouardo se trouve extrêmement sagace : il empoigne la caisse, la tire hors de la cabane, prend dans sa poche un petit instrument et se penche sur le cadenas. Il l'ouvre en quelques secondes.

Des dossiers. La malle est pleine de dossiers. Il feuillette le contenu du premier. Le signe rouge en forme d'hélice sur l'en-tête de chaque feuillet l'intrigue.

L'homme en complet-veston assis confortablement à l'arrière de la voiture est tête nue. Il s'est tourné de trois quarts et lit le Coran. Ses lèvres bougent.

Le chauffeur lève un doigt et déclare :
— Ça tourne. Le Français entre dans la maison.
L'homme en complet-veston marque tranquillement sa page avec le tranchefile bleu, repose le livre à côté de son automatique et règle quelque chose sur son casque radio. Il écoute un instant et dit à la nuque de son chauffeur :
— Quand ce sera fini, vous classerez cet enregistrement avec celui que vous avez fait quand le policier précédent est venu voir cette femme Mahakam et son fils. Je me demande combien de fois les Français vont envoyer des policiers chez elle.
Le capitaine Thamnir se sent d'excellente humeur.

41.

Sénéchal n'avait rien pu tirer du cuisinier, impassible et muet, ni de son assistant qui arborait perpétuellement un sourire inexpressif tout en lui apportant à la chaîne, dans une pièce d'allure monacale, des plats savamment arrangés. L'écoflic avait mangé tout ce qu'on lui avait servi, bu du thé, et n'avait pas touché au saké tiède.

Les deux mitrons japonais ayant disparu dès son repas terminé, il se leva de son siège, l'air décidé, puis sortit au grand soleil. La place était désertée, il n'y avait personne en vue. Les voiturettes électriques paraissaient assoupies et les murs de verre de la serre jetaient des éclats éblouissants. Il s'en approcha et mit ses mains en visière pour regarder à travers la vitre. Les personnages attablés de tout à l'heure avaient disparu, ainsi que les gardes du corps. Une machine de climatisation démarra sur l'un des toits de la serre, ronronna un instant, puis se tut. L'atmosphère était devenue languide, dans le complexe de Takenushi... Sénéchal sourit. Le château de la Belle au bois dormant. *Tout le monde fait la sieste, ici. Je croyais que les Japonais étaient hyperactifs et forcenés du travail... Encore une légende.*

Il chantonna :

— Promenons-nous dans les bois...

La grande serre qui contenait la forêt était fermée à clé. L'écoflic la contourna par la gauche et s'engagea dans un sentier de service destiné, supposa-t-il, à acheminer engrais et pesticides au temps de l'activité productiviste du complexe horticole. Tout en marchant, il pouvait distinguer, à l'intérieur, les branches des arbres qui se balançaient sous le vent artificiel. Des papillons filaient sous les frondaisons, mais il ne vit personne dans les allées. Il s'arrêta un instant en apercevant, de l'autre côté de la vitre, un des petits robots qu'il avait croisés en arrivant. La machine s'activait fébrilement, pivotant sur elle-même, avançant, reculant, virant de nouveau sur place. Le but de cette agitation électronique lui échappait toujours.

Arrivé au bout du chemin, il se retrouva devant une autre place, assez semblable à celle qu'il venait de quitter. Une serre aux vitres opaques en occupait le centre. Sa surface noire absorbait les rayons du soleil, seules ses structures en aluminium luisaient dans la lumière.

La place était bordée sur un côté par une colline, plantée d'arbres au feuillage dense et aux troncs lisses, qui grimpaient derrière la serre jusqu'à un plateau rocheux aride. De grands filets noirs aux mailles serrées étaient tendus entre eux. Ils étaient régulièrement espacés. Certains étaient fixés, de surcroît, sur des piquets. Sénéchal observa un instant ce curieux décor : les filets escaladaient le relief jusqu'au sommet, comme si on avait voulu emballer la colline dans leur sombre résille. L'effet conjugué de la serre aux vitres noires et des filets pareils à des voiles mortuaires était macabre.

Il vit briller quelque chose au sol, entre les filets. Des tuyaux métalliques...

Il y en avait partout. Des dizaines de tuyaux descendaient de la colline entre les arbres et disparaissaient derrière la serre en contrebas. Il s'avança pour tenter de voir où les tuyaux aboutissaient. Il fut déçu : apparemment, ils disparaissaient en groupe serré dans le sol.

La serre elle-même l'intriguait : elle ne devait pas mesurer plus d'une trentaine de mètres de long sur dix de large, et des caméras de surveillance étaient disposées sur son toit. L'une d'elles était accrochée au-dessus de la porte fermée et bougeait lentement.

En contournant le curieux bâtiment, Sénéchal avisa un tas de tomates maintenu par des planches de bois assemblées. L'odeur des légumes pourrissants parvint aux narines du détective, puis disparut.

Il colla son nez à la vitre noire. Il lui était impossible de voir quoi que ce soit à l'intérieur de la serre. Il renonça et se dirigea vers le tas de tomates. Il en choisit une avec soin, sortit un mouchoir à carreaux, y emballa le fruit et fit disparaître le tout dans les profondeurs de sa poche.

42.

La veuve Mahakam, vêtue d'une robe de chambre en soie et chaussée de babouches, est assise dans le salon et fume une cigarette. Elle observe le visiteur debout devant elle. Son visage pâle a une expression craintive et ses yeux sont deux fentes étroites rougies par les larmes.

Il lui affirme :

— Je suppose que votre fils est à l'université, en ce moment, madame Mahakam.

Elle ne répond pas. Elle trouve ce petit homme d'une politesse dangereuse. Elle est certaine qu'il a vérifié, avant d'envahir sa maison, que son fils était absent. Puis il demande brusquement :

— C'est quoi, cette cabane, au fond de votre jardin ? Dans l'enclos ?

Il paraît excédé. Son revolver, qui défie les lois de la gravité dans son holster, hypnotise Mme Mahakam. Il ne la regarde pas directement, il fixe les marionnettes aux yeux effilés, là-bas, sur leur buffet, avec l'expression du type qui va dégainer et faire exploser la tête de ces bibelots ridicules. Ensuite, il soufflerait probablement la fumée sortant du canon et dirait quelque chose comme : « Ouf, ça va mieux ! »

La femme ne comprend pas ce que fait là cet autre Français. Elle lâche par les narines un nuage de tabac américain.

— M'est-il possible de me servir du thé ?

— Répondez d'abord, dit Edouardo-l'impitoyable.

— Mon mari... Enfin, Shafik... avait construit cette cabane dans l'ancien potager pour notre fils, Lang. Il y a longtemps. Ils l'avaient fabriquée ensemble. Une cabane pour un gosse. Pour qu'il soit tranquille, pour inviter ses amis, ou... (Elle essuie une larme du revers de la main.) Pour être indépendant, comme tous les adolescents. Puis nous avons fait mettre une palissade et une porte entre le jardin et le potager afin qu'il soit encore plus chez lui. Mon mari disait que c'était important pour un enfant, que...

— Et le poste émetteur-récepteur ?

Edouardo-l'excédé a la tête penchée comme s'il estimait ses chances, depuis sa place, de faire voler en éclats les trois marionnettes avec une seule balle.

— Lang se passionnait pour la radio amateur, pour capter les émissions de musique américaine, aux Philippines, en Australie... Pour parler avec d'autres jeunes comme lui dans le monde. Et puis ça ne l'a plus intéressé quand il a été plus âgé, surtout quand il est parti pour l'université. (Elle s'enhardit un peu et déclare d'une voix presque assurée :) Je ne vois pas en quoi tout ça peut vous...

— Madame, vous avez tout intérêt à me faire confiance. Surtout ne quittez pas la maison et ne téléphonez à personne.

Edouardo pose au sol sa mallette, l'ouvre et en extrait une paire de gants de caoutchouc blancs. Il les ajuste tel un prestidigitateur qui va faire sortir une colombe de son chapeau, hésite un instant, puis en enfile une seconde paire sur la première. *On n'est jamais trop prudent. Bien, bien...*

Il se lisse la moustache de son index ganté, puis déballe une paire de lunettes orange et un tube à néon monté sur une poignée. Quand il l'allume, une lueur bleue jaillit. Il chausse les lunettes, se dirige vers la fenêtre et tire les rideaux. Edouardo est maintenant totalement dans le bleu. La lumière indigo sculpte les ombres de son visage, lui composant un masque effrayant. Il balade sa lanterne magique sur les murs recouverts de tapis, sur les meubles et sur le plancher. La longueur d'onde émise par l'instrument permet de révéler les traces de sang et les empreintes, même anciennes, et de distinguer des détails invisibles à l'œil nu.

Edouardo ronchonne. Edouardo aimerait posséder un matériel bien plus sophistiqué, car Edouardo ne trouve rien. Toutes traces semblent avoir été effacées.

Edouardo va au petit secrétaire, ouvre tous les tiroirs nerveusement. Il en éclaire les fonds, un à un. Dans le dernier, sous le faisceau bleu, il y a une tache brune, bien visible. Le sang de Sénéchal. C'est là qu'il s'est piqué le doigt, comme il l'a précisé... Parfait. Il y a même, presque à côté, un court cheveu blanc qui doit appartenir à l'écoflic.

Le petit moustachu se remet à l'ouvrage, ragaillardi.

Edouardo devine plus qu'il ne voit, dans la lueur bleutée, d'autres taches brunes sur le sol, proches de la fenêtre. De très petites taches. Elles vont en direction des rideaux (ou elles en viennent) et disparaissent derrière. Il tire les rideaux d'un coup sec et le soleil à travers les volets inonde la pièce de lumière, l'éblouit... *Merde, il faudrait occulter la fenêtre...*

Il cligne les yeux, se retourne et avise le drap grège qui recouvre le fauteuil devant le bureau. *Ce sera parfait.*

Une pensée lui bondit à l'esprit, les poils de sa nuque se hérissent... *Non mais ça va pas ? C'est la fatigue, il faut que je...*

Edouardo scrute lentement le montant de la fenêtre... Pas la peine. Pas la peine de se servir de l'engin à lumière bleue. Il range ses lunettes orange dans sa poche, se penche, les moustaches à quelques centimètres du montant. Les traces sont là. Menues, effacées, mais visibles.

Il ouvre la croisée. Il y a une tache plus large, à peine discernable, sur le châssis, sous la croisée. Quelqu'un a saigné ici. Très peu, et ce n'était pas Sénéchal, il l'aurait précisé, mais... *Tiens, il y a des traces d'usure sur le plancher. Quatre, bien espacées. Hum, du bois sur du bois. Une chaise, un tabouret ?*

Il avise les volets cadenassés et les ouvre sans effort. Les chaînes et le cadenas tombent au sol en tintant au-dehors. *Bizarre... Sénéchal m'a affirmé qu'ils étaient verrouillés. Et ces barreaux devant l'ouverture, ils sont scellés, ils... Qu'est-ce que c'est que ce passe-muraille ?*

Edouardo pose son générateur de lumière indigo sur le bureau et sort de la pièce en courant.

Toujours vêtue de sa robe de chambre et fumant cigarette sur cigarette, la veuve Mahakam, debout dans le jardin, observe par la fenêtre du bureau le petit Français aux mains gantées de caoutchouc qui plie soigneusement le drap recouvrant le fauteuil de son mari et le fourre dans un sac en plastique, comme si c'était un tissu précieux.

Puis il la rejoint, examine le ciment du mur, empoigne les barreaux de la fenêtre, les décroche d'un geste précis, les pose à ses pieds et enfin les remet en place. Pour finir, il hoche la tête d'un air appréciateur et se tourne vers elle, l'air conquérant.

— Beau travail. Les barreaux ont été descellés, et il suffisait de les faire glisser de leurs logements dans le mur pour les enlever. Résumons : j'arrive de la cabane du jardin la nuit, je retire les barreaux, j'entre sans bruit, j'ai un tabouret à l'intérieur, je remets les barreaux derrière moi dans leur logement, je ferme les volets, et voilà ! Ni vu ni connu ! Mais qui faisait cela, madame Mahakam ?

Elle le fixe de ses yeux rougis, aspire une bouffée de cigarette, en faisant grésiller l'extrémité, puis finit par lâcher :

— M. Rhaddiaunir. L'ami de mon mari. Il se cachait ici. Après le décès de Shafik. Il était terrifié. Lang et moi, nous l'avons aidé. Il restait dans la cabane le jour, puis la nuit il rentrait pour manger. Et dormir dans la chambre de Lang, là-haut. On ne pouvait pas le voir aller et venir de l'extérieur, grâce à la palissade de la maison.

— Qu'est-ce qu'il faisait dans la cabane ?

— Il se servait de la vieille radio de Lang. Il avait peur. Puis il a disparu.

— Avec qui communiquait-il avec cette radio ?

— Je n'en ai aucune idée.

— Savez-vous exactement de quoi il avait peur, madame Mahakam ?

43.

Pendant la courte promenade de Sénéchal, le complexe s'était ranimé. Quand il revint à son point de départ, plusieurs voiturettes de golf avaient disparu et des ouvriers, outils en main, s'affairaient à des tâches d'entretien. Un des gardes du corps s'avança vers lui. Il était court sur pattes et son torse avait la forme d'un tonneau. Ses pectoraux semblaient prêts à faire exploser sa veste croisée. Il se posta devant Sénéchal, s'inclina rapidement et dit, comme s'il s'adressait à la poche de poitrine du détective :

— Voudriez-vous me suivre, monsieur ?

Il pivota sur lui-même et, sans attendre, partit droit devant lui. Sénéchal lui emboîta le pas. Ils arrivèrent sur une pelouse d'un vert surréaliste, qui escaladait une colline basse au sommet planté de bambous géants. Les bambous dissimulaient un étang à la forme compliquée, partiellement bordé de fougères et de plantes basses. La surface qui reflétait le ciel était couverte par endroits de nénuphars en fleur et un saule penchait son feuillage argenté sur l'eau. Sénéchal s'arrêta pour contempler l'étang.

Il allait reprendre sa marche à la suite du garde du corps lorsqu'un mouvement, à quelques mètres devant lui, attira son attention. Il scruta l'eau et vit passer rapidement une dizaine de points lumineux. Puis le phénomène disparut. Intrigué, il attendit. Les points lumineux réapparurent, plus lentement, cette fois. Deux d'entre eux vinrent dans sa direction – un couple de poissons zébrés de quelques centimètres, aux incroyables couleurs fluorescentes. Ils étaient quasi transparents et Sénéchal pouvait distinguer leurs minuscules organes. Les deux poissons lumineux tournoyèrent lentement, agitant leurs nageoires, et furent rejoints par d'autres, en tout point semblables. L'écoflic les observa un instant, puis les étranges poissons filèrent sous les nénuphars. Il se releva et demanda à son mentor :

— Qu'est-ce que c'est que ces poissons, euh, qui font de la lumière ?

Le court-sur-pattes regardait au loin, l'air pressé. Sénéchal n'insista pas, et ils reprirent leur marche silencieuse.

Le chemin contournait ensuite un rocher pareil au dos luisant d'un hippopotame. Une maison japonaise ancienne aux murs cloisonnés, d'un bel ocre jaune, apparut à Sénéchal. Il admira le toit étagé fait de paille tressée où s'accrochaient des plaques de mousse. Sur le perron abrité par l'avancée du toit, une vasque de pierre, également moussue, et sur laquelle était posée une sorte de louche de bois à long manche, constituait l'unique décor. Seul le bruissement des feuilles au-dessus de la tête des deux hommes troublait le silence de l'endroit. Arrivé devant la porte, le garde du corps désigna les chaussures de Sénéchal.

— Ôtez vos chaussures, s'il vous plaît. Prenez les sandales à gauche de l'entrée, à l'intérieur.

Il répéta :

— S'il vous plaît.

Puis il s'en alla.

Au milieu d'une pièce aux murs nus tapissés de papier blanc et beige d'où émanait une faible lumière, Akira Takenushi était assis en tailleur devant une table basse laquée. Il était tête nue, vêtu d'un kimono d'un blanc pur qui dissimulait son corps chétif. Son visage n'arborait aucune expression. À deux pas de lui, dans un plat de terre cuite vernie, un érable miniature dressait ses feuilles rousses.

Sénéchal s'inclina et fit un pas en avant. Du fond de la pièce, quelque chose vint à lui à toute vitesse, au niveau du sol, et stoppa à quelques centimètres de ses pieds : une machine qui avait vaguement l'allure et la taille d'un petit chien. Un chien-jouet monté sur des roues de caoutchouc. Il était parfaitement silencieux. Sur la tête du robot, des objectifs de caméra miniatures fixaient le détective. Une lueur rougeâtre apparut dans l'un d'eux et disparut. Le robot pivota brutalement sur lui-même, puis s'élança sur la moquette dans un parcours erratique. Il avait l'air de patrouiller dans la pièce.

Takenushi dit, de sa voix de crécelle :

— Entrez, entrez, monsieur Sénéchal. Ne soyez pas surpris, et ne faites pas attention à cette machine. (Il sourit.) Vous êtes ici dans la chambre du Thé. Chez moi, nous l'appelons également la chambre du Vide. C'est très reposant pour l'esprit. Mais celle-ci est... particulière. Vous vous trouvez dans une *panic room.*

Sénéchal s'avança vers le vieillard.

— Une panic room ?

— J'ai été visé par plusieurs tentatives d'enlèvement. D'où cette panic room. Les murs et le toit de cette maison sont blindés, le téléphone et l'électricité ne peuvent être coupés de l'extérieur, il existe un abri souterrain dissimulé et la porte se referme automatiquement en cas de danger identifié.

Il désigna du menton la petite machine tapie dans un angle de la pièce.

— Le robot que vous voyez là est dressé – si j'ose dire – pour détecter toute intrusion et crier « Au voleur ! » Dans ma langue, évidemment. Et appeler mes gardes par ondes courtes. N'est-ce pas amusant ? Il peut faire bien d'autres choses utiles, comme détecter des micros cachés dans une pièce ou lancer un gaz incapacitant. Takenushi Corporation en vend beaucoup en ce moment au Japon, où les enlèvements contre rançon des personnes fortunées comme moi sont assez... à la mode. Je me sens très en sécurité, ici. Mais je bavarde trop et je vous prie de me pardonner mon babillage de vieillard, monsieur Sénéchal. Vous souhaitiez peut-être me parler avant de repartir ?

— Hum. J'ai été intrigué par ces poissons, dans votre bassin, dehors. Ils ont l'air illuminés de l'intérieur. Vous leur avez fait avaler des ampoules ?

— Avant de vous répondre, laissez-moi vous prévenir que la tomate que vous avez prise n'est pas comestible. Elle est bourrée de pesticides néfastes à la santé.

Le vieil homme exhiba ses fausses dents blanches.

— Mes caméras, monsieur Sénéchal.

— Je la jetterai loin des habitations... C'est curieux de faire pousser des tomates en serre pour les laisser pourrir trois mètres plus loin quand elles arrivent à maturité, non ?

Takenushi ne cilla pas. Mais une lueur d'amusement dansait à nouveau dans ses yeux bridés.

— Oh, ce sont des expérimentations variétales, croisements, hybridations... Une de mes passions.

— Croiser des variétés de tomates est sans nul doute un dérivatif très agréable. Je n'avais jamais vu de serre opaque.

— Le verre fumé de la serre – qui vous a intrigué – est également expérimental. Il devient foncé au soleil comme certaines lunettes... Il s'agit d'un produit Takenushi Corporation, évidemment.

— Les filets noirs aussi ?

— Ils sont là pour éloigner les oiseaux... (Le vieillard sourit.) Je n'ai rien contre les oiseaux, croyez-le bien, néanmoins je préfère les tenir éloignés de ma serre et de mes jolis papillons... Mais vous avez été intéressé par mes T5K, me disiez-vous. Ils sont admirables, n'est-ce pas ?

— Vos quoi ?

— T5K... Mes mutants de cinquième génération. Je les ai baptisés *Night Stars.*

— Je ne comprends pas.

— Night Star est le premier animal de compagnie transgénique. Génétiquement modifié, si vous préférez. Et breveté par Takenushi Corporation, bien sûr. Mes généticiens ont réussi à greffer sur son génome un gène de corail fluorescent. N'est-ce pas formidable ? Tout cela a longtemps été gardé secret, évidemment. Et ne s'est pas réalisé en un jour... Les marchands d'animaux domestiques en ont déjà commandé par milliers. Pour l'instant, il n'est autorisé à la vente qu'à Taïwan. Mais si nous obtenons toutes les autorisations de mise sur le marché mondial, ce dont je ne doute pas, le consommateur pourra bientôt commander sur Internet un poisson fluorescent de la couleur de son choix. Personnalisé, en somme... Aimeriez-vous en posséder un couple, monsieur Sénéchal ?

— Merci bien, monsieur Takenushi. « Frankenfish » sonnerait sans doute mieux à l'oreille que Night Star, ne trouvez-vous pas ? Pour ma part, je redoute de voir cet organisme génétiquement modifié s'échapper dans la nature et prendre la niche écologique d'une espèce existante, jusqu'à la faire disparaître. Et bouleverser, de surcroît, certains équilibres écologiques.

Takenushi déclara, avec la joviale obstination des vieillards :

— Mais ces nouvelles créatures vont ouvrir la voie à la fabrication d'autres animaux de compagnie modifiés ! N'est-ce pas passionnant ? Et cette avancée novatrice sera une fois de plus le fait de Takenushi Corporation ! Ne vous inquiétez pas pour l'environnement, mes spécialistes ont introduit un « verrou » dans le patrimoine génétique de T5K. Ce petit poisson lumineux ne peut pas se reproduire... Ai-je suffisamment assouvi votre curiosité, monsieur Sénéchal ?

— Presque, monsieur Takenushi, presque... Ai-je droit à une ultime question ?

Le vieillard inclina brièvement la tête.

— La voici, donc : parmi les brevets que possède Takenushi Corporation, il y a une petite machine qui ressemble à un stepper, et qui sert, je crois, à pomper l'eau.

Le Japonais le regarda fixement.

— Je vois à quoi vous faites allusion, cher monsieur. Vous êtes décidément très bien informé... Cette machine, je l'ai inventée quand j'étais jeune. Elle est très simple. Il suffit de marcher sur deux planches de bois pour animer une pompe mécanique située dessous. Marcher, c'est bon pour le cœur...

— Et, euh, vous en vendez beaucoup ?

— Je ne les vends pas, monsieur Sénéchal.

L'écoflic leva un sourcil.

— Ah ? Vous en faites quoi ?

— Eh bien, je les donne... Oui. Je les donne. Cela vous étonne ?

— Un peu.

— Voyez-vous, dans de très nombreux pays, l'eau d'irrigation n'est pas disponible en surface. Dans de très nombreux pays, les agriculteurs sont pauvres. Très pauvres... Dois-je vous rappeler qu'un homme sur quatre vit avec moins d'un dollar par jour sur cette planète ? Et que huit cents millions de personnes y souffrent de malnutrition ?

— Non, mais dois-je vous rappeler que dix compagnies contrôlent soixante pour cent de l'industrie alimentaire mondiale ?

— La sécheresse est un fléau qui n'épargne rien, ni les plantes, ni les hommes, ni le bétail... La sécheresse représente la famine, la mort. Il faut alors creuser pour trouver l'eau dans le sol. Et pour remonter cette eau, on prend un seau et une corde. Système épuisant et d'un rendement ridicule. Ma petite machine, elle, est très efficace. Et presque inusable. Il suffit de marcher sur son dos pour remonter l'eau en surface. On y relie deux tuyaux : l'un pour pomper l'eau du sous-sol, l'autre pour irriguer le lopin de terre qui nourrit la famille et le bétail. C'est tout.

— Remarquable. Et vous la donnez à qui ?

— Aux paysans du tiers-monde. La fondation Takenushi la distribue à des communautés villageoises, en Afrique, en Asie et ailleurs... Aux oubliés de la prétendue croissance.

— Une sorte de mécénat ?

— Monsieur Sénéchal, j'ai construit des avions de luxe pour des milliardaires de mon espèce. On ne peut pas toujours prendre, il faut restituer un peu, ne trouvez-vous pas ?

Il tendit le doigt vers un point brillant, une gouttelette d'eau accrochée à la feuille de l'érable, à quelques pas de lui.

— Observez bien cette goutte d'eau, monsieur Sénéchal... Elle est comme une larme de nuage, une poire pour la soif, un diamant pur. La goutte d'eau donne le monde à voir comme une boule de cristal... Cette rosée que vous voyez là est l'or du petit matin. Avez-vous d'ailleurs remarqué la forme particulière de mon étang, devant ce pavillon ? C'est celle d'un idéogramme, qui, chez nous, signifie « l'eau ». Savez-vous que l'eau douce et les forêts sont intimement liées ? L'essentiel de la pluie qui tombe sous les tropiques ne provient pas des dépressions océaniques, comme on le croit souvent, mais de l'évaporation, de la transpiration des arbres qui se recondense. Le cycle de l'eau. La majeure partie des précipitations sur le bassin forestier du Congo, par exemple, provient de la recondensation provoquée par les arbres. Pourtant, cent mille kilomètres carrés de forêt amazonienne – l'équivalent de la surface de l'Autriche, un pays voisin du vôtre – sont rayés de la carte chaque année par le déboisement. En 2010, la Birmanie, pas très loin d'ici, aura fini de détruire toutes ses forêts... En un peu plus de cinquante ans, l'homme a éradiqué le tiers des forêts du globe, c'est aussi simple que cela. Alors, que vaut-il mieux ? S'amuser un peu avec la génétique pour fabriquer des petits poissons lumineux et inoffensifs, ou anéantir les ressources communes à l'humanité ?

Cette tirade semblait avoir épuisé Takenushi. Il examina Sénéchal avec une certaine bienveillance. Puis il prit lentement un tube laqué posé sur la table devant lui et le lui tendit d'un geste élégant.

— Avant de partir, puis-je vous prier d'accepter de la part d'un vieil homme ce très modeste cadeau ?

L'écoflic fit un geste de dénégation.

— Monsieur Takenushi... Je ne pense pas le mériter... Les cadeaux impliquent souvent ceux qui les reçoivent, ne croyez-vous pas ?

Le vieillard sourit faiblement.

— Pardonnez-moi d'insister de manière aussi grossière, mais je n'attends en retour de ce cadeau aucun service ni faveur, faites-moi l'honneur de me croire. Ce n'est qu'une babiole, et je serais terriblement déçu si vous la refusiez.

Sénéchal, de mauvaise grâce, tendit la main. Takenushi hocha la tête.

— Adieu, monsieur Sénéchal, je pense que nous ne nous reverrons plus. Du moins dans ce monde-ci. Ce fut réellement un grand plaisir de partager cette promenade avec vous. N'oubliez jamais que la richesse de la vie d'un homme se mesure à l'intensité des émotions qu'il a pu éprouver.

Le Japonais ferma les yeux, respira profondément, fit un petit signe de la main comme pour dire au revoir, puis s'endormit paisiblement, tel le très vieux monsieur très fatigué qu'il était. Sénéchal, surpris, se demanda comment il pouvait dormir dans cette position. Il le regarda un instant reposer de son sommeil de momie.

Puis il enfouit le tube laqué dans sa poche et remit ses chaussures. Enfin, il se tourna avec lenteur pour partir. La porte se referma derrière lui avec un bruit de tombeau.

À l'arrière de la limousine qui le ramenait à l'aéroport, Sénéchal hésita une seconde, puis dévissa avec précaution le haut du tube. Il en sortit un parchemin protégé par un papier cristal : une gravure en couleurs représentant un cœlacanthe entouré de fleurs et de branches noueuses, et qui paraissait lui jeter un regard amusé. L'œuvre était d'un style délicat, aux couleurs d'une grande fraîcheur, et les lignes tracées d'un seul mouvement révélaient l'immense maîtrise de l'artiste.

Chaque écaille de l'animal était reproduite fidèlement. Plusieurs idéogrammes de couleur rouge avaient été dessinés dans deux des angles du parchemin. Sénéchal le retourna. Au dos, il était écrit, en anglais, « Collection privée Akira Takenushi ».

44.

Edouardo disait :

— Écoutez-moi bien, monsieur Sénéchal : je ne sais pas du tout ce qu'il recherche, ce Thamnir... Et il me surveille moi aussi discrètement. Je crois qu'en venant grattouiller dans les affaires du PNUE avec votre vieux poisson, vous avez mis les pieds dans quelque chose qui nous dépasse... Ces militaires ne me diront rien, malgré les accords passés entre nos services. Néanmoins, ils m'ont aidé à retrouver la dénommée, euh, Maryati Soekarno. Ça avait l'air de les intéresser, cette histoire de dossier rouge volé chez Mahakam. Il semble que cette femme a vendu le dossier à un Occidental blond et très costaud qu'on a aperçu à son ancien village.

— Et où avait-elle filé, cette Soekarno ?

— À Sumatra, l'île voisine de Java. Elle avait de la famille, là-bas.

— Thamnir a réussi à la localiser tout de suite ?

— Non. Elle avait déjà été arrêtée. Elle avait été raflée avec tous les gens de son village. Comme c'est en pleine zone de combat...

— Puis-je savoir de quelle zone de combat vous parlez, Edouardo ?

— Des combats contre les rebelles appelés le GAM, le Mouvement pour Aceh libre. Des indépendantistes, si vous préférez. La province d'Aceh, au nord de l'île de Sumatra, là où cette femme de ménage a été retrouvée, fait l'objet d'un déploiement militaire. La province est sous la loi martiale. Ici, Ça s'appelle « zone d'opération spéciale ». Les militaires y vont avec des chars d'assaut : ils brûlent les villages, ils déplacent des populations, ils arrêtent des tas de pauvres bougres, ils fusillent sur place. C'est une vraie guerre, qui a déjà fait dix mille morts, monsieur Sénéchal. Le secteur est coupé du reste du monde.

— Eh bien !

— Vous serez peut-être intéressé par le fait que les troupes gouvernementales s'appuient sur des milices, les laskar Jihad, et sont entraînées par des types de MPCorps.

— Qu'est-ce que c'est que ça ?

— Des mercenaires officiels. Appartenant à une boîte privée cotée à Wall Street et dirigée par des hauts gradés à la retraite de l'armée américaine. Elle propose des hommes bien entraînés à divers régimes « amis » que les Américains souhaitent aider sans s'impliquer directement, ou officiellement. Il s'agit d'une armée entière dotée de très gros moyens et aujourd'hui active dans plus de quarante pays. Et ce ne sont pas des enfants de chœur... Récemment, MPCorps a été impliquée dans des tortures sur les prisonniers irakiens.

— Vous êtes très bien renseigné, mon cher Edouardo.

— Ça fait partie de mon métier, d'être bien renseigné, monsieur Sénéchal. Pour en revenir à cette Maryati Soekarno, Thamnir voulait la rapatrier en hélicoptère jusqu'à la ville la plus proche, puis en avion militaire à Java, avec un tas d'autres suspects.

— Comment ça, voulait ?

— L'hélicoptère militaire qui la transportait a été abattu par la guérilla.

— Quoi !

— Selon les informations de Thamnir *via* la Sécurité, ce jour-là les indépendantistes ont mené une offensive-éclair sur plusieurs fronts. Un second hélicoptère a été abattu dans un autre secteur militaire, une automitrailleuse est tombée dans une fosse piégée, et une charrette tirée par un buffle a explosé au passage d'une patrouille, faisant six morts.

— Je vois. Et pour ce qui concerne votre visite matinale chez Mme Mahakam ?

— Le tissu qui recouvrait le fauteuil de son mari est parti à la FREDE, sous scellés, j'ai pris mes précautions... J'ai aussi envoyé à M. Méjaville – pardon, à Lucrèce – un mouchoir bleu que j'ai trouvé dans la cabane au fond du jardin des Mahakam.

— Vous avez très bien fait. Vous êtes certain que les papiers de la malle à en-tête Takenushi Corporation sont rédigés en japonais ?

— Du peu que j'en sache. Je fais scanner au plus vite ces documents et je vous envoie une copie.

— Je maîtrise assez mal le japonais. Envoyez le fichier à la FREDE, s'il vous plaît, on y trouvera un traducteur... Bien, résumons-nous. Mahakam, l'homme chargé de la survie – du moins juridique – du cœlacanthe et de pas mal d'autres bestioles, décède d'une manière curieuse. Son toubib se fait buter. La femme de ménage du couple Mahakam, nommée Soekarno, disparaît avec un dossier rouge à la suite du décès de son employeur. Un balaise occidental l'a payée en douce, et ensuite elle a disparu dans l'île voisine. Enfin, le dénommé Rhaddiaunir, copain de Mahakam, ou associé dans je ne sais quel projet – en tout cas ami de la famille –, se barre aussi après le suicide de ce pauvre gars, demeure introuvable pour la police, mais en réalité se planque chez la veuve au fond de son jardin, dans une cabane équipée d'une radio d'amateur. Il entre et sort comme il veut par la fenêtre du bureau dont la grille a été astucieusement bricolée...

— La veuve jure qu'elle ne sait pas où est passé Rhaddiaunir.

— Il n'a pas eu le temps d'emporter ses documents, tant mieux... Savez-vous ce que fait ce type dans la vie ? Vulcanologue, ou quelque chose comme ça, non ?

— Je crois qu'il est physicien, ou chimiste. Mme Mahakam n'a pas été très précise. Une pointure extrême dans son domaine, en tout cas. Elle m'a dit que son mari avait un très grand respect pour ce type et ses idées. Je pense qu'il va refaire surface un jour.

— Ouais. S'il n'a pas eu un malencontreux accident... Ce mystérieux Rhaddiaunir qui était terrorisé, selon la veuve, planquait dans la cabane des documents appartenant à la société Takenushi. Je trouve ça très curieux.

— J'y ai jeté un coup d'œil, c'est bourré de schémas et il y a des pages de calculs...

— La veuve ne sait pas ce que c'est ?

— Elle jure que non. Elle prétend, en revanche, que son mari et Rhaddiaunir travaillaient ensemble sur certains documents... Elle n'a pas pu préciser lesquels. J'ai l'impression que ce Mahakam faisait parfois autre chose, dans la vie, que de protéger votre cher vieux poisson d'avant le déluge, monsieur Sénéchal.

45.

Sénéchal relisait pour la dixième fois la lettre de Mahakam. Un passage l'intriguait particulièrement :

> S'ils le prennent
> ils le tueront et Lang
> ils croient me tenir
> l'eau. Peur. Leurs chimères très peur tous ces cauchemars
> Il faut décider...

Le détective se gratta la joue, songeur. Dans ses délires, le malheureux fonctionnaire protecteur des cœlacanthes était obsédé par les chimères lâchées à ses trousses. C'est ce qu'avait dit son fils, en tout cas...

Sur Internet, le dictionnaire donnait plusieurs définitions au mot « chimère ». La première était celle d'un animal mythologique possédant la tête et le poitrail d'un lion, le corps d'une chèvre et la queue d'un dragon. La seconde, plus scientifique, décrivait un organisme composé de deux variétés de cellules ayant des origines génétiques différentes. La troisième était celle d'un rare poisson des grandes profondeurs de l'ordre des holocéphales. Au sens figuré, la chimère était, bien sûr, une idée fumeuse ou un projet irréalisable...

Sénéchal grommela :

— Des poissons, toujours des poissons ! Marre des poissons !

Il s'énerva sur son clavier et revint à la chimère mythologique. Il apprit que, selon la légende, l'antique bestiole composite vomissait des flammes, tel un volcan, et dévorait tous les êtres humains qui avaient le malheur de se trouver sur son chemin. Le roi de Lycie, excédé par l'animal qui exterminait ses loyaux sujets, avait demandé à un guerrier nommé Bellérophon de le délivrer d'un tel fléau. Celui-ci, monté sur le cheval Pégase, avait percé la Chimère de flèches plombées, dont le métal avait fondu « à l'ardeur des feux qu'elle émettait ». La bête fut, de la sorte, brûlée à mort.

Sénéchal rechercha des mots voisins de « chimère ». Il trouva un *Ornithoptera chimarae,* splendide papillon indonésien convoité par les collectionneurs. Mais la bestiole ne possédait pas de propriétés particulières, hormis le fait qu'elle était élevée dans des « fermes » par certains habitants de Papouasie, et que le produit de sa vente servait à protéger la forêt locale, selon un programme élaboré par le PNUE.

Il revint au poisson des profondeurs. Recherches faites, il avait une sale tête, possédait un dard venimeux, mais on pouvait (si on en croisait un) en extraire une huile rare, et donc coûteuse, riche en acides gras polyinsaturés.

Il rechercha les termes « acides gras polyinsaturés » et découvrit que ces substances naturelles possédaient de nombreuses vertus, particulièrement des effets protecteurs sur l'organisme : ils faisaient baisser la tension artérielle, permettaient d'éviter l'artériosclérose et se montraient très efficaces contre le vieillissement cellulaire.

Sénéchal hocha la tête comme un homme qui vient de se faire une opinion définitive. Ce qui était loin d'être le cas.

46.

Devant un appareil photo sur trépied muni d'un objectif macrophotographique, le professeur Morel, chef incontesté du département d'entomologie criminelle de la police scientifique, était occupé à appliquer la branche d'un diapason sur la toile d'une araignée cachée dans le feuillage qui emplissait un terrarium.

Penché sur le bac du verre, ses grosses lunettes en culs-de-bouteille au bout du nez, son dos maigre formant un angle comique avec ses jambes maigres, il ne voyait pas, à quelques pas de lui, le sourire narquois d'un de ses étudiants assis devant un bureau, qui s'était tourné de trois quarts sur sa chaise pour profiter du spectacle.

Le professeur murmurait maintenant au terrarium :

— Allons, Cruella, sors de là, bon sang, viens te faire tirer le portrait !

Le téléphone sonna soudain à un mètre de Morel, qui, surpris, lâcha le diapason sur la toile. L'araignée tropicale de belle taille, qui s'était enfin décidée à confondre la vibration du diapason avec celle d'un moustique pris à son piège, se retrancha à toutes pattes derrière une branche, paniquée.

Le professeur approcha sa montre-bracelet de ses lunettes, comme s'il voulait se l'enfoncer dans les yeux, puis décrocha.

— Professeur Morel ? Détective Sénéchal...

— Monsieur Sénéchal ? Que me vaut le plaisir ? Ah, j'ai bien reçu vos photos.

— Professeur Morel, je sens à votre voix entomologique et joviale que vous avez sans doute de bonnes nouvelles pour moi.

— Des bonnes nouvelles ? De qui ?
— De mon scarabée, professeur.
— Votre scarabée ? Quel scarabée ? Ah, oui-oui-oui... C'est une femelle.
— Très bien... Et c'est tout ?
— Euh, non... Qu'entend-on derrière vous ?
— Je suis dans un aéroport. En Malaisie. Je me rends à l'île de la Réunion.
— Eh bien, on peut dire que vous me faites voyager, vous... Ce petit coléoptère que vous avez trouvé, monsieur Sénéchal, s'appelle *Stenocara*. C'est un ténébrionidé... Lorsqu'il a créé le monde, il semble que Dieu nourrissait une passion particulière pour les scarabées, car il en a fabriqué des milliers d'espèces.
— Il aurait même peut-être mieux fait d'en rester là... Bon, et ce sténomachin, alors, c'est tout ce qu'il raconte ?
— Celui-là, je ne comprends pas pourquoi vous l'avez trouvé en Indonésie, inclus dans de la résine plastique, en plus. C'est curieux. Il y a plusieurs variétés de *Stenocara*, mais celui-ci vient de Namibie, et uniquement de Namibie. Je suis formel sur ce point.
— La Namibie, professeur ? Euh... la géographie et moi...
— Entre l'Angola et l'Afrique du Sud. Le désert du Kalahari. Vents forts, températures extrêmes, pluie inexistante ou quasi inexistante. C'est un des déserts les plus chauds du monde. Magnifique, paraît-il. Les Bochimans, tout ça, leur langue à click.
— Leur langue à click ?
— Les consonnes sont produites par claquement de la langue en des positions précises du palais. Comme ça : monsieur, click, Séné, click, chal, click click !
— Vous êtes très doué pour les langues, professeur, mais cessez donc de me parler bochiman. Il fait donc très chaud dans ce désert et les gens qui s'y croisent s'envoient des clicks. Parfait. Et alors ?
— Plus que chaud, monsieur Sénéchal. Même les lézards, qui sont les rares autres bestioles vivant dans cette fournaise avec le *Stenocara*, sont obligés de se porter d'une patte sur l'autre pour ne pas se les rôtir, tellement le sable est brûlant dans la journée. On se demande comment ces bêtes peuvent survivre dans des régions inhospitalières, hein ?
— Et à part ça ? C'est tout ce qu'il ressort de vos investigations, que j'imagine très fouillées ? Est-ce que, par exemple, cet

insecte est recensé comme espèce protégée par le Programme des Nations unies pour l'environnement ?

— Pas le moins du monde, il est extrêmement courant.

Le scientifique maigrichon sentit au silence soudain dans le téléphone que Sénéchal était déçu. Il hésita.

— Notez qu'il me semble avoir lu quelque chose. Ça ne me revient pas... Je vais demander à un de mes étudiants de farfouiller un peu, clic... Je ne manquerai pas de vous rappeler.

Troisième partie

Les trois principes de Xi Ping Zhu

Le soir tombe sur l'île de la Réunion et le ciel s'embrase au couchant. Les montagnes virent à l'indigo. L'homme admire le ciel au-dessus du volcan et bâille. Il lui semble qu'il a rêvé des chimères. C'est bien loin, tout ça...

Engourdi, il se lève de la chaise longue. Il fait le tour de la cabane et se dirige vers un poulailler cerné d'un grillage rafistolé, pénètre dans l'enclos et referme la porte derrière lui. Il sort de sa poche une torche électrique de la taille d'un crayon et se courbe pour regarder dans la niche en planches mal équarries où dorment les poules sur leurs perchoirs. Il est accueilli par un concert de caquetages affolés, les animaux sortent en trombe, l'œil rond, et s'égaillent en tous sens, voletant autour de lui et se jetant tête la première sur le grillage dans un nuage de plumes et de duvet. L'homme attend que le calme revienne progressivement, et pénètre, accroupi, dans la cahute. Une âcre odeur d'excréments lui assaille les narines. Sa torche éclaire plusieurs nids. Il aperçoit deux œufs cassés, les prend du bout des doigts et les jette au-dehors. Il en saisit un autre, tout neuf, en casse un coin sur un angle de la niche, et le gobe avidement en renversant la tête en arrière.

Enfin, il dirige sa torche miniature vers une petite cage ceinte de grillage très fin qui pend au plafond, telle une cage à oiseaux. Il en examine l'intérieur. La vision de ce qui y grouille semble lui procurer le plus vif plaisir.

47.

Le coup de machette décapita la tige de canne à sucre.

Mme Hoareau leva de nouveau l'instrument et coupa encore deux tiges au ras du sol, faisant jaillir un peu de sève. Puis elle ôta son chapeau de paille et leva la tête pour scruter le ciel de l'île au-dessus des hampes végétales. Des nuages s'amoncelaient, venant de la mer. Elle s'essuya le visage du revers de la main et reprit son travail. L'air était immobile et la chaleur presque palpable. Des insectes bourdonnaient dans les cannes. Elle avait les mains poisseuses de sucre et en conservait le goût tenace sur les lèvres.

Elle avança, coupant tout ce qui était mûr, ébarbant une tige sèche, faisant tomber de côté des rafles inutiles. Le « tchac » de ses coups précis devint plus régulier. Elle se pencha, se releva, coupa une canne, avança dans les plantes souples, se courba pour les ramasser, avança encore et buta contre quelque chose, tête la première. Elle se redressa, sursauta, puis recula d'un pas. L'épouvantail en ciré jaune la toisait, son sourire niais flottant sur son visage de toile, ses yeux peints dissimulés par l'ombre de son chapeau de paille. La grosse femme fronça les sourcils. Le pantin n'aurait pas dû se trouver ici, en plein milieu du champ. Elle l'avait installé avec soin, précisément en bordure de son carré de cannes à sucre, pour que les oiseaux le voient de loin. Exactement comme l'année dernière. Elle l'empoigna fermement par la manche de son ciré jaune et le fit bouger sur son bâton. Puis elle grogna.

— Qui m'a fichu ça là ?

Il était planté profondément dans le sol. Plus profondément qu'elle n'aurait pu l'enfoncer elle-même. Bizarre... Quelqu'un était venu déplanter son épouvantail pour le replanter plus loin.

Une bouffée de colère lui monta au visage. Quelqu'un était venu dans son champ. Mais quand ? Et qui ? Un voisin qui lui aurait fait une blague ? Des gamins ? Il n'y avait pas de traces sur le sol, la terre était sèche... Est-ce que ce serait... ?

Elle s'aperçut que l'épouvantail portait quelque chose attaché autour du cou. Elle s'approcha et observa prudemment ce qui y était accroché, comme si cela allait lui sauter au visage... C'était un petit bout d'os retenu par une ficelle. L'os d'un petit animal, plutôt... en demi-cercle, avec un trou au milieu. La grosse dame enleva sa capeline et s'éventa lentement. Elle était soudain troublée... Un truc de sorcier, de magie. Un sort ? Quelqu'un lui avait jeté un sort ?

Elle chercha d'autres signes sur le pantin. Son sourire niais n'avait pas changé. C'était bien celui qu'elle lui avait peint sur le visage. Mais elle le trouvait inquiétant, maintenant... Différent, comme s'il la menaçait... Comme s'il avait vu – non, comme s'il connaissait – la personne qui lui avait mis ça autour du cou. Comme s'il était porteur d'un secret...

Et là, sur le ciré, ces deux taches sombres... Du sang ?

La frayeur saisit d'un coup Mme Hoareau, puis une colère brûlante. Elle renifla, remit son chapeau sur la tête, de biais, et recula d'un pas. Elle leva son sabre en serrant les dents, puis elle l'abattit de toutes ses forces sur la tête de l'épouvantail, fendant le couvre-chef et faisant éclater le sac de toile, libérant dans l'air une nuée de plumes noires.

— Des plumes noires, à présent ! T'i bon Dieu, mais qui m'a fichu ça là ?

De rage, elle frappa encore. La tête vola, emportant les débris du chapeau, quelques plumes en sortirent quand elle roula au sol.

La grosse femme assura la poignée de sa machette et, dans un « Han ! » violent, porta un coup d'estoc dans le ciré jaune. Elle recommença, cognant comme un bûcheron, attaquant du tranchant de la lame le mannequin qui se disloquait sous les coups. Elle enrageait et transpirait. Elle trancha les bras de bois. Les gants de vaisselle qui figuraient les mains s'envolèrent, tournoyèrent tels deux papillons roses dans l'air chaud et churent au sol sur les rafles de cannes à sucre.

La veuve reprit son souffle. Puis elle arma encore son bras, chargea, et, d'un seul coup de sabre, fit sauter le bâton tordu qui soutenait encore les débris de l'épouvantail sans tête. Celui-ci vacilla une seconde et le tronc dégringola à son tour dans un « flop » ridicule. Elle regarda les débris éparpillés, l'œil vide. Elle respirait fort, sa grosse poitrine se soulevait et retombait. Elle aspira une goulée d'air et laissa choir son arme, qui tinta sur la terre sèche.

— Tu fais moins le malin, hein ? Tu fais moins le malin, mon beau salopard !

Elle s'éventa de nouveau, se ressaisit et poussa du pied le tronc du gisant d'où sortaient les tiges de lys sèches qui avaient servi à le rembourrer. Elle observa de plus près les plumes noires qui palpitaient, et revint à sa victime. Bien posé sur le ciré jaune tailladé et déchiré, elle avisa le petit os, miraculeusement intact au bout de sa ficelle. Elle se dirigea vers l'un des gants tombés au sol, le ramassa, le retourna pour s'assurer qu'il ne contenait rien – une bestiole ou une autre traîtrise – et l'enfila avec difficulté sur sa patte moite. Il était brûlant et craquelé par le soleil.

De sa main gantée de rose elle dégagea la ficelle du cou de son épouvantail défunt et la tendit devant elle, faisant danser l'os au bout de son lien. Elle jeta un coup d'œil circulaire, écouta un instant le bourdonnement des insectes. Les plumes noires s'étaient mises à voltiger sur place sous l'effet d'un curieux petit vent et s'accrochaient aux feuilles des cannes. Elle dit pensivement, comme si elle s'adressait au sourire peint sur le sac éventré :

— Qui a bien pu te remplir le crâne avec des plumes noires ? Hein ? Tu peux me le dire, grand couillon ?

Une fatigue brutale s'abattit sur ses épaules. Elle se signa, murmura une courte prière, puis ramassa son sabre et s'éloigna sur ses grosses jambes sans oser se retourner, la ficelle tendue à bout de bras comme une bête venimeuse.

Malgré sa capeline, une première goutte de pluie la gifla au visage et coula le long de sa joue.

48.

— Sénéchal ? C'est Ravier. Batman a réussi à s'en sortir, comme tu l'avais prévu.

— Bonne nouvelle, Ravier. En fait, j'étais confiant.

— La bombe à neutrons que le Joker avait fourrée dans la Batmobile a foiré... Le détonateur. Bien, j'ai quelques informations sur Abyss, comme tu m'avais demandé.

— Vas-y.

— Je me suis donné du mal... Voyons... La fondation Abyss est basée à Bâle. Recherches océanographiques, recensement des espèces en danger, protection de la faune et de la flore sous-marines et tout le toutim... Très bel immeuble en ville. Apparemment, il y a du fric, et du gros fric, là-dedans. La fondation vit théoriquement de ses propres ressources et des donations de plusieurs entreprises. Des missions de recherche et développement lui sont confiées. Il y a un truc sur les tortues...

— Je connais, ils m'ont expliqué.

— Voyons, hum. La fondation se fournit souvent chez Takenushi Corporation pour le matériel. Elle a déposé de nombreux brevets sur du vivant, des trucs extraits des éponges, des coraux, d'animaux marins, etc. Des algues pour la douche, des produits cosmétiques, des produits agricoles. Il y a aussi des produits plus pointus destinés à l'industrie chimique. Tu pourras noter dans ton calepin qu'Abyss ne possède aucun lien financier apparent avec Takenushi Corporation, qui n'est qu'un fournisseur comme les autres, et que la fondation a déjà mené des missions à chaque endroit où on trouve le cœlacanthe : les Comores, le Mozambique, Madagascar.

— Madagascar ? Quand ça ?

— En fait, si j'ai bien recoupé les dates, le dénommé Giran s'est trompé. Il a pensé qu'ils étaient arrivés à la Réunion dès l'annonce par un pêcheur de la présence d'un cœlacanthe. Or, ils étaient dans le secteur de Madagascar depuis deux mois quand ils se sont pointés.

49.

L'homme de la capitainerie du port du Port était très occupé à observer un bâtiment de guerre au loin avec des jumelles, lorsque Sénéchal l'avait interrompu en lui collant sa carte de policier sur l'une des optiques. Il l'avait alors toisé d'un air goguenard.

— L'île de Tromelin ? Île si on veut... C'est un îlot plat d'un kilomètre carré au milieu de nulle part. Altitude maximale : sept mètres. Là-dessus, y a que des militaires, des scientifiques qui travaillaient autour d'une station météo, des tortues et des oiseaux marins.

Sénéchal avait demandé, en se passant une main lasse sur le front :

— Des tortues ? Et qu'est-ce qu'elles font là ?

— Et les militaires, qu'est-ce qu'ils foutent là ? Les tortues marines, elles ont au moins une excuse : elles vont y pondre. Pas les militaires, à ma connaissance. Il y a une petite piste d'atterrissage, mais on ne peut pas y aller comme ça, faut des autorisations. Bref, votre bateau-laboratoire suisse est parti pour Tromelin avec son p'tit sous-marin accroché dans le dos, pour une mission scientifique de quelques jours, si j'ai bien compris ce qu'ils m'ont raconté. Après ça, il revient ici. Ils m'ont demandé de garder leur emplacement au quai six, au même endroit qu'avant.

— Savez-vous quand ils reviennent ?

— Hein ? Ben, ça dépend du temps, du vent, de la marée, des courants. Et de l'âge du capitaine. Normalement, ils doivent déjà être en route et pas très loin d'ici. Ils ont intérêt à rappliquer vite fait, parce qu'il y a un cyclone en approche et le baromètre, il descend en piqué. Là-bas, ils n'ont rien pour se planquer. Mais le mieux, c'est de leur téléphoner par le satellite. Ça vous va comme réponse, monsieur l'agent ?

50.

Sénéchal avait vautré sa grande carcasse dans le fauteuil de Mme Hoareau et l'observait, l'œil amusé. Assoupi par la chaleur et par l'effet du punch aux épices qu'elle lui avait offert, il l'écoutait distraitement raconter des anecdotes sur la magie à la Réunion. Le punch paraissait avoir également fait de l'effet à la grosse dame, car les mots créoles émaillaient plus souvent sa conversation qu'à l'ordinaire. Au détour d'une phrase, il crut comprendre qu'elle faisait un commentaire sur quelque chose qui lui était arrivé personnellement. Il tendit l'oreille, mais elle s'était déjà lancée dans un autre récit. Il essaya de rassembler ses esprits et demanda :

— Et qu'est-ce que vous en avez fait, de ce petit os, madame Hoareau ?

— Quel petit os ?

— Celui que vous avez trouvé au cou de votre épouvantail. Vous venez de m'en parler. À l'instant même.

Elle adopta sur-le-champ une moue boudeuse.

— Of... Je suis allée l'enterrer au loin. Je ne voulais pas que cette saleté reste dans mon champ... Ni près de mon habitation, d'ailleurs... Ce genre de gri-gri m'énerve et... et... Bref, je n'aime pas cela, voilà.

— Je peux savoir où vous l'avez enterré ?

— M'en souviens plus...

— Madame Hoareau.

— M'en souviens plus, je vous dis ! Et même si je m'en souvenais, bougre de tête de mule que vous êtes, qu'est-ce que ça ferait ? Ah, je parle trop... j'aurais mieux fait de me taire !

Elle paraissait sur le qui-vive, à présent. Sénéchal la fixa.

— Mon boulot, c'est flic, au cas où vous l'auriez perdu de vue. Un flic, ça aime les indices. Ça ne vit que pour ça. Pas d'indices, pas de flics... Et cet os pourrait être un indice pour découvrir qui vous a joué ce mauvais tour. En résumé : je *veux* voir cet os.

— Et que ferez-vous si je ne vous dis pas où il est ? Vous me passez les menottes et hop ! au trou ? À la prison de Saint-Denis ?

L'écoflic croisa les mains d'un air patelin.

— Je commencerai par vous dénoncer au fisc pour dissimulation de revenus... En qualité de détective assermenté, bien sûr... Je parle du loyer de votre chambre. Et pour vos capelines, vous délivrez une facture aux acheteurs ? Vos cours de chant, ils sont déclarés, j'espère ? Ah ! ah ! ils vont se régaler... Je les vois déjà en train de sonder le jardin pour trouver votre magot. Ils vont peut-être tomber sur ce petit bout d'os, allez savoir, hein ? Je vais gagner un temps fou...

La veuve écarquilla les yeux.

— Vous feriez ça ? Espèce de... Espèce de...

Sénéchal leva un doigt menaçant.

— Du calme, madame, s'il vous plaît ! Ressaisissez-vous... Dans une seconde, c'est l'insulte à représentant de l'ordre dans l'exercice de ses fonctions.

Elle lui jeta un coup d'œil venimeux. Sa bouche s'ouvrit, révélant sa langue rose. Ils se défièrent du regard un instant, puis Sénéchal fut secoué par un rire silencieux. Il écrasa une larme.

— Aaaah... Mon boulot a de bons côtés, vous ne trouvez pas ? Bon, je creuse ou vous creusez ?

— C'est vous qui allez creuser, espèce de grand couillon de zoreil, ça vous apprendra à me faire sauter le cœur dans la poitrine ! Allez, levez-vous, allez prendre la p'tite pelle dans la remise, et ouste ! on taille la route.

Il creusait doucement avec une minuscule pelle – du moins paraissait-elle minuscule dans ses grosses pattes – à l'endroit qu'elle lui avait indiqué. Les cannes à sucre bruissaient autour d'eux. L'après-midi tirait à sa fin et une brume de chaleur recouvrait le bleu cobalt de la mer au loin.

Sénéchal s'arrêta soudain de travailler et s'essuya le front du dos de la main.

— Ah ! le voilà, votre os... C'est bien ce petit truc-là, non ?

Il sortit un morceau de papier et un mince sac de plastique transparent de sa vaste poche de pantalon. À l'aide du papier plié en deux, il saisit délicatement l'objet entre le pouce et l'index, souffla dessus et l'approcha de ses yeux.

— Vous l'avez touché, madame Hoareau ?

Elle fit une grimace.

— Sûrement pas... Bon, on s'en va ? Vous avez bien du temps à perdre, on dirait.

Sénéchal mit l'os et la ficelle qui l'accompagnait dans le sac plastique, le ferma avec soin et le mira au soleil.

— C'est un os étrange, on croirait de minuscules côtes autour d'une vertèbre non moins minuscule... Le trou, au milieu, par lequel on a passé la ficelle, doit être celui de la moelle épinière. Qui peut avoir des côtes aussi petites ? Vous avez des elfes, des lutins, des korrigans, des farfadets, à la Réunion ? C'est peut-être un meurtre !

Mme Hoareau grommela :

— Ne vous payez pas ma tête. En tout cas, ce n'est pas un os de *tangue.*

— Un os de quoi ?

— Un tangue... Une sorte de petit rat qui ressemble à un hérisson. Vous n'avez jamais goûté un cari de tangue ? Avec des larves de guêpes en friture, je ne vous dis que cela...

L'écoflic ramassa sa pelle et s'appuya dessus, tel un golfeur qui se soutient sur son club, les jambes négligemment croisées.

— Je suis impatient de connaître la recette. On le prépare comment, le tangue ?

La grosse dame s'énerva.

— Rebouchez vite ce trou et filons d'ici ! J'ai l'impression qu'on nous surveille.

51.

À Paris, dans le laboratoire de la FREDE, le petit chimiste rondouillard rajusta son nœud papillon et rédigea quelques lignes. Il referma son bloc-notes et se leva, l'air harassé. Il se dirigea vers une paillasse, examina en contre-jour quelques tubes à essais remplis de liquides de différentes couleurs. Il jeta un regard quasi admiratif aux chaussures enfermées dans des sacs transparents et posées benoîtement sur un coin de table. Des objets ordinaires trouvés dans une décharge puante, à l'autre bout du monde.

— Pourquoi faire ça à ce type ? Pourquoi ?

Il se détourna, saisit son bloc-notes au passage et sortit du laboratoire. Dans le bureau de Sénéchal, il avisa les papiers étalés au sol... *Pff ! Quel bordel, là-dedans ! Pas croyable ! Sénéchal finira par avoir des rats et de la vermine dans son bureau.*

Il enjamba les papiers et alla s'asseoir dans le fauteuil dictatorial du détective voyageur. Il déverrouilla l'ordinateur, inséra le disque de cryptage et tapa un courrier de ses index boudinés.

Sénéchal était attablé en plein soleil devant un bon kilo de civet de calmars, de haricots rouges et de riz grillé. Il avait ouvert son ordinateur portable devant lui, sur la table recouverte d'une toile cirée. Il lut le début du message de Lucrèce en se servant une généreuse rasade de bière réunionnaise.

Pierre

Pour une fois tu as eu du flair. Il semblerait que tes facultés de déduction altérées par l'inactivité (ainsi que par l'absorption massive de plats exotiques trop riches) te soient revenues au cours de ton voyage en Indonésie. Du moins de manière sporadique. Réflexion faite,

L'écoflic éteignit l'ordinateur d'un index rageur. Lucrèce-le-félon, chimiste de son état, envoyait ses messages depuis son bureau à lui, Sénéchal... Et malgré cela, Lucrèce se payait sa tête sans vergogne. Lucrèce se servait de son ordinateur (et donc de son fauteuil parfaitement réglé à ses mesures, à lui, Sénéchal), Lucrèce piochait sûrement dans ses crayons, ouvrait ses dossiers, laissait traîner des bouquins de chimie sur son bureau et, pourquoi pas, Lucrèce maculait le dessus dudit bureau, ainsi que le superbe fauteuil, de taches multicolores avec des produits chimiques indélébiles, avec tous les trucs qu'il traînait dans les poches de ses blouses (et qui ne devraient jamais quitter son labo). Sans parler de l'odeur des substances plus ou moins toxiques qu'il empestait parfois lui-même et qui emboucanaient toute la FREDE. Lucrèce n'avait aucun sens des convenances. Et Lucrèce-le-maudit-gnome-fatal faisait de l'esprit...

Le détective attaqua d'une fourchette vengeresse tout ce qui était dans son assiette. Il ne s'arrêterait qu'à la reddition complète du civet de calmars et de sa garniture.

Réflexion faite, continuait Lucrèce dans son message, on dirait que tu as tiré le maximum du bureau de Mahakam.

Sénéchal fit une grimace d'orgueil blessé en pensant aux découvertes d'Edouardo, qui lui avait succédé dans cette pièce.

J'ai commencé par examiner la lamelle de microscope avec laquelle tu t'es piqué le doigt, telle la Belle au bois dormant, et malheureusement je n'ai découvert sur cet objet aucune substance qui aurait pu fournir une indication sur sa provenance. Donc aucune substance toxique. Cela dit pour te rassurer.
En revanche, voici ce que j'ai trouvé :
1) Lame et lamelle sont des produits du commerce très classiques et ne présentent rien de particulier, hormis le fait qu'elles sont cassées, rayées et usées.
Les très petites billes rondes qui sont emprisonnées entre ces deux lames de verre sont également en verre. Plus intéressant : elles sont toutes recouvertes d'une couche irrégulière de cire.

Cette cire, après observation microscopique, révèle des traces de pollen, donc nous sommes en présence de cire d'abeille. Cette cire tient tout ensemble lame, lamelle et billes.
La disposition de ces dernières les unes par rapport aux autres a peut-être un intérêt. J'ai donc pris des photos avant de tout démonter.
J'y ai trouvé également des traces de la poussière noire que tu as prélevée avec l'aspirateur, mais cela tient peut-être au fait que cet objet a été « contaminé » par le contenu des autres tiroirs du secrétaire.
2) Le mouchoir bleu : il contient des traces ténues de maléate de timolol, un médicament connu destiné à réduire la tension oculaire et qui s'administre, sur ordonnance, sous forme de collyre. Tu penses que ce mouchoir appartient au dénommé Rhaddiaunir, lequel se cachait dans la cabane de Mahakam. Je laisse ça de côté pour l'instant.
3) La poussière noire et les pierres : cette poussière, trouvée dans le secrétaire, ainsi que les pierres, trouvées dans la décharge, possèdent exactement les mêmes caractéristiques physicochimiques. Il s'agit d'un élément d'origine intégralement minérale. J'en ai confié un échantillon ainsi que sa signature spectrographique à un laboratoire de géologie rempli de machines performantes et de gens très compétents (qui, pour l'instant, ne savent pas ce que c'est). Je peux simplement te dire que j'y ai dépisté des traces de soufre natif. Le soufre natif est un élément de faible densité fréquemment présent dans les gaz émis par les volcans en activité. On le trouve aussi dans les cratères, dans les restes érodés des structures volcaniques et comme dépôt associé aux sources chaudes.

Sénéchal fronça les sourcils. *Des billes de verre recouvertes de cire ?* Mais c'était devenu humide quand il l'avait mis dans le sachet pour l'emporter. Le gamin de Mahakam lui en avait même fait la remarque... *Et du soufre venu des volcans ? Mahakam l'aurait rapporté de ses balades sur les volcans avec ce type, ce Rhaddiaunir qui se planquait dans la cabane de la veuve avant de s'envoler?*

4) Venons-en aux chaussures. Un champignon microscopique avait commencé à en attaquer le cuir. Ce champignon a survécu au voyage en avion jusqu'à mon labo, malgré les changements de température et d'hygrométrie. Mais il y avait quelque chose d'autre qui intéressait également ce petit champignon, quelque

chose à digérer qui se trouvait *à l'intérieur* des chaussures : une poudre de débris végétaux, légèrement fermentée. Ces débris ont été identifiés, après analyse du pollen, par Lou, notre vieille copine ethnobotaniste, comme étant des écorces finement broyées d'albizzia.

Pour ton édification (et la mienne), l'albizzia est un arbre. On l'appelle aussi « arbre de soie » ou « acacia de Constantinople ». Il pousse un peu partout. Il donne des fruits en forme de gousse et il rappelle le mimosa. Son écorce – toujours selon Lou – contient des substances nommées saponines, qui simulent les propriétés du savon. Cette poudre vient-elle de la décharge ? Est-ce dans un souci d'hygiène que notre homme mettait de l'albizzia dans ses chaussures ? Est-ce là une habitude prisée en Indonésie ?

J'ai également trouvé les traces d'autres substances dans ses chaussures, plus précisément dans les semelles. Il y a peut-être une ptomaïne, ou quelque chose d'approchant. Mais elle peut provenir d'un animal crevé dans la décharge.

Je travaille sur le tissu qui recouvrait le fauteuil de Mahakam. Bien entendu, je te tiendrai informé au plus vite, mais je dois finir auparavant un autre boulot urgent pour Dame Pottier.

À très bientôt.

Ne te goinfre pas de plats épicés, l'ulcère te guette. Quant à moi, je me porte bien, grâce au ciel.

Lucrèce

P.S. : Ça te dit quelque chose, la tunique de Nessus ?

Lucrèce parlait de substances totalement inconnues de Sénéchal. Des ptomaïnes ? Étaient-ce des drogues ? Comme la cocaïne, l'héroïne ? Venues d'un animal mort ? Et la tunique de Nessus, nouvelle devinette signée Lucrèce... L'écoflic fouilla dans sa mémoire... Nessus, un truc mythologique qui avait un rapport avec Hercule et ses douze travaux d'assainissement. *Voyons voir...* Est-ce que ça avait aussi un rapport avec les chimères ?

Il empoigna son ordinateur et rédigea un mail pour Lucrèce, un mail qui se terminait par :

... et j'en ai marre des devinettes ! N'oublie pas que cette enquête est ultraprioritaire, et ne remets plus les pieds dans mon bureau, sinon je te fais embarquer comme ptomaïnomane.

Cherche, Lucrèce, cherche !

À bon entendeur, salut !

52.

Temporairement restauré, le petit os dans son sachet plastique en poche, Sénéchal monta dans son 4 x 4 et parcourut quelques centaines de mètres avant d'être bloqué à la sortie d'un virage par un camion rouge et des ouvriers qui s'affairaient autour d'un tuyau d'eau crevé, outils en main. L'eau jaillissait sur la chaussée en bouillonnant. Il ouvrit sa fenêtre et demanda à un homme qui supervisait les travaux :

— Qu'est-ce qui se passe ?

— Une conduite qu'a pété.

— C'est de l'eau potable ?

— C'est de l'eau pour l'irrigation... On fait le basculement.

— Le basculement ?

— Cette île est mal foutue. Il y a de l'eau que dans une moitié et pas dans l'autre, alors on l'amène à travers la montagne pour irriguer les plantations de canne sur la moitié qu'a pas d'eau.

— Ça doit être un sacré boulot, non ?

L'homme s'épongea le front du revers de la main.

— On creuse jusqu'à mille mètres de profondeur dans la roche. On bosse surtout la nuit, à cause de la chaleur. On a d'ailleurs deux machines plantées au fond, perdues pour toujours... des gros engins, des tunneliers. Bon, va vous falloir attendre un peu pour passer. On rouvrira la route quand on aura réparé ça.

Sénéchal remercia, piocha dans sa boîte à gants, en sortit un CD (sa version favorite de « Sympathy for the Devil », par les Gun's N Roses) et l'introduisit dans l'autoradio. Puis il se plongea illico dans l'étude de la carte de l'île pour y chercher une autre route.

Le muséum de Saint-Denis possédait le charme désuet des grandes bâtisses coloniales. Il était situé au fond d'un parc où s'épanouissaient beaux arbres, fleurs odorantes, plantes ornementales et massifs colorés. Les bruits de la circulation toute proche étaient étouffés par la végétation. Devant la porte, un gaillard noir en uniforme toisa Sénéchal et sortit de sa poche un sifflet chromé. Il gonfla ses joues et lança une stridulation véhémente en direction de trois gamins armés de badines, un peu plus loin, qui s'étaient mis en tête de dévaster un massif de flamboyants. Les mômes s'égaillèrent telle une volée de moineaux. Sénéchal porta la main à son oreille.

— Vous avez failli me rendre sourd. Vous devriez plutôt leur tirer dessus. À cette distance, vous ne pouviez pas les rater... J'ai rendez-vous avec la conservatrice, je m'appelle Sénéchal et il se trouve que je suis policier.

Le gardien le guida à travers une salle aux murs recouverts de vitrines contenant papillons séchés, squelettes et oiseaux empaillés. Une mezzanine surplombait la pièce. Il le précéda à l'étage, l'escalier bien ciré grinçait sous leurs pas, une vague odeur de naphtaline couvrait par instants les fragrances des fleurs qui entraient par les fenêtres. L'écoflic admira, tout en suivant son mentor, le squelette debout d'un oiseau, une sorte d'autruche rapetissée au bec large et recourbé. Une sculpture en plâtre, en vis-à-vis, représentait l'oiseau tel qu'il était de son vivant. Il demanda :

— Qu'est-ce que c'est, cette bestiole ?

— Un dodo réunionnais... Un gros zoiseau qui vivait dans l'île, il y a longtemps.

Le gardien fit un sourire éclatant au visiteur.

— Mais on les a tous bouffés.

Il reprit son masque de fonctionnaire efficace, fit quelques pas et frappa cérémonieusement à une porte. Il s'effaça pour laisser entrer Sénéchal.

Derrière un bureau recouvert d'un incroyable bric-à-brac de plantes, de fossiles, d'échantillons divers et de paperasses, une grande dame aux cheveux blancs le regarda venir. Son chignon tiré sur les tempes lui donnait l'air d'une sévère institutrice. Sa robe à fleurs, pleine de gaieté, démentait cette première impression.

Elle jeta un coup d'œil désapprobateur aux bretelles du visiteur, se leva et lui tendit une main ferme par-dessus le bureau. Elle dit : « Très heureuse », puis elle fit un peu de place devant elle, dérangeant quelques plantes et transférant les feuilles des dossiers vers un meuble métallique curieusement recouvert d'un napperon brodé.

— Excusez-moi, je ne vous attendais pas si tôt... Montrez-moi un peu ça, s'il vous plaît.

Sénéchal posa côte à côte sa carte de la FREDE et le sachet contenant le petit os. Il fit pivoter la carte de manière qu'elle puisse la lire. Elle se pencha.

— La FREDE ? C'est étonnant, j'avais du mal à vous croire, au téléphone.

— Parfois, moi-même j'ai du mal à croire que j'y travaille...

— Hum. Bien, voyons cet os.

Elle ouvrit avec une clé le tiroir du bureau, en sortit une pince à épiler recourbée et s'en servit pour saisir le sachet et le porter devant la fenêtre. Puis elle tritura l'os à travers le plastique.

— Intéressant. C'est l'os d'un animal qui ne vit pas dans notre île.

— Comment pouvez-vous le savoir du premier coup d'œil ? Ça me paraît, euh...

La grande dame se retourna vers lui, une lueur ironique dans la pupille.

— Parce que cet os, ou plutôt ce groupe d'os, cher monsieur le détective – ainsi qu'il est écrit sur votre carte –, sont les vertèbres élastiques d'un serpent. D'un gros. Et il se trouve qu'à la Réunion, nous n'avons pas de serpents de cette taille...

Sénéchal ressortit en sifflotant du muséum.

La conservatrice lui avait promis de prendre conseil auprès d'un spécialiste, pour identification, s'il voulait bien lui confier le sachet. Elle lui avait promis également que l'os ne bougerait pas de son tiroir fermé à clé. Puis elle lui avait exposé le fait que la colonne vertébrale des serpents pouvait compter de cent soixante à quatre cents vertèbres. Sénéchal lui avait demandé où il pourrait trouver les plus gros serpents à proximité de l'île de la Réunion. Elle n'avait pas hésité :

— Je crois savoir qu'on recense actuellement soixante espèces de serpents sur la grande île de Madagascar, notre voisine. On y trouve même trois espèces de boas.

Elle avait ajouté . .

— Des grosses bêtes, monsieur le détective. Dans les deux mètres cinquante, trois mètres. Et elles possèdent des détecteurs thermiques personnels qui leur permettent d'attaquer dans le noir absolu.

53.

— Charles Designe à l'appareil.

— Ici le détective Sénéchal, de la FREDE.

— L'éco... euh... policier, c'est ça ? Qu'est-ce que vous voulez ?

La communication avec le bateau était excellente, malgré un léger écho.

— Je souhaiterais vivement vous parler au plus tôt, à M. Ziegler et à vous-même. Vous devriez arriver aujourd'hui au Port, non ?

— On ne va pas au port du Port aujourd'hui. On a mouillé dans une crique bien abritée au sud de l'île. Parce que, pour le moment, on est dans le calme plat. Mais le baromètre descend. Après le calme plat, ça risque de chauffer méchamment si le cyclone se pointe.

— Où êtes-vous exactement ?

— Près du Puits des Français. On remontera au nord de l'île demain ou après-demain, selon la météo.

Sénéchal lui demanda de rester en ligne, déplia sa minicarte de l'île et y jeta un coup d'œil. Il estima qu'il devrait rouler plusieurs heures avant d'arriver là-bas par la route de la côte.

— Parfait, je viens vous voir ce soir.

— Ce soir ? Non, non. Impossible. Ça peut bien attendre, vos histoires, monsieur le fonctionnaire, nous, on doit...

— Ne me faites pas insister de manière plus officielle, monsieur Designe. Je veux vous voir au plus tôt.

L'autre grogna un juron, garda le silence un instant, puis déclara :

— Attendez.

Il revint au téléphone et dit, en poussant un nouveau soupir :

— Vous comptez venir à quelle heure ?

Sénéchal fit une rapide estimation.

— Vers vingt heures. Je vous appellerai par téléphone dès mon arrivée sur place.

— Hmm. Vingt heures. Je viendrai vous chercher avec le dinghy. On n'est pas loin de la côte... Vingt heures, hein, pas plus tard ! Il faut que nous préparions le bateau au cas où le cyclone arrive... vous me suivez ? J'ai l'impression que l'art nautique et vous, ça fait deux, hein ?

Sénéchal se sentait épuisé par la route qu'il avait parcourue depuis Saint-Denis, et le décalage horaire avec la Malaisie se faisait cruellement ressentir. Il arriva au Puits des Français alors que la nuit tombait. Le ciel rougeoyait du côté du volcan, à une quinzaine de kilomètres de là, et il se demanda si le piton de la Fournaise entrait en éruption au moment des cyclones, ou bien s'il attendait gentiment que la tourmente soit passée pour cracher dans le ciel des tonnes de lave en fusion qui se répandraient sur les routes.

Il rangea sa voiture devant un ponton métallique éclairé qui dominait la plage et s'avançait assez loin dans la mer d'huile. Il n'y avait qu'un seul bateau au large. Sénéchal reconnut le yacht de Ziegler, ses feux de position découpant au loin, dans l'obscurité, la silhouette du voilier. Sur sa droite, les lumières du cap créaient une guirlande lumineuse un peu floue.

Il empoigna son téléphone et décrivit brièvement à Designe l'endroit où il venait d'arriver. L'autre grommela et lui affirma qu'il serait au ponton dans dix minutes. L'écoflic cueillit ses demi-lunes dans sa poche de poitrine et relut ses notes éparpillées sur des bouts de papier agrafés ensemble.

À peine arrivé à bord, Designe ouvrit la porte de métal du salon-bar et passa devant l'écoflic, qui lui emboîta le pas et referma la porte derrière lui. Le rondouillard se glissa ensuite derrière le bar et y prit un attaché-case d'homme d'affaires. Sénéchal s'installa confortablement dans un fauteuil club, face à un canapé de cuir fauve assorti. L'homme au short fluo, qui ne paraissait pas soucieux d'offrir à boire à son hôte, s'assit sur le canapé, posa l'attaché-case à plat à ses pieds, le regarda et déclara :

— Hans termine un truc. Vous allez donc être obligé de me faire la conversation. Je vous ai trouvé particulièrement ennuyeux, la première fois que je vous ai vu. Sans vouloir vous froisser, bien sûr... Mais vous avez peut-être fait des progrès.

Il se tortilla sur son canapé et sortit de sa poche arrière son étui à cigarettes en argent qu'il posa à côté de lui sur le cuir patiné. Il admira l'effet visuel produit par la combinaison des deux matières et du revers de la main essuya sa bouche, l'air satisfait.

— Bon, alors, vous venez encore nous parler de votre sélatruc, ou vous avez trouvé d'autres centres d'intérêt, depuis ?

Sénéchal étendit ses grandes jambes et leva les yeux sur son interlocuteur.

— À votre place, je parlerais avec un peu moins – comment dirais-je ? – d'alacrité, pour reprendre le terme de ma supérieure hiérarchique. Car il se trouve que j'ai effectué récemment un voyage d'étude passionnant dans l'Asie envoûtante et mystérieuse. J'y ai croisé un M. Takenushi, délicieux vieillard qui semble bien vous connaître, puis un spécialiste des scarabées et un homme qui avait peur des chimères...

Designe leva la main.

— Stop... Stop ! Je vois que vous n'avez fait aucun progrès, vous ne savez toujours pas raconter.

Il observa une seconde son étui à cigarettes posé à côté de lui, soupira, prit au sol son attaché-case. Il fit jouer les serrures, l'ouvrit et en sortit tranquillement un pistolet-mitrailleur Heckler et Koch, dont il pointa le canon sur Sénéchal.

— Surprise, hein ?

L'écoflic ouvrit la bouche, saisi, puis il dit lentement :

— Ne jouez pas avec ce truc, Charlie, s'il vous plaît, c'est terriblement dangereux.

— Vous trouvez aussi ? Alors ne bougez pas une oreille sinon je vous bute tout de suite, trou-du-cul ! Et donnez-moi votre flingue... Vous avez bien un flingue ?

Son visage poupin s'était empourpré. L'arme qu'il tenait par la crosse avait l'allure d'un pistolet automatique surdimensionné, mais la poignée fixée sous son canon indiquait qu'elle était faite pour être tenue à deux mains et cracher la mort plusieurs fois par seconde.

Sénéchal leva une large patte apaisante et énonça, de son ton le plus persuasif :

— Charlie, ne secouez pas trop cet engin et calmez-vous... Et je ne porte pas d'armes, je les désapprouve... Nous avons dû mal nous comprendre, nous allons en discuter tranquillement.

— Fermez-la, pauvre con. Hans est occupé là-haut pour l'instant, mais il va nous rejoindre. Ça fait un bon moment que vous nous emmerdez, monsieur le flic.

— Permettez-moi de vous rappeler que je suis un policier, Charlie, et que c'est très très mal vu de les assassiner. Pourquoi ne pas plutôt flinguer un passant ordinaire ? Je ne sais pas, moi, un dépressif sans famille ?

— Vous essayez de me faire rire, sans doute ? Ça, c'est loin d'être gagné !

Designe lui jetait des regards venimeux et sa main tenant la crosse du Heckler s'était affermie. Sénéchal, hypnotisé par l'orifice du canon, s'efforçait de ne pas paniquer. Il se raisonna : *Du calme. Si ce type avait le projet de me tuer, il l'aurait déjà fait. Pourquoi il l'a pas fait ? Pour ne pas salir la belle moquette ? Parce que je viens de lui dire quelque chose qui l'a inquiété ? Du calme... Il attend quoi, en réalité ? Il n'attend que Ziegler ? Il faut que je le fixe lui, pas son flingue, il faut qu'il continue à parler...*

— Vous savez, Charlie, il y a pas mal de gens qui savent que je suis à votre bord, et je...

— Taisez-vous ! Taisez-vous, je ne veux plus vous entendre ! Et cessez de m'appeler Charlie !

Sénéchal crut percevoir un bruit à l'extérieur, un « plouf » lointain. Mais l'homme qui le menaçait semblait n'avoir rien entendu.

Designe respira profondément. Il frotta sa paume gauche contre sa chemise et saisit la poignée sous le canon pour stabiliser son pistolet-mitrailleur.

— Pauvre con de flicard, nous avons des projets, avec Ziegler et d'autres amis. De beaux projets. Des projets de gens de notre âge, encore jeunes, mais expérimentés... Nous travaillons beaucoup sur ces projets, nous en sommes fiers. Nous ne sommes pas de ceux que la vie ballotte ici et là. Ceux qui se laissent couler. Non. Nous avons une entreprise, nous. Des clients, des actionnaires, des responsabilités, nous ne sommes pas des abrutis de flics à la con qui touchent trois ronds à la fin du mois pour faire chier les autres. Nous ne restons pas là, la gueule ouverte, à attendre que l'État providence veuille bien nous donner la becquée. Vous comprenez tout ça ? (Il transpirait et s'empourpra à nouveau.) Alors, moi, je trouve très décevant qu'un type de votre genre, un type qui n'a jamais pris le moindre risque financier de sa vie, se pointe ici et nous emmerde et nous mette des bâtons dans les roues !

Il hocha la tête d'un air désolé.

— Alors que nous nous crevons le cul à monter des affaires complexes dont il n'a pas la moindre idée ! Alors, moi, je dis : c'est tant pis si ceux qui viennent nous empêcher de monter nos projets finissent par avoir des problèmes, cher monsieur ! Je dis : c'est *normal* !

Sa voix monta dans les aigus, le canon de l'arme dans sa main se releva vers le visage de l'écoflic.

— Vous avez des problèmes monsieur l'écolo-flicard ? C'est nor-mal. *Normal !*

— Bien, bien, dit Sénéchal sur le ton d'un homme qui clôt l'assemblée générale ordinaire d'un comité d'entreprise ordinaire. Vous avez vidé votre sac, Charlie ?

Il soupira et se leva péniblement de son siège, comme pour partir.

— Alors si vous avez envie de fumer, ne vous gênez pas.

Designe jeta un coup d'œil involontaire sur son étui à cigarettes. L'écoflic lui arracha l'arme des mains et l'envoya valdinguer à l'autre bout du bar.

54.

Charlie regarda stupidement l'objet noir qui venait d'atterrir là-bas, dans l'angle de la pièce. Puis il comprit ce qui venait de se passer. L'immense type debout devant lui ne paraissait plus s'intéresser à quoi que ce soit, comme s'il observait depuis les coulisses une pièce de théâtre qui se jouerait sans lui. Designe se sentit d'un seul coup à sa merci. Il suffoqua de rage impuissante et de peur. Des larmes lui remplirent les yeux. Il fixa de nouveau le pistolet-mitrailleur immobile, dont l'orifice du canon, par le plus grand des hasards, était pointé sur son propre cœur. Il murmura d'une voix faible :

— Oh non !

Puis il se prépara à bondir sur l'engin de mort. Sénéchal le gifla des deux mains, à la volée, simultanément sur les deux joues. Le double choc produisit un son unique, un claquement clair qui se répercuta sur les boiseries du salon. Le visage de Designe vira au rouge.

Il ouvrit la bouche sous la douleur. Une onde térébrante lui vrilla les tempes. La pièce entière tourna. Ses larmes redoublèrent. Il était sonné. D'ailleurs, toute cette scène était irréelle...

Que se passait-il, maintenant ? Ah oui, le grand type ramassait la mitraillette et la pointait sur lui... Il transpirait à grosses gouttes... Il avait eu peur, lui aussi.

Designe tendit l'oreille, malgré le sifflement persistant et la douleur. Le grand type à quelques pas de lui hochait la tête, l'air furieux.

— ... pas comme dans les films, hein ? Pas l'habitude, hein ? Cran de sûreté pourtant énorme, là-dessus, non ? Est à gauche.

À gauche ! C'que c'est d'être incompétent ! ...pèce de trou-du-cul, Charlie !

Designe se sentit atteint dans son amour-propre, et, malgré les larmes brouillant sa vision, il observait chaque geste de Sénéchal. Et ce qu'il voyait ne lui plaisait pas... Le détective contrôlait le contenu du chargeur, manœuvrait le cran de sûreté du Heckler et Koch et vérifiait s'il y avait une cartouche engagée dans la chambre. Puis il dirigeait le canon de l'arme vers le plafond et faisait coulisser la crosse télescopique logée dans le dos de l'engin... L'avait l'air très à l'aise avec ce matériel, l'écolo.

Le grassouillet s'entendit déclarer :

— Je suis désolé, je...

La porte du salon s'était déjà refermée sur le détective.

Au-dehors, Sénéchal s'adossa à la porte métallique et respira un grand coup. Les feux de position du navire étaient éteints. Devant lui s'étendait la nuit noire. Puis il aperçut le pistolet-mitrailleur dans sa main, comme s'il venait de pousser à l'instant au bout de son bras. Il faillit le lâcher. La peur fondit sur lui d'un seul coup. Une sueur glacée lui coula dans les yeux. Il était trempé.

La vache... Qu'est-ce qui m'a pris ? Je suis dingue. Il aurait pu... La fatigue, c'est la fatigue... Tant mieux, bordel ! C'était la bonne décision.

Il répéta en tremblant :

— La bonne décision !

Il ouvrit de nouveau la porte du salon-bar. Ses yeux firent le tour de la pièce. Charlie avait disparu.

Il contourna le bar et le trouva recroquevillé derrière. Sénéchal lui appuya délicatement le canon de l'arme sur le visage et lui chuchota, l'air préoccupé :

— Je suppose qu'il y a une trousse à pharmacie dans ce bar ?

Une minute plus tard, l'homme au short fluo était allongé sur le ventre dans le canapé, les mains et les pieds solidement attachés par du sparadrap. Il avait un gros morceau de coton enfoncé dans la bouche.

Sénéchal, avant de ressortir, avait prudemment éteint toutes les lumières de la pièce, laissant Designe dans le noir. Dehors, il déploya de nouveau la crosse télescopique du pistolet-mitrailleur et dégagea le cran de sûreté. Il tripota le sélecteur sur le côté, en tâtonnant dans l'ombre épaisse.

Ça, ça doit être la position coup par coup...

Il fut soudain ébloui par une lumière violente accompagnée du « chlac ! » d'un commutateur, quelque part au-dessus de lui. Il s'accroupit immédiatement derrière le rempart formé par le pont-cabines. Il monta quelques marches de l'escalier extérieur et passa la tête pour savoir ce qui se passait sur le pont supérieur.

Tout l'avant du bateau était éclairé par des projecteurs semblables à ceux du sous-marin de poche. Des projecteurs de cinéma. Derrière les haubans, l'écoflic aperçut, en pleine lumière, une bâche qui recouvrait une forme volumineuse. Il n'y avait pas un souffle d'air et rien ne bougeait sur le pont supérieur. Il se déplaça et distingua, au second plan, le petit sous-marin dont le poste de pilotage de plexiglas reflétait les lampes des projecteurs.

Quelque chose remua sur la gauche de l'engin. Le détective monta une marche pour mieux observer, gêné par la lumière. À la base d'un des mâts se tenait, de dos, un homme en combinaison de plongée luisante d'eau. Il s'activait à une tâche que l'écoflic ne put déterminer.

L'homme en combinaison tripota de sa main gantée sa capuche d'homme-grenouille et Sénéchal vit fugitivement des cheveux blonds. Puis il se pencha, et l'écoflic comprit alors ce qu'il était en train de faire, le déplacement lui ayant révélé la forme caractéristique des bouteilles posées à ses pieds : Hans se préparait à plonger. *À plonger pour fuir ? Mais il a l'air plutôt de sortir de l'eau !*

Sénéchal pointa son arme dans sa direction et cria :

— Hans Ziegler ! C'est le détective Sénéchal qui vous parle ! Ne bougez plus... Vous ne me voyez pas, mais moi, je vous vois très bien et je suis armé !

Le Suisse ne se retourna pas. L'écoflic renouvela son injonction. L'autre fit un pas rapide de côté et tous les projecteurs s'éteignirent d'un seul coup.

Sénéchal se baissa vivement, ferma les yeux, des lumières dansèrent un instant derrière ses paupières. Il jura, puis hurla :

— Hans ! ne faites pas le con !

Il entendit une série de bruits du côté du sous-marin, puis d'autres, un peu plus loin, sur la gauche. La colère l'envahit d'un coup : Ziegler allait s'enfuir...

La voix de Ziegler s'éleva. Elle parut à Sénéchal chargée d'anxiété, son accent était plus prononcé :

— Nous... Nous allons parler ensemble, si vous voulez !

Le Suisse se tint coi un instant, puis demanda, sur un ton plus aigu :

— Est-ce que vous êtes d'accord ?

Sénéchal ne parvenait pas à localiser l'endroit depuis lequel Ziegler avait parlé. Il dit d'une voix forte et distincte :

— Hans, rallumez les projecteurs, et allongez-vous sur le ventre près du sous-marin. J'ai bien dit : près du sous-marin. Et croisez les mains sur votre nuque. Je veux surtout voir vos pattes de devant ! Si vous avez une arme, n'y touchez pas... Et ne commettez pas l'erreur de croire que je ne vous tirerai pas dessus parce que je suis flic !

Il attendit, l'oreille aux aguets. Il ne se passa rien.

— Hans, je ne suis guère patient !

Hans gagnait du temps et en profitait pour se déplacer en silence. Sénéchal tourna la tête, tentant de percer l'obscurité. Hans le collectionneur, le chasseur équipé d'armes sophistiquées à visée infrarouge, était-il armé ? *Merde ! S'il a une lunette infrarouge, je suis foutu.*

Sur sa gauche, venant de la poupe, le mince trait d'un faisceau laser fendit l'ombre, le point rouge glissa le long des portes des cabines, venant lentement vers lui. Sénéchal se jeta au sol, cala son pistolet-mitrailleur contre son épaule, leva le canon vers la source de lumière et appuya sur la détente. À sa grande surprise, l'arme rua dans ses mains, tel un marteau piqueur fou, émettant un « trrrrrrrrrrr » rapide, accompagné du tintement des douilles et de courtes flammes qui le laissèrent un instant les yeux papillonnants.

Le faisceau rouge disparut.

Il essaya de saisir maladroitement la poignée du pistolet-mitrailleur et se brûla la paume sur le canon. *Merde ! Merde, j'ai mis le sélecteur sur « rock'n'roll ». Devrais faire gaffe avec cet engin... Les munitions...*

Le détective avait entendu ses propres projectiles frapper plusieurs surfaces du bateau, renvoyant des sons très différents. Il avait même perçu une étincelle quelque part dans le noir. Une balle avait dû toucher un câble électrique. Ou peut-être était-ce un ricochet sur du métal...

Il tendit l'oreille, mais il n'y avait plus d'autres bruits que le clapotis de l'eau sur la coque, les grincements des haubans et le « clang clang » permanent d'une drisse, là-haut dans les mâts. Il cria :

— Vous n'êtes pas mort, Hans, mon vieux ? Non ? Bon, c'est pas grave, je vais arranger ça ! J'ai encore mon arme de service... Est-ce que j'ai cassé votre petit jouet ?

Il changea la position du sélecteur du Heckler et Koch et tira en l'air une balle qui ricocha contre la mâture en faisant « piong ».

— On passe vraiment des grands moments, tous les deux, vous ne trouvez pas, Hans ?

Derrière son arme, il s'étonnait de ne ressentir aucune peur. Curieusement, il y voyait mieux, à présent. Autour de lui, les formes du voilier lui apparaissaient de plus en plus nettement. Il leva la tête vers les gréements qui se détachaient sur le ciel sombre où luisait une clarté laiteuse. Un mouvement de balancier du bateau les agitait avec lenteur. Les nuages s'étaient éloignés. Les lumières de la côte lui semblèrent plus pâles, et la mer scintillait derrière le bastingage.

Il monta sans bruit sur le pont et se mit à quatre pattes. *Il faut que je le coince à une extrémité de ce rafiot. Où peut-il se planquer ? Absolument partout. Il connaît ce bateau par cœur... Si je le vois, je le flingue, point. Non. Je ferais mieux de me tirer de là. Où est le dinghy ?*

Il crut entendre un gémissement, puis tous les projecteurs s'allumèrent ensemble, accompagnés d'un « chlac ! » bruyant, le laissant ébloui au milieu du pont supérieur, à quatre pattes et formant une cible parfaite en pleine lumière.

55.

Sénéchal s'aplatit au sol et roula sur le côté. Il entendit un vrombissement en même temps qu'un claquement sec à quelques centimètres de son visage. Il roula encore une fois sur lui-même et buta contre la bâche. Ce qui se trouvait sous la bâche, et qu'il avait heurté douloureusement, lui avait semblé être dur comme de la pierre. D'un bond rapide il se faufila derrière. Il leva son arme au-dessus de sa tête et orienta le canon dans la direction du sous-marin, certain que le curieux son qu'il avait entendu provenait de ce côté. Il appuya plusieurs fois sur la détente, les bras secoués par le recul. Il y eut un ricochet, une douille vide tinta à plusieurs mètres et l'odeur de la fumée lui remplit les narines. Un bruit de cavalcade lui parvint : son adversaire s'enfuyait vers la proue.

Il rampa le long de la bâche et glissa un œil prudent. Les bouteilles de plongée avaient disparu. L'arrière du bateau, là-bas, était resté dans l'ombre. Sénéchal ne bougea pas. Il souleva un coin de la bâche. Elle recouvrait une surface bombée. Il passa la main dessus. *Du ciment... Du ciment avec des plaques de corail incrustées.*

Une porte claqua quelque part sur le navire, derrière lui, dans l'obscurité de la poupe.

Sacré nom de Dieu ! voilà Charlie qui se barre... Il a réussi à se détacher !

Sénéchal suivit des yeux les fils des projecteurs jusqu'à un boîtier gris posé au sol, au milieu de câbles enroulés sur eux-mêmes. Il se préparait à bondir dans cette direction quand il entendit un « plouf » bien distinct à la poupe. Et à bâbord. *Quelqu'un a sauté à l'eau... Charlie ? Non, plutôt Ziegler, avec ses bouteilles.*

Il courut quelques mètres, évita un rouleau de cordage et sauta dans l'ombre au niveau du pont-cabines. Il se reçut mal sur le sol de teck et se releva en se cramponnant d'une main au bastingage, puis fonça en direction du bruit.

Il braqua le pistolet-mitrailleur devant lui et avança prudemment... L'eau noire miroitait, une brise créait des risées qui s'entrecroisaient à la surface. Le dinghy dansait doucement, vide. Sénéchal braqua son arme par-dessus la rambarde. Au moment où il s'apprêtait à descendre quelques marches de l'échelle de coupée, il y eut simultanément un « toc » violent dans la rampe de bois sur laquelle il s'appuyait et un scintillement dans l'eau en contrebas, comme si un poisson venait d'en sauter. Il se recula vivement.

— Qu'est-ce que c'était que ça ? Bon, la radio, vite, la radio... Et Charlie ? Où est ce con de Charlie ?

Il avisa, là-bas, la porte fermée du salon-bar. Il s'y dirigea, aux aguets. Il s'accroupit devant le panneau de métal, tendit la main vers la poignée, ouvrit la porte à la volée et braqua son arme à l'intérieur. Il se releva et alluma la lumière. Charlie n'avait pas bougé. Sénéchal s'approcha, intrigué.

Cerné par une marque bleuâtre, l'empennage de plastique noir d'une fléchette dépassait de sa nuque. Les yeux morts de Designe semblaient encore remplis de colère.

56.

Les gendarmes Robert (biologie, balistique, explosifs), Coupe-en-brosse (empreintes digitales ou génétiques, faux billets, débris de voiture) et leur collègue s'affairaient sur le pont du voilier comme trois bons petits diables. Ils avaient déployé un attirail complet d'investigation scientifique et se passaient pinceaux, flacons et instruments divers. Ils prenaient également de nombreuses photos.

Sénéchal étouffa un bâillement. Quelques minutes après sa découverte du corps de Designe, le ciel avait déversé des trombes d'eau qui avaient balayé le pont. Le bateau s'était mis à danser, le crépitement ininterrompu de l'eau sur sa coque avait duré plusieurs heures, puis le grain s'était arrêté net. Pendant ce temps, l'arme à la main, l'écoflic avait exploré le yacht dans ses moindres recoins après avoir remonté l'échelle de coupée sur le pont. Il avait visité les cabines de Charlie et de Ziegler, avait pu vérifier que le coffre aux armes était fermé, puis il avait rallumé les feux de position ainsi que les projecteurs. Il était trempé, épuisé, sa cheville lui faisait mal et il avait craint que Ziegler ne revienne dans la nuit pour le tuer.

Enfin, il avait appelé par la radio du bord, décliné ses qualité et numéro d'identification, demandé qu'on lui envoie immédiatement du renfort et un médecin.

Au matin, un bateau pneumatique marqué « Gendarmerie » était arrivé avec, à son bord, le brigadier-chef Vannier accompagné de ses hommes munis de tout un équipement de plongée. Le corps de Charlie avait été emporté. Vannier avait écouté les explications du détective, pris note qu'un serrurier serait le bienvenu à bord pour déverrouiller toutes les portes du yacht, Sénéchal lui ayant expliqué également que seul Ziegler possédait la clé du coffre aux armes et qu'il faudrait donc le faire ouvrir aussi.

Le chef gendarme avait hoché la tête, comme un homme accablé, puis, d'un pas de grand propriétaire sudiste, avait arpenté le pont supérieur, les mains dans le dos, en se penchant chaque fois qu'il relevait un nouvel impact de pistolet-mitrailleur. Et tout particulièrement sur le sous-marin, dont le cockpit était perforé de deux trous bien ronds aux contours laiteux. Il s'était hasardé à constater devant Sénéchal :

— On dirait que vous avez fait pas mal de dégâts, ici !

La colère foudroyante du géant mal rasé et aux yeux battus que cette réflexion avait déclenchée avait immédiatement rendu plus fluides les relations inter-polices.

Le gendarme Robert, pestant contre la pluie qui avait effacé la plus grande partie des traces, avait ensuite fait frémir Sénéchal en lui montrant l'impact d'une balle de gros calibre (« Pour la chasse à l'éléphant errant, à mon avis, m'sieur l'écolo »), balle que Sénéchal avait alors estimée être passée à cinquante centimètres de sa tête lorsqu'il avait mitraillé Ziegler et son viseur laser. Il expliqua au gendarme qu'il n'avait rien entendu, juste vu une brève lumière, comme celle provoquée par un ricochet dans le noir.

— Il vous a tiré dessus au silencieux, le gars. Et le bruit de votre arme a couvert le « pschit » de sa carabine de chasse. Z'avez eu chaud. Dommage qu'on l'ait pas, cette carabine. L'est p't'êt' passée par-dessus bord. On va plonger, de toute manière.

Robert avait ensuite froncé les sourcils.

— Vous êtes sûr qu'il était tout seul, ici, votre Suisse ? Je veux dire : à part le macchab' et vous ?

Le gradé et ses deux hommes étaient en train d'observer ce que Sénéchal avait trouvé sous la bâche. L'un des gendarmes disait :

— C'est des malins. Ils ont fabriqué une patate de corail.

Sénéchal demanda :

— Une quoi ?

— On appelle ça comme ça, parce que beaucoup de structures coralliennes ont la forme de patates géantes. Ils se sont donné du mal. Ils ont pris une grande caisse de bois et y ont collé des rouleaux de fibre de verre pour accrocher du fibrociment dessus et lui donner vaguement la forme d'une patate de corail. Ils ont ménagé des cavités à sa surface pour que la faune marine vienne s'y loger, et ils ont collé du corail branchu un peu partout dessus...

— Ça me rappelle quelque chose.

— Ah oui ?

— Les « têtes de citrouille » en fibrociment d'un certain Giran, écologiste marin de son état. Des structures de repeuplement qui imitent la création des communautés coralliennes, des sortes de HLM pour poissons. On installe dans la barrière naturelle ces fausses structures coralliennes qui concentrent bien la faune. Ziegler et compagnie ont dû les étudier de près au cours de plongées. Je comprends leur idée : on fabrique le cercueil en ciment, on met le corps du défunt dans la caisse, on scelle le couvercle.

— C'est ça, continua le gendarme. On le descend au fond avec le treuil du sous-marin au milieu d'un groupe de vraies patates de corail. On plonge pour fignoler, maquiller la surface avec des branches de coraux supplémentaires, et on le positionne joliment dans le paysage. Trois jours après, y a un monde fou : poissons, crustacés, oursins et bestioles diverses qui ont colonisé le, euh, cercueil. Et le corail repousse dessus, en prime. Fin de l'opération. Pas de corps échoué sur une plage, pas de morceaux de macchabées qu'un pêcheur retrouve dans ses filets. Le rêve, quoi ! Ni vu ni connu ! Ils avaient même percé des trous dans la base de la caisse, à travers le ciment, pour que les petits poissons puissent entrer et gueuletonner.

— Quel talent ! Je vais suggérer à ce bon Giran de vendre l'idée à une entreprise de pompes funèbres, au lieu de courir après les crédits de recherche. Ce genre de sépulture marine devrait faire fureur chez les écologistes.

Vannier demanda poliment à Sénéchal de le suivre. Il lui montra la rambarde de bois sur laquelle il s'était appuyé pour déterminer l'endroit où Ziegler avait plongé dans l'eau noire. Une fléchette de métal, longue de quelques centimètres, y était plantée profondément, son empennage dirigé vers le bas.

— Il vous a tiré dessus avec un P11. Depuis l'eau. Et il a tué Designe avec ça, à mon avis.

— C'est quoi, un P11 ?

— Un pistolet en plastique étanche et silencieux pour homme-grenouille.

— Épatant.

— Si on veut. Cet engin passe sans encombre la plupart des portails détecteurs de métaux

Sénéchal avisa, en contrebas, le bateau pneumatique. Il frémit rétrospectivement... *Si j'avais pris le dinghy pour revenir à la côte, il me butait avec son pistolet sous-marin avant que je ne touche la plage...*

Qu'est-ce que c'était que ce « plouf » qu'il avait entendu pendant que Charlie le menaçait de son arme ? Et pourquoi ce salaud de Ziegler avait-il buté son associé ?

Derrière lui, le gendarme Coupe-en-brosse terminait de fixer des bouteilles sur le dos de son collègue en tenue de plongée. Il vint vers l'écoflic accoudé au bastingage. Il toussota.

— Y a un problème, m'sieur Sénéchal. Vous faites combien, en hauteur ?

— Deux mètres et quelques dans mes meilleurs jours. Personne n'est parfait.

— Félicitations à vot' maman. Je viens de mesurer le cercueil en fibro. Il n'est pas du tout à vos mensurations. Désolé, mais vous n'auriez pas pu tenir dedans.

57.

— Pierre, c'est Ravier. Figure-toi que plusieurs super-héros ont décidé de se liguer contre Iceman, et...

— Tu as des informations sur Charles Designe ?

— Oui. Et pas de très bonnes... C'est un ex-génie de la finance, un Français domicilié à Bâle, qui est, sur le papier, partenaire dans Abyss. Un associé. Designe est, théoriquement, un spécialiste du conseil en entreprises. Ou, plutôt, était.

— Pourquoi « était » ?

— Il possédait son propre cabinet dans un paradis fiscal. Je dis bien possédait, car la boîte a été liquidée judiciairement l'année dernière. Dans des conditions difficiles. Il a fait une grosse faillite.

— Et qu'est-ce qu'il faisait, ce cabinet ?

— Il conseillait théoriquement des entreprises qui voulaient s'implanter dans des régions à risques, mais sa vraie spécialité était le placement en défiscalisation.

— C'est-à-dire ?

— En gros, des entreprises ou des gens fortunés, des financiers internationaux, lui confiaient des fonds qu'ils n'avaient pas versés au fisc de leur pays et le chargeaient de les faire fructifier dans des paradis fiscaux ou dans des projets juteux. Je ne sais pas si tout ça était très propre, on va essayer de vérifier. Le cabinet Designe, qui semblait florissant, a coulé à pic en quelques mois. Les biens personnels de Designe ont été saisis et vendus. Il semble même qu'il ait tenté de tripatouiller les comptes pour s'en sortir... J'ai cru comprendre que pas mal de gens souhaitaient vivement le rencontrer, vu qu'il était endetté jusqu'au cou, et ce jusqu'à la fin de ses jours.

— Intéressant, tout ça ! Ça devait l'arranger, de naviguer sur les flots bleus en permanence avec son copain Ziegler... Ah, insaisissable Charlie ! Je pense à quelque chose : une fondation océanographique pourrait faire une excellente couverture pour du blanchiment d'argent, non ?

— Ça me paraît un peu gros, tu ne trouves pas ?

58.

— Pierre, c'est Lucrèce.

— Ah ! Tu tombes bien, mon garçon, j'en ai marre de tes devinettes, et pourquoi est-ce que tu ne t'occupes pas de...

— Permets-moi de te couper la parole tout de suite pour te parler du tétrodon. Un poisson.

Sénéchal prit une profonde inspiration. Mieux valait ne pas brusquer Lucrèce.

— Je suis tout ouïe, c'est le cas de le dire. Allons-y.

— Donc, le tétrodon est un poisson des mers chaudes. Il est couvert d'épines. Il possède un bec corné qui lui permet de manger du corail. Et il a la capacité de devenir globuleux, d'où son surnom de poisson-globe.

— Manger du corail ? Pourquoi est-ce que tu me racontes tout ça ?

— Je vais y venir.

— Et qu'entends-tu par globuleux ?

— Quand il est inquiété ou irrité, ce poisson se gonfle d'air et prend la forme d'un globe. D'une boule.

— Mais tu fais très exactement la même chose ! C'est un de tes lointains cousins ?

— Très amusant... On en trouve sur de nombreux marchés tropicaux, où sa pauvre carcasse est transformée en un abat-jour rond d'un goût exquis.

— La bêtise humaine est sans limites.

— Mais il a un très gros défaut.

— Lequel, à part les ballonnements ?

— Ses viscères contiennent un poison très violent, une neurotoxine, nommée, évidemment, tétrodotoxine. C'est un venin cinq cents fois plus actif que le cyanure, cent mille fois plus que la cocaïne, pour te donner un ordre d'idées.

— Je vois. D'où son absence remarquée sur les cartes des grands restaurants, autres que japonais, en tout cas.

— Japonais ?

— Les Japonais ont des cuisiniers spécialisés dans le tétrodon, appelé poisson fugu, chez eux. Ils préparent cette bestiole pour des consommateurs avertis après en avoir retiré les bas morceaux venimeux. C'est tout un art.

— Il n'existe qu'un seul antidote à son poison. Dont les Canaques se servent : il s'agit d'une plante nommée *Duboisia.*

— Très bien. Bravo. Tout ça est passionnant. Et alors ?

— Alors ton type, Mahakam, a été empoisonné d'une manière très astucieuse. La tunique de Nessus, en somme.

— Quoi ?

— J'ai trouvé des traces de tétrodotoxine dans les chaussures de Mahakam. Ainsi que sur la housse qui recouvrait son fauteuil. Il y en avait certainement aussi dans ses vêtements...

— Veux-tu bien m'expliquer tout ça clairement ? Avec des mots simples ?

— Nessus était un centaure, une de ces créatures mythologiques mi-hommes, mi-chevaux, qui fut occis par Hercule pour avoir tenté de tuer son épouse, Déjanire. En mourant, Nessus donna sa tunique trempée de sang à Dejanire, la lui présentant comme un talisman qui devait lui assurer la fidélité de son athlète de mari. À condition qu'il la porte. Lorsque Hercule la revêtit, il éprouva de telles douleurs qu'il mit fin à ses jours.

— Nom de Zeus ! Ces centaures ont-ils un rapport avec les chimères, autres animaux mythologiques ?

— Je ne sais pas, pourquoi ?

— Pour rien... Les chaussures... Un empoisonnement par la peau. Merde alors !

— Comme tu dis. J'ai fait tourner un bon moment mon petit logiciel qui, comme tu le sais, recense plus de deux cents poisons et leurs antidotes... J'ai comparé les molécules trouvées dans les vêtements avec celles en mémoire dans ma bécane. Mais, évidemment, elle ne connaissait pas, car ce genre de poison est plutôt... exotique. Et quasi inconnu en Occident.

— Il y a des poissons-globes, en Indonésie ?

— Oui. Ce qui est intéressant, c'est que le venin du poisson-globe est passé lentement dans l'organisme de ce pauvre gars, jour après jour, à travers sa peau. Ça ne peut pas être accidentel. C'est un acte délibéré... Il y a sans doute un million de manières plus simples de tuer un homme, mais celle-ci a l'avantage d'être fort discrète. Je me suis renseigné : ce genre de mode opératoire n'est pas une spécialité indonésienne.

— Si Mahakam a été empoisonné et que son toubib n'a rien vu, c'est qu'il était dans le coup, non ?

— Plausible.

— Il faudrait demander une exhumation du corps de Mahakam.

— Il faut que tu persuades les autorités locales, et à mon avis...

— Ce type de meurtre n'est pas une spécialité indonésienne, dis-tu... Mais japonaise ? Tuer un homme qui veut protéger un poisson, le cœlacanthe, avec le venin d'un autre poisson, le tétrodon... Hum. Ne peut-on y voir une sorte de vengeance symbolique ? Après tout, Mahakam avait fait perdre la face au Japonais du PNUE, ce Saïto.

— Peut-être...

— Réfléchissons autrement... Ce venin a-t-il d'autres effets que de tuer ?

— On se sert de la tétrodotoxine en médecine du système nerveux central, mais avec de très grandes précautions... Je farfouille dans la pharmacologie et également dans des bouquins d'ethnologie pour essayer de savoir si ce genre de pratique relève de la médecine tribale. Ou de la sorcellerie. En tout cas, le poison de tétrodon est indolore par voie cutanée, contrairement au sang de Nessus. Peut-être y a-t-il parfois, dans certaines conditions, une réaction allergique au contact de l'épiderme.

— Ce que je ne comprends pas, c'est que Mahakam – même s'il a été empoisonné lentement – était apparemment devenu dingue avant de faire le grand saut. Ce poison rend donc fou ?

— Non. Elle nous pose donc un problème, cette folie. À moins qu'elle ne soit, disons, naturelle.

— Parle-moi des autres surprises, veux-tu ? C'était quoi la pto... ptomaïne ?

— La ptomaïne, mon cher détective, est un produit de la décomposition des cadavres. Certaines ptomaïnes répondent au doux nom de cadavérine. Elles sont connues de longue date, sont toxiques, et ont pour vertu de mimer les propriétés de certains poisons végétaux.

— Il y avait donc un autre poison dans les vêtements de Mahakam ?

— Ce n'est pas certain. Je n'en ai trouvé que dans les chaussures... Comme elles ont séjourné dans une décharge, la ptomaïne peut provenir d'un rat crevé ou d'une autre bestiole. À vrai dire, je n'ai pas encore trié toutes les molécules que j'ai trouvées. Mais, comme je te l'ai dit cent fois, pour trouver, il faut souvent savoir ce que l'on cherche. Et j'ai beaucoup de boulot... moi.

— Tu devrais t'intéresser à cette plante des Canaques, la duboimachin, là, non ? Et comme tu t'en es sans doute aperçu, mon bon Lucrèce, je n'ai pas eu la cruauté de t'interroger sur l'avancement de tes investigations concernant les protéines diverses et variées que tu as trouvées dans la flotte du bidon à tête de mort.

— Je t'arrête tout de suite. J'ai interrogé toutes les banques de données internationales existantes.

— Et ?

— Et ces protéines sont inconnues. Tout ce que je peux te dire, c'est que j'ai identifié dans cette eau un très grand nombre de traces d'origine végétale. C'est comme si cette eau... On dirait...

— Oui ?

— On dirait que cette eau a été mélangée à des plantes. Ou bien qu'elle a touché des plantes.

— Eh bien c'est une infusion, non ? De la tisane ?

59.

Le 4 × 4 noir du lieutenant Sankaran est garé à côté des vestiges calcinés de la voiture du défunt docteur Dusung. Le soleil tape et Edouardo, dont la veste est trempée de transpiration, regrette que la pluie qui les a accompagnés tout le long du chemin n'ait pas rafraîchi l'atmosphère plus de quelques minutes.

L'odeur ancienne de brûlé envahit les narines d'Edouardo, qui tourne autour de l'épave, jette un coup d'œil à l'intérieur, sur les sièges qui ne sont plus que d'informes masses charbonneuses. On entend au loin le bruit lancinant d'un moteur. Le petit moustachu fait ensuite quelques pas vers le hangar métallique dont plusieurs tôles ont jailli à quelques mètres, laissant des ouvertures béantes. Il hoche la tête à la vue des tuiles noircies et des bouteilles de bière (dont certaines ont fondu) qui jonchent la cour, et à celle des poutres calcinées surgissant des cendres agglomérées en gros paquets gris : tout ce qui reste de la maison carbonisée.

La portière arrière du 4 × 4 s'ouvre et Thamnir en surgit, l'air préoccupé. Un papier à la main, il désigne du doigt, en silence, un point sur le sol boueux, à quelques mètres. Edouardo a beau scruter l'endroit, il ne voit pas ce que lui indique le capitaine.

— La police a découvert là une barre de fer récemment affûtée – taillée en pointe à la meuleuse électrique. Avec du sang dessus. Le sang du mort. Cet homme avait également reçu une balle dans le bras.

— Vous m'avez dit qu'il avait été transpercé d'un seul coup ?

— Un coup de haut en bas. De cette manière.

Thamnir, papier en main, brandit une lance imaginaire audessus de la tête d'Edouardo, puis il l'abat, « Han ! » Edouardo n'aime pas cette reconstitution sur lui-même et recule involontairement. Thamnir ne sourit pas, ses lunettes jettent un bref éclat au soleil. Il se tourne et indique le bas de son dos, juste audessus de son ceinturon.

— La pointe de la lance est ressortie ici. Par chance, le légiste a pu localiser les perforations, même sur le cadavre partiellement brûlé.

— Vous ne trouvez pas curieux de tirer sur un type et de l'embrocher ensuite ? Pourquoi ne pas l'achever d'une balle ou deux ?

— Je l'ignore. On l'a peut-être embroché, comme vous dites, avant de lui tirer dessus.

— Ça n'a guère de sens...

— Selon le légiste, l'angle de pénétration de la lance indique que l'assassin – sûrement un homme – était très grand.

— Et d'une force peu commune pour réussir à traverser un bonhomme. Cela dit, la lance a dû passer entre les côtes, non ?

Thamnir ne répond pas. Il s'avance vers les décombres de la maison. Il montre de nouveau quelque chose au sol, dans la poussière mouillée. Edouardo a l'impression de le suivre dans un jeu de piste.

L'Indonésien s'accroupit et couvre du geste l'espace devant lui.

— Ici, avec les détecteurs de métaux, nous avons trouvé plusieurs balles, tirées du haut (il indique le ciel) vers le bas. L'une d'elles était profondément enfouie dans la terre.

Edouardo lève la tête vers un étage imaginaire, puis regarde la photo que le capitaine vient de lui fourrer sous le nez. Une photo ancienne aux couleurs passées, représentant une maison hollandaise pimpante, avec sa véranda à colonnades et son balcon. Devant la porte se tiennent deux hommes et une femme qui sourient au soleil. Des Occidentaux, portant des vêtements démodés.

— Où l'avez-vous dénichée ? C'est cette maison-là ?

— J'ai refait l'enquête de la police... J'ai retrouvé le petit-fils du propriétaire à Jakarta. Famille hollandaise. Riche. Le grandpère leur avait légué cette vieille maison. Ils n'en ont jamais voulu, ils l'ont laissée à l'abandon... Je n'ai rien trouvé de particulier – ni d'illégal – les concernant.

Le capitaine Thamnir pose l'ongle de son index sur la photo, à un endroit qui montre l'aplomb du balcon.

— Nous sommes ici. Les tirs sont partis du balcon qui était au-dessus. Ils étaient au moins deux, ici, selon le jeune ouvrier qui a trouvé les traces de la moto. Nous avons découvert dans les décombres des restes de boîtes de médicaments et un poste de télévision récent. Il y avait des outils dans la cour au-dehors. Ainsi qu'un broyeur de branches électrique assez ancien. Et surtout, nous avons découvert des restes d'engins remplis de substances incendiaires.

— De quelle nature ?

Le capitaine hésite. Puis il esquive la question.

— De nature indéterminée.

— Hum... Vous pensez à un piège ? On aurait attiré le toubib ici pour le tuer ? Et le bâtiment en tôle, là, il n'est pas sur la photo.

— Un homme s'est installé ici plus tard et a monté un petit atelier, d'après les policiers.

Thamnir se dirige vers le hangar et désigne à Edouardo, par l'ouverture d'une tôle manquante, l'ombre qui sent encore la fumée. Edouardo aperçoit des machines disloquées, des outils, des fils électriques consumés, du métal rouillé et enchevêtré dans les cendres. Derrière lui, Thamnir reprend :

— Il réparait les camions, les charrues, le matériel pour les paysans du coin. Il est mort il y a quelques mois.

— Comment ?

— Il s'est noyé dans une rizière... Peut-être.

— Et personne n'est venu voler le contenu de son atelier ?

— Après cela, l'endroit avait mauvaise réputation. (Le capitaine renifle.) Superstitions...

— C'est la police qui a trouvé les traces de la moto ?

— Non, ces policiers sont des imbéciles. C'est un des ouvriers qui a vu les traces. Un jeune garçon. Il est revenu le lendemain matin, très tôt. Sans doute pour voir s'il pouvait récupérer des choses qui avaient échappé au feu. Il a suivi les traces jusqu'au trou d'eau dans les bois. Il est allé en parler à la police, mais on ne l'a pas écouté.

Edouardo tend soudain l'oreille dans le silence tout neuf. Le bruit de moteur, là-bas, s'est tu. Il entend des exclamations lointaines, puis le téléphone de Thamnir sonne deux fois et se tait à son tour.

Thamnir regarde Edouardo. Edouardo a l'impression que

l'Asiatique est sur le point d'esquisser un sourire. Mais au lieu de cela, Hushni Thamnir, officier de renseignements attaché à la sécurité du territoire indonésien, déclare :

— Ils ont trouvé quelque chose, allons-y.

Lorsqu'ils pénètrent dans le bois, le capitaine en tête, les narines d'Edouardo sont assaillies par une puissante odeur de vase. Il contourne un camion de l'armée dont les roues sont à demi enfoncées dans la boue, un générateur d'électricité et des bidons de carburant sur sa remorque. Il manque se prendre les pieds dans un tuyau qui serpente entre les arbres, et finit par marcher dans une flaque verdâtre. L'eau tiède entre dans ses chaussures. *Merde ! En plus, il y a des moustiques par centaines, là-dessous... Pourquoi il ne suit pas le sentier à gauche, Thamnir ? Qu'est-ce que ça pue, ici... Foutu pays !*

Une branche le gifle au visage, l'arrêtant net dans ses réflexions, et il doit se courber tout en progressant pour suivre le capitaine dans les taillis. Devant eux, des voix leur parviennent. À mesure qu'il avance, Edouardo entend, de plus en plus proches, le débit rapide des hommes, les mots redoublés de la langue indonésienne, et, presque couverts par leurs voix, des bruits métalliques. Quelque chose qu'on traîne, sans doute avec des chaînes.

Ils débouchent dans la clairière où des hommes bottés et coiffés de casques de chantier travaillent autour d'un trou fangeux partiellement rempli d'eau. La plupart d'entre eux tiennent dans leurs mains gantées de longues tiges de métal souillées de terre. L'odeur de vase et de pourriture est insupportable. Des insectes énervés voltigent autour de la scène. Sur le bord du trou, une pompe plonge son tuyau graisseux dans l'eau fétide qui luit au fond. Des poissons et des grenouilles morts flottent à la surface. Il y a des pelles et des pioches partout, des bâches de plastique bleu. Une large planche supportant plusieurs objets est dressée sur deux tréteaux entre les arbres.

Trois hommes, vêtus uniquement de shorts, le visage grimaçant sous l'effort et le torse luisant de transpiration, hissent avec des chaînes quelque chose qui sort lentement de l'eau. Mais, depuis l'endroit où il se tient, Edouardo ne peut rien voir. Il contourne la planche posée sur des tréteaux. Il distingue un revolver brun-noir parmi les objets rouillés qui ont été sortis de la mare. Il avance vers le trou en soulevant haut ses chaussures à talonnettes remplies d'eau, et voit ce que les hommes torse nu sont en train de remonter avec les chaînes : une moto tout-terrain dégoulinant de vase.

Sous une traction brutale des hommes, un paquet de vase se détache et révèle quelque chose qui y est accroché par une sorte de lien entortillé autour du cadre. Des exclamations jaillissent. Edouardo reconnaît la partie supérieure d'un tronc humain et son bras unique qui pend. La main a disparu.

L'odeur de pourriture a brutalement monté de plusieurs crans. Les hommes casqués et bottés, leurs tiges métalliques en main, sondent la vase, de façon méthodique, chacun plantant son instrument devant lui dans un étroit périmètre. Pendant un moment, sous les frondaisons immobiles des cocotiers, on n'entend plus que le zonzonnement des moustiques et le bruit mouillé des bâtons métalliques qui se plantent en cadence dans la fange. Tout à coup l'un des hommes se penche en criant. Fouillant le sol de ses mains gantées, il en sort avec difficulté une boule noire gluante, la lève au-dessus de sa tête, et, sans plus de manières, la lance vers le bord du trou.

La boule atterrit non loin d'Edouardo. Le petit moustachu identifie un casque de moto. La visière est maculée d'une couche grasse. Edouardo s'accroupit et, d'un index prudent, la soulève. Un jus noirâtre en coule, puis deux orbites sombres le fixent.

De saisissement, Edouardo-le-magnifique manque de perdre l'équilibre. Les hommes au fond du trou éclatent de rire.

60.

Le lieutenant Sankaran conduit prudemment sur la piste défoncée. Il dépasse à faible allure une pancarte déglinguée indiquant la présence de nids-de-poule. Il a été obligé d'emprunter une voie étroite dans la forêt, car la route principale était coupée : deux ouvriers devant des panneaux leur ont fait signe de passer par l'autre côté. Il jette de temps à autre un coup d'œil aux chaussures d'Edouardo qui relâchent lentement de l'eau croupie sur le tapis de sol du 4 × 4. Il regrette de ne pas avoir mis le plaid qui est dans le coffre sur le siège du petit Français, dont le pantalon est également souillé de boue séchée.

De deux coups secs sur le bouton du tableau de bord, il monte la climatisation. Derrière lui, Thamnir parle en anglais à l'enquêteur moustachu.

— L'ouvrier a vu que les traces de moto s'arrêtaient à la mare. Il y avait également des traces de pas autour, partout. Une lutte. Deux hommes, selon lui. Dont un très lourd, avec des grands pieds. Il a suivi les empreintes de ces pas dans le bois, mais le terrain devient sec ensuite. À son avis, l'homme ne courait pas, il marchait.

— Alors ?

Un véhicule klaxonne derrière eux. Un camion porte-grumes qui fait des appels de phares. Le 4 × 4 se range sur le bas-côté et le camion le dépasse par la droite en rugissant. Il porte sur sa remorque de gigantesques troncs d'arbres qui tressautent à chaque cahot. Puis il s'éloigne devant eux dans un nuage de poussière rouge. Le 4 × 4 redémarre lentement.

— Qu'en pensez-vous ? reprend Thamnir.

— Il faut avoir beaucoup de sang-froid. C'est du boulot de professionnel. Mais pourquoi ce grand type n'a-t-il pas gardé la moto ?

Thamnir hésite.

— Parce qu'il en avait besoin pour lester le corps, qu'il ne voulait pas qu'on découvre. Parce qu'une voiture l'attendait. Peut-être.

Edouardo n'est pas satisfait. Il va prononcer la phrase qu'il a mûrie soigneusement depuis qu'il a quitté la maison brûlée et la mare. Il se racle la gorge et déclare enfin, sur un ton qui se veut ferme :

— Capitaine Thamnir, je me dois de vous faire quelques observations sur la manière dont vos gens traitent les indices, tel ce casque de moto contenant une tête humaine...

Edouardo se tourne vers son interlocuteur pour mieux asséner ses propos.

— Et j'aimerais savoir si le revolver que vous avez trouvé là-dedans...

Il s'interrompt : le visage de Thamnir reflète la stupeur. En haut de la côte qu'ils gravissent, le camion porte-grumes est maintenant en travers de la piste, dont il occupe toute la largeur. Les gigantesques troncs d'arbres chutent au ralenti, comme dans un rêve, rebondissent au sol et roulent vers eux à toute allure.

Un bruit semblable au tonnerre retentit.

Sankaran enfonce la pédale d'accélérateur.

61.

— Vois-tu, Pierre, disait Lucrèce au téléphone, j'ai réfléchi. Lorsque je t'ai appris que ce malheureux délégué du PNUE avait été empoisonné, tu m'as demandé si le venin du poisson-globe pouvait constituer une drogue qui rendait fou. Je t'ai répondu un peu vite par la négative. Puis je me suis intéressé à la plante nommée *Duboisia,* dont les Canaques se servent comme antidote de ce venin. J'ai demandé à Lou, notre copine ethnobotaniste, de me parler de cette plante. Et là, surprise : selon elle, la *Duboisia* a une cousine mieux connue, nommée datura.

— Le datura ? Mais j'en ai entendu parler, ici ! C'est la « feuille du diable ». Il pousse comme du chiendent, dans l'île. Il fait de belles fleurs jaunes en forme de clochette. Mais c'est un poison, non ? Pas un contre-poison !

— Doucement, doucement, souviens-toi de ce que je me tue à te seriner sans cesse : le poison, c'est la dose...

— Hum. À la Réunion, on utilise le datura à doses infimes pour lutter contre la toux et l'asthme, les rhumatismes, les maux d'estomac. On sèche les feuilles et on fait des fumigations, je crois. En usage externe, il sert à prévenir tout accident, du moins dans la magie locale.

— Comment sais-tu tout ça ?

— Ma logeuse m'a fait un cours sur les plantes, un soir.

— Selon Lou, les sorciers d'Europe, au Moyen Âge, utilisaient déjà le datura. Dans le monde entier, le datura est considéré comme la plante qui rend fou. Il s'agit d'un végétal toxique très puissant, dont deux principes actifs sont la scopolamine et l'atropine. La scopolamine n'est rien d'autre que le fameux « sérum de vérité » des films d'espionnage.

— Amusant.

— Ce que l'on sait moins, et qui a été découvert récemment, c'est qu'il contient une autre substance, un peptide, qui a un effet néfaste sur la mémoire.

— L'atropine, c'est quoi ?

— Une substance alcaloïde qu'on trouve également dans la belladone, chez nous.

— D'accord, d'accord. Et *ton* atropine ?

— À petites doses, elle a un effet calmant sur les spasmes. L'atropine est quelquefois utilisée comme médicament, entre autres dans le traitement de certaines pathologies cardiaques, pour accélérer le rythme du cœur. Les ophtalmologues t'en mettent également dans l'œil de façon à agrandir la taille de la pupille avant d'effectuer un examen.

— Les ophtalmologues ?

— Parfaitement. Et les belles Italiennes d'antan, pour faire briller leur regard, d'où le nom de la belladone... La *bella dona.* Veux-tu connaître l'origine du nom atropine ?

— J'en brûle d'envie.

— Cela va t'amuser : Atropos est le nom de la troisième Parque de la mythologie, celle qui coupe le fil de la vie. Les Parques sont des divinités qui présidaient à la destinée. La Parque *est* la destinée. La mort.

62.

Edouardo a la tête en bas. Sa ceinture de sécurité lui scie le cou et il n'entend que faiblement des bruits de chocs autour de lui. Il est sonné, sa tête a heurté le montant de la portière. Ou peut-être l'arceau de sécurité. Il voit des branches, des feuilles qui défilent devant le pare-brise, à la place où devrait se trouver le ciel. Bizarre... « Blang ! » Un autre choc. Le pare-brise devient opaque, ça tourne. On le secoue, il est comme dans une lessiveuse. « Blam ! » Ça repart dans l'autre sens...

Il fixe stupidement le tableau de bord et le mot « airbag » gravé dessus... Quelque chose ne va pas avec ce mot, mais il n'arrive pas à se rappeler quoi. Il a envie de dormir... On lui mouille la main... Il la porte à quelques centimètres de ses yeux. Il y a du sang dessus. Du coin de l'œil il entrevoit le visage du lieutenant Sankaran, son visage qui saigne, ses bras qui pendent dans le vide en s'agitant sur un curieux rythme, le sang qui gicle en gouttelettes sur le pare-brise, sur lui... Un grand bruit, un « bom ! » sinistre, puis c'est le silence...

Presque immédiatement, la climatisation de la voiture se met à ronronner gentiment. La mémoire du petit flic recommence à fonctionner exactement en même temps, comme une soudaine bouffée d'air frais, et il s'extrait douloureusement de son presque rêve. Les troncs d'arbres... Sankaran a fait une chose incroyable ! Ça lui revient, maintenant. Il a accéléré face aux troncs qui dévalaient la pente. Il a accéléré furieusement et, au dernier moment, il a jeté le 4 × 4 dans le sous-bois. Edouardo se souvient de l'ombre de l'un des troncs passant au-dessus de leur véhicule lancé à toute allure. De l'obscurité qui les a engloutis, des arbres percutés, du fracas, de la voiture qui se retourne, et puis... Et puis ça sent le carburant, le chaud, il y a la climatisation qui... *C'est pas bon du tout, ça.*

Il tend les mains vers le ciel et cherche l'attache de sa ceinture de sécurité. Tout à coup, une détonation retentit dans l'habitacle, un terrible éclatement qui manque lui crever le tympan. Il ressent une brûlure à la nuque, il se crispe, et quelque chose, un petit objet, tinte quelque part sur du métal. Il renifle l'odeur de la poudre. On a tiré un coup de feu à l'intérieur de la voiture. Il entend un bruit de verre pilé. Un bruit qui se répète derrière lui : Thamnir, à l'arrière, vient de tirer dans la vitre de sa portière, qui doit être bloquée. À présent, il donne des coups de pied furieux pour en faire tomber les morceaux.

Edouardo passe une main sur sa nuque. Rassuré... c'est la douille éjectée par le flingue du capitaine qui l'a brûlé en ricochant. Il tend l'oreille, il a entendu une branche qui se brise, au loin. *Quelqu'un va venir. Il faut se barrer... Vite !*

Il s'énerve, trouve l'attache de la ceinture de sécurité, se libère et tombe à l'intérieur du toit cabossé. Il voit Sankaran à l'envers, maintenu sur son siège par sa propre ceinture, le visage couvert de sang comme s'il portait un masque écarlate, les genoux pliés sous le volant et les bras inertes. *L'était pas malin, mais l'était courageux, ce gars-là.*

Edouardo s'allonge dans les débris de verre et tente d'ouvrir la boîte à gants, mais la trappe est coincée. Il lève la tête et avise l'automatique à la ceinture du lieutenant pendu au-dessus de lui... Un .38 spécial. *Ça ne lui servira plus...* Il enlève maladroitement la languette qui retient le lourd pistolet dans son étui retourné vers le bas. Il attrape l'arme avant qu'elle ne tombe. Puis il glisse sa main libre vers son cœur. Elle se referme sur la crosse de son flingue favori, qui n'a pas bougé de son logement. Il pousse. Clic !

C'est parti.

63.

L'homme se retourne vers la cabine du camion porte-grumes et saisit l'un des deux pistolets-mitrailleurs glissés sous le siège du conducteur. Il en passe la bandoulière par-dessus sa tête, fait jouer la culasse et se met en marche d'un pas souple. Ses brodequins de toile ne font quasiment aucun bruit sur le sol. Il jette un coup d'œil au gros radio-téléphone sur le plancher de la cabine, tend la main vers le combiné, hésite, puis change d'avis. Les deux autres lui ont dit de rester en couverture, mais en couverture de quoi ? ... Le coup est raté. L'« accident » est raté. Ils ont fait un truc insensé, ces types... Foncer face au danger... Incroyable !

Le nuage de poussière s'est estompé, il peut voir les dégâts causés sur le paysage par les mastodontes tombés de la remorque. Le sol de la piste de latérite paraît avoir été retourné par une charrue, des branches gisent par paquets au milieu du chemin de terre, il y a des feuilles tombées partout. L'un des gros troncs, encastré entre deux arbres, se dresse vers le ciel, en équilibre. Les autres forment un tas chaotique en bas de la pente, barrant totalement la route. C'est parfait. De toute manière, les gars déguisés en ouvriers se sont postés depuis un moment devant l'entrée de la piste, avec leurs panneaux de travaux. Cette piste qui se termine en cul-de-sac dans un kilomètre. Il est tranquille... Il a du temps devant lui avant la nuit... Soudain, il fronce les sourcils : il vient d'entendre un coup de feu, étouffé par la forêt. Il se met à courir, son arme tendue devant lui.

Il va les prendre à revers, ces porcs.

Thamnir, caché dans un fourré, accroupi sur le sol humide, a levé le chien de son Desert Eagle .357 qu'il tient à deux mains devant lui, ses yeux rivés au guidon. Du canon, il balaye lentement l'espace flou. Il a perdu ses lunettes et ses oreilles bourdonnent. Son dos lui fait mal. Il tente de s'orienter, mais il ne sait plus de quel côté se trouve la piste sur laquelle ils ont failli être tués. Il fait trop sombre dans cette forêt. Et il voit mal.

Il aperçoit uniquement, en accommodant sa vision, les roues arrière du 4 × 4, qui dépassent de la végétation, à une dizaine de mètres de lui. La voiture a été stoppée par un arbre. Il secoue la tête pour tenter de faire cesser le bourdonnement. À sa grande surprise, celui-ci disparaît, et il entend immédiatement, sur sa droite, des bruits de branches. Un oiseau s'envole en protestant... L'Indonésien écoute encore. Ils sont deux. Pressés. Ils viennent finir le travail.

Il devine un mouvement du côté de la voiture, là-bas... Est-ce son lieutenant ou le petit Français ? Les deux, peut-être. Il plisse les yeux pour mieux voir. En vain. Pourvu que personne ne tue les types qui arrivent. Pourvu que... Il faut qu'il attire les agresseurs vers lui.

Edouardo-le-magnifique se rappelle ce qui n'allait pas avec le mot « airbag » qui dansait devant ses yeux, tandis que la voiture retournée s'enfonçait dans les bois en arrachant des branches sur son passage. Et ce qui ne va pas, c'est qu'ils n'ont pas fonctionné, ces airbags, tout simplement... Tout simplement ?

Edouardo a mal au crâne et des occupations plus immédiates l'appellent. Car il entend, lui aussi, les types qui arrivent. Deux hommes, au moins. Et sûrement pas pour lui porter secours.

C'est le flingue de Thamnir qui vient de faire ce boucan... Pas très loin, devant. Sur qui a-t-il tiré ?

Edouardo n'arrive pas à localiser l'origine du deuxième coup de feu. *Pourvu qu'on ne se tire pas dessus tous les deux, on n'y voit rien, là-dedans.*

Les deux hommes ont des gourdins à la main. Ils sont habillés de chemises noires, de sarongs foncés qui leur battent les mollets, et leurs pieds sont nus. Ils sont coiffés des turbans noués sur le devant. Le premier, un maigrichon au nez cassé, l'air nerveux, porte un revolver dans un étui de hanche élimé. Tous deux scrutent l'obscurité de la forêt, les sens en éveil. Ils cherchent d'où provient le coup de feu. Ils ne bougent plus. Le plus grand, qui arbore une barbiche taillée en pointe, tripote une fine chaîne à son cou. Il s'agenouille et observe de nouveau les traces au sol. Puis il tend le bras, paume ouverte, vers un bosquet, là-bas.

Nez-cassé aperçoit la trouée dans un rideau de feuillages : c'est par là qu'est passée la voiture folle. Il dégaine prestement son revolver, puis se ravise. Il jette un coup d'œil à son compagnon, sort deux pilules blanches de sa poche de chemise, les garde une seconde au creux de la main, puis en tend une au barbichu. Celui-ci l'avale. Nez-cassé prend lui aussi une pilule avant d'ouvrir la marche d'un pas prudent. Dans quelques secondes, il sera plus fort...

Le barbichu regrette d'avoir laissé son pistolet-mitrailleur dans le camion. Mais il est trop tard pour y retourner, il faut terminer ça vite. Et il a son kriss. Il sait s'en servir. Il n'a pas peur.

Il porte à ses lèvres la médaille accrochée à sa chaîne et s'enfonce plus profondément dans la forêt, à la suite du maigrichon au revolver.

Edouardo est embusqué derrière un arbre au tronc rugueux dont le feuillage bas le gêne pour surveiller le sous-bois. Sa brûlure au cou lui fait mal, et il s'aperçoit que sa chemise est déchirée à plusieurs endroits. Par un trou dans sa manche, il avise son bras couvert de multiples coupures causées par les débris de verre. Son sang a goutté sans qu'il s'en aperçoive, laissant sa trace au sol. Il s'accroupit, se relève, ne sachant comment se poster – ne devine pas, à trente mètres derrière lui, la présence de l'homme qui se courbe sous les branches derrière son pistolet-mitrailleur et avance sans bruit dans sa direction.

64.

— Sénéchal ? C'est Ravier. Je te rappelle pour la traduction des documents qu'Edouardo a envoyés, tu te souviens ? Les documents en japonais trouvés dans la cabane de ce Mahakan ?

— Oui, merci, vieux, j'arrive même encore à me souvenir de toi, c'est encourageant, non ?

— Bon, ben, vous avez mis la main sur des éléments ultra-sensibles. Il n'y a même pas assez de niveaux de sécurité à la FREDE pour les classifier. Je crois que Dame Pottier est en ce moment même en communication avec le Président en personne, et elle a le Pentagone en attente sur une autre ligne.

— Arrête ! Ils parlent de quoi, ces documents ?

— Alors, là, tiens-toi bien, tu devineras jamais.

— Ravier !

— D'accord, d'accord. J'espère que tu es assis, parce que c'est de circonstance, cette position...

— Ravier ?

— Je te balance tout, tu l'auras voulu. Selon les experts, ces documents top secret décrivent un système, avec des calculs et tout et tout.

— Un système de quoi ?

Sénéchal entendit un rire pareil à un rugissement au bout du fil.

— Un système de chiottes, mon gars ! Des chiottes pour des immeubles japonais ! Encore bravo, hein ! on est tous bluffés, ici.

65.

L'homme au pistolet-mitrailleur s'avance vers la voiture retournée qu'il distingue de mieux en mieux à mesure de sa progression : de face, sa calandre inversée pliée contre l'arbre penché, ses roues en l'air, la tôle déformée par endroits, le toit partiellement enfoncé dans le sol. L'arrière de l'engin est surélevé par rapport à l'avant, des branches et des feuilles sont tombées sur la carrosserie. La portière arrière est entrouverte, la vitre cassée. Miraculeusement, les deux petites vitres opaques proches du hayon arrière sont intactes. Il n'y a aucun signe de vie...

L'Indonésien met la voiture en joue, attend un peu, avance encore, plus près, puis la contourne d'un pas souple de danseur, le doigt sur la détente. La vitre du côté du conducteur est également brisée. Il se penche précautionneusement, dirige le canon de son arme vers l'intérieur, et voit les ceintures de sécurité qui pendent, la flaque de sang sur le plafond du véhicule retourné, côté conducteur, les débris de verre partout... Rien. Ils s'en sont sortis. Il va falloir les traquer dans la forêt. Ils doivent saigner... Il faut suivre leurs traces, comme celles des animaux blessés.

Les traces sont là, en direction d'un groupe de buissons. L'homme distingue une tache claire qui bouge à une trentaine de mètres, entre des feuilles et des lianes enchevêtrées. Il se fige. Il y a quelqu'un derrière cet arbre, là-bas. Un type dont il voit le dos. Il lève son arme...

Soudain, il tourne la tête rapidement, croyant percevoir un mouvement, mais ce n'est que son propre reflet dans la vitre du hayon. Elle est fendillée et totalement occultée par un plaid chiffonné. Il fronce les sourcils. Qu'est-ce que c'est que ça?

Le lieutenant Sankaran, roulé en boule derrière le plaid, vide la moitié du chargeur du Beretta d'Edouardo sur la silhouette enturbannée apparue en ombre chinoise derrière le tissu, faisant exploser la vitre et le visage de l'homme.

Dans la fumée, il bascule le siège arrière et se rue hors de sa cachette, alors que le corps de l'autre touche le sol avec un bruit sourd.

Edouardo s'est jeté par terre en entendant les détonations dans son dos. Il a braqué son arme dans cette direction, même s'il a reconnu ce son : il connaît par cœur la musique de son Beretta, et son oreille ne l'a pas trompé, il en est certain. Quelqu'un a trouvé son flingue dans la boîte à gants. Le lieutenant? Pourtant...

Bon, faut pas rester là, on déménage...

Nez-cassé, son revolver braqué devant lui, s'enfonce dans la trouée. Il se sent merveilleusement bien. Les sons lui parviennent de partout, précis. Il est persuadé qu'il peut voir à travers les feuilles. L'humus sous ses pas est humide et frais, son gourdin ne pèse rien et, s'il le faut, les balles de son flingue voleront tout droit dans la poitrine de ces types qui devraient être morts sous les troncs géants tombés de son camion.

Derrière lui, le barbichu tient une longue dague à la lame sinueuse, un poignard malais à l'acier bruni. Il sourit.

Edouardo voit passer les pieds nus des deux hommes depuis l'endroit où il se tient, allongé dans des fougères. Il n'y a que deux types. Pas d'autres bruits que ceux que font ces deux-là en marchant.

Où est passé Thamnir, nom de Dieu ?

Edouardo a une arme dans chaque main. Il les soupèse, embarrassé. Poids différent, bien sûr, mais surtout, surtout, munitions différentes. Le .38 spécial du lieutenant pèse une tonne, mais le petit revolver contient des balles à fragmentation qui ne laissent aucune chance à une cible aussi proche. Il en voudrait bien un vivant, de ces types. Il va falloir décider. Et vite.

Un trille électronique s'élance tout à coup, conquérant, vers les hautes branches. Son téléphone sonne dans sa poche.

Les yeux du petit enquêteur s'écarquillent.

Le barbichu et Nez-cassé pivotent ensemble.

Thamnir, dans sa cachette, sursaute. *Qu'est-ce que c'est ?...*

À quelques pas de lui, de l'autre côté d'un sentier naturel, une forme bondit. Il reconnaît Edouardo qui brandit une arme dans chaque main. Il est accompagné d'une sonnerie stridente qui s'interrompt brutalement. Il hurle quelque chose, dans sa langue, à quelqu'un que le capitaine ne voit pas. Un coup de feu claque, puis un second. Le Français lâche une de ses armes, puis boule tel un lièvre dans le taillis.

Thamnir se lève d'un bond de son refuge, pistolet au poing, et court vers lui, tête baissée.

Nez-cassé tire encore une fois dans la direction d'Edouardo, baisse son revolver, puis le relève en voyant apparaître un autre homme. Il vide son barillet sur lui, mais sa cible a déjà disparu dans les fourrés. Nez-cassé jure, appuie encore sur la détente. Le chien claque à vide à deux reprises. Il regarde stupidement son arme, fouille vivement sa ceinture de cuir élimée. Une poignée de balles apparaît dans sa paume. Il se met en devoir de recharger, mais ses mains tremblent et les munitions tombent à ses pieds l'une après l'autre. Il ne voit pas les gouttelettes de sang sourdre lentement du plastron de sa chemise noire.

Pris de panique, il jette le revolver à terre et détale à toutes jambes dans la forêt, droit devant lui, plantant là son souriant compagnon à barbichette.

Celui-ci cesse brutalement de sourire : la mince silhouette du capitaine surgit avec précaution du fourré, là-bas. Le barbichu pousse un cri de dément, frappe du pied sur le sol, le couteau tendu à bout de bras, et fonce sur le militaire en hurlant, gourdin levé au-dessus de la tête et dague pointée en avant. Thamnir, comme à l'exercice, saisit son arme des deux mains, tourne ses épaules de trois quarts, plisse les yeux pour viser du mieux qu'il peut les jambes de la silhouette floue qui le charge et presse enfin la détente. Le projectile stoppe l'homme en pleine course, son gourdin tournoie dans l'air et il s'effondre en avant, à deux mètres du capitaine.

L'écho du coup de feu s'enfuit dans les arbres. Puis le corps du barbichu s'arque en arrière, et il se retourne d'un bloc, face vers le ciel. Son couteau est planté profondément dans son œil. Il en tient encore le manche d'une main ferme.

Le lieutenant Sankaran n'a pas bougé de son poste, qui lui offre une vue imprenable. Il s'en félicite mentalement en entendant un type courir dans sa direction. Il essuie du revers de sa manche le sang qui colle ses paupières, cale la crosse dépliée du pistolet-mitrailleur au creux de son épaule, met l'œil au guidon et oriente avec lenteur le canon vers le bruit qui se rapproche. Il pose le doigt sur la détente, prudemment... Le Français, peut-être ? Ou le capitaine ? Attention !

Nez-cassé l'aperçoit au dernier moment. Il tente un écart brutal, mais la rafale le fauche, le clouant contre un arbre. Il choit à quelques mètres du cadavre de son compagnon, dont le visage n'est qu'une bouillie sanguinolente.

Sankaran y regarde à deux fois avant de sauter du plancher de la voiture retournée. Il s'accroche d'une main à une roue et descend précautionneusement, une jambe tendue vers le sol, comme s'il s'apprêtait à tâter de l'orteil une eau plutôt fraîche.

66.

Le lieutenant dépapillote un nouveau chewing-gum, le fourre dans sa bouche, tâte la peau éclatée de son menton, palpe du bout des doigts ses deux arcades sourcilières fendues d'où le sang coule encore... Pas grave.

Il repense aux airbags qui n'ont pas fonctionné. Sabotés, c'est certain. Et le capitaine qui voulait mener cette enquête dans une voiture privée « par discrétion et par sécurité »... C'est réussi, pour la sécurité ! Un véhicule de l'armée aurait aussi bien fait l'affaire. Qui va payer son 4 × 4 ? La Sécurité nationale ?

Il se penche vers le cadavre ensanglanté de l'homme qu'il a tué à travers la vitre du hayon, empoigne son pied sans ménagement et regarde sous la semelle du brodequin. Il y lit la pointure, dit : « Parfait » et commence à en dénouer méthodiquement les lacets.

Edouardo le regarde enlever les chaussures de l'Indonésien abattu. Sankaran sort de sa ceinture le Beretta de l'enquêteur français. Ce Beretta qu'il l'avait vu mettre dans la boîte à gants, dont il a forcé la trappe avec le poignard qui fait partie intégrante de sa tenue de combat. Il le lui tend nonchalamment, entre le pouce et l'index, comme s'il lui rendait un outil emprunté par mégarde. Edouardo frotte ses yeux rougis, ouvre la bouche, dont ne sort aucun son, avant de prononcer en indonésien : « *Terimah kasi* », merci.

— *Kem bali,* répond Sankaran en esquissant un sourire qui se transforme en grimace.

Il se relève, fait quelques pas hésitants vers une branche à la forme tourmentée tombée au sol, s'y assied en geignant et commence à délacer ses propres rangers.

Le capitaine Thamnir est occupé à fouiller le cadavre du barbichu à la dague plantée dans l'œil. Il relève la tête en entendant arriver Edouardo. Les élancements douloureux dans son dos se sont réveillés, mais il n'en montre rien. D'un mouvement de menton, il indique au Français l'écume blanche qui souille la bouche du mort.

— Ces deux imbéciles avaient pris des drogues pour se donner du courage. Des sortes d'amphétamines. Ils ne pensaient pas devoir nous affronter dans les bois. Selon leur plan, nous aurions dû mourir écrasés par les troncs. Leurs gourdins devaient nous casser la tête, l'accident aurait été plus crédible.

De l'index il désigne le couteau.

— Voyez-vous, monsieur Edouardo, un proverbe de nos voisins malais dit à peu près : « Celui qui perd son kriss perd sa personnalité. » Il y a du vrai, là-dedans, non ? Qu'en pensez-vous ?

Edouardo déglutit et demande :

— Les ouvriers qui nous ont détournés de la route principale, là-bas, vous pensez...

— La même chose que vous. Ils font évidemment partie de cette équipe.

— Hum. Ceux que nous venons d'abattre n'ont peut-être pas eu le temps de les prévenir par radiotéléphone, ils ne savent donc pas que ça a raté.

— C'est possible... Nous avons une toute petite chance de les coincer.

Thamnir cligne ses yeux de myope. Il observe le petit enquêteur français avec une curieuse expression méditative.

— Nous allons y aller nous-mêmes... Tous les trois. Il y a environ cinq kilomètres jusqu'à l'entrée de la piste. Nous allons cacher leurs armes et leur radiotéléphone, on ne sait jamais.

— Et les cadavres ?

L'officier fait un geste qui signifie « aucune importance », puis dit, en soupesant ses mots :

— Monsieur Edouardo, je vous serais extrêmement reconnaissant de garder pour vous ce qui vient de se passer ici.

Edouardo fronce les sourcils.

— Puis-je savoir pourquoi, capitaine ?

Thamnir se recule, les mains sur ses hanches.

— Il y a des choses qu'on n'a pas toujours intérêt à savoir...

Il sort lentement son automatique de son étui. Edouardo, à son tour, recule d'un pas.

— Puis un jour, peut-être, on les apprend, et on remercie alors son Dieu de n'avoir pas su.

Le capitaine extrait le chargeur de l'arme, en vérifie le contenu en l'amenant très près de ses yeux, puis le remet en place dans un claquement sec.

— Bon allons-y. Je les veux vivants, ceux-là.

67.

— Pierre ? C'est Lucrèce... Lou m'a envoyé par Internet un extrait d'une publication d'un certain Wade Davis, un chercheur du Muséum d'histoire naturelle de New York.

— Qui est ce type ?

— Un ethnobotaniste, comme elle. Il est également anthropologue. Il s'est intéressé à la fois au monde végétal et aux façons dont les groupes humains font usage des plantes dans leur vie quotidienne, pour se nourrir, se soigner et même lors des cérémonies religieuses.

— Très bien, très bien, et alors ?

— Il a découvert le pot aux roses dans les années 1980. Et sa découverte a attiré pas mal de gens bourrés d'intentions plus ou moins honnêtes, dont des types des services secrets et autres militaires...

— Lucrèce, je ne comprends rien.

— C'est simple : l'écorce d'albizzia sert à faire pénétrer le poison dans la plante des pieds.

— Est-ce que, pour une fois, tu pourrais m'expliquer tes pharmacopées infernales en utilisant une formule très simple, qui consiste à commencer par le début et à terminer par la fin ? Qu'a donc découvert cet Américain nommé Davis dans les années 1980 ?

— Il est l'une des rares personnes à avoir percé les secrets de certains sorciers.

— Raconte.

— Wade Davis s'est rendu à Haïti en 1980. Il a réussi à se faire inviter à une cérémonie vaudoue, une cérémonie de préparation d'un poison particulier qui permet, disons, de « fabriquer » des zombis. Parfaitement, des zombis ! Des morts vivants. Il a noté mentalement les ingrédients durant la cérémonie et s'est même procuré un peu de poison. De retour à New York, il a fait analyser la mixture.

— On peut donc transformer des gens en zombis ? J'ai du mal à le croire...

— Ce poison est un mélange d'ingrédients. Il est semblable à une bombe en plusieurs éléments. Chaque élément ne fonctionne pas sans les autres.

— Je ne comprends pas.

— Pour fabriquer une bombe, l'explosif ne suffit pas, il faut y adjoindre un détonateur, un fil, une pile pour l'énergie. Ce discret poison est la somme de plusieurs ingrédients qui ne font effet qu'une fois assemblés. Les ingrédients principaux, les voici, du moins ceux qui ont pu être analysés : premièrement, de la poudre d'os humains.

— Ça fait un peu vieux film de vampires, non ?

— Peut-être, mais c'est de là que proviennent les ptomaïnes. Puis de la peau de crapaud.

— Comme dans toutes les mixtures de sorcières, non ?

— Exactement. On connaît depuis longtemps les vertus hallucinogènes du venin de la peau de crapaud, qui faisait partie de l'arsenal classique des sorciers du Moyen Âge en Europe.

— Et ensuite ?

— Différents extraits végétaux entrent dans cette recette, notamment de mucuna, une liane à grappes blanches qui ressemble à la glycine. Ses feuilles et ses graines contiennent une molécule nommée *L. dopa* qui, à certaines doses, permet de traiter les personnes affectées de la maladie de Parkinson. Mais les graines de mucuna renferment surtout des substances hallucinogènes puissantes. Il y a aussi dans cette mixture du datura et sa scopolamine, le sérum de vérité. L'une des variétés de cette plante, le *Datura stramonium*, porte le nom explicite de « concombre zombi » en Haïti. Terminez votre préparation avec du venin de poisson-globe, mélangez avec de l'écorce d'albizzia, qui permet de faire passer les toxines à travers l'épiderme, enduisez vêtements et intérieur des chaussures, et surtout faites bien transpirer votre victime pour que la préparation pénètre dans son réseau sanguin. Au bout d'un certain temps de ce traitement – temps que je ne connais pas et qui dépend sans doute des doses –, elle présentera tous les aspects de la mort.

— Que se passe-t-il, une fois ta victime apparemment décédée ?

— Elle connaît alors les joies des derniers sacrements, suivies de celles de la résurrection.

— Ça me rappelle quelque chose...

— Le but des sorciers est de réduire leurs victimes en esclavage, d'abolir leur volonté, en somme. La personne « zombifiée », étant considérée comme morte, est enterrée. Le sorcier et ses assistants vont la déterrer nuitamment, lui administrent des substances – dont du datura, mais cette fois à une dose différente –, substances antagonistes qui lui permettent de recouvrer une partie de ses facultés. Je précise que l'autre partie est le plus souvent gravement altérée, d'où ce comportement mécanique cher au zombi de cinéma.

— Et qu'est-ce qu'ils font de ce pauvre diable ?

— Ils l'emmènent travailler comme esclave dans une plantation, de préférence lointaine. Le patient ne se souvient en général de rien, c'est l'un des effets de cette mixture. Ces cérémonies de « résurrection des morts » sont également connues au Brésil et au Bénin.

— Et c'est comme ça qu'on a empoisonné ce pauvre gars du PNUE ou qu'on l'a drogué régulièrement ? C'est un mode d'administration assez compliqué, non ?

— Au contraire... Un peu de toxine dans les chaussures de ce Mahakam, un peu sur la housse, sachant qu'il travaillait parfois torse nu à son bureau. Peut-être sur une chemise ? Son sarong ? Je ne sais pas, mais, en tout cas, c'est discret et difficile à détecter, contrairement au cyanure ou à la strychnine. En tant que chimiste, je suis admiratif devant le savoir-faire de ces sorciers.

— On aurait donc voulu transformer ce digne fonctionnaire en zombi ?

— J'y ai réfléchi longuement. L'administration de ces poisons – d'après l'unique victime revenue à peu près lucide de chez les morts vivants, un certain Clairvius Narcisse dont Wade Davis a pu recueillir le témoignage – engendrerait d'autres troubles chez le sujet traité.

— Quoi donc ?

— La souffrance. Une souffrance très particulière, mentale : la perte des repères, la confusion entre le rêve et le réel, les hallucinations visuelles et auditives, la mémoire qui s'enlise, les cauchemars terrifiants. Ne plus savoir, ne plus se souvenir... Tous les jours, toutes les nuits. C'est peut-être ce qu'on a voulu faire à Mahakam. Le faire atrocement souffrir. Mais pourquoi ?

— Ou alors pire.

— C'est-à-dire ?

— Ce poison donne l'apparence de la mort, certes, mais une fois qu'on cesse de l'administrer, que se passe-t-il ?

— Je suppose que la victime sort de sa léthargie, si elle n'est pas décédée.

— Elle est donc enterrée vivante. Et se réveille six pieds sous terre. Dans son cercueil.

Lucrèce réfléchit un instant, puis dit lentement :

— Et il faut, pour l'inhumer, qu'un médecin déclare la mort clinique et signe un permis... En Indonésie comme ici. Mais si le patient se suicide avant...

— Eh bien on n'a plus besoin du médecin, Lucrèce. C'est très simple.

68.

Edouardo semblait amusé.

— Monsieur Sénéchal, vous avez failli me faire tuer. Notez que je ne m'ennuie pas, avec vous. Cette enquête est très vivifiante. Thamnir m'a demandé de ne parler à personne de cet... incident. Il l'a répété quand nous avons cueilli comme des fleurs les deux faux ouvriers. Ces gars-là n'étaient que des exécutants recrutés pour l'occasion : ils n'étaient même pas armés. Nos amis les militaires les ont embarqués dans leur propre camionnette... Et là, Thamnir a appelé des tas de gens.

— Vous avez eu sacrément chaud, dans cette histoire, mon cher Edouardo. Et je constate avec plaisir que vous n'avez rien perdu de vos capacités. Je vois aussi que vous savez garder les secrets : vous ne les répétez qu'à une seule personne à la fois, comme dirait ma chef.

— Ce n'est pas pareil, monsieur Sénéchal.

— Je plaisantais. Réfléchissons... Mon cher Edouardo, puis-je vous faire une suggestion ?

— Certainement, monsieur Sénéchal.

— À votre place, je soufflerais à l'oreille du capitaine Thamnir d'aller faire un tour au plus proche bureau de distribution d'électricité de la maison brûlée.

— Pourquoi ?

— D'après ce que vous m'avez exposé, l'arme qui a tué le toubib de Mahakam était un fer à béton affûté avec une meuleuse électrique qui se trouvait dans l'atelier. Il y avait aussi, selon Thamnir, un broyeur électrique dans la cour arrière, ainsi qu'un téléviseur assez récent dans les débris. D'où cette question : qui a payé la facture d'électricité de cette maison abandonnée ?

— Je vois... Je n'y manquerai pas. Ce point a peut-être été déjà éclairci par la police locale. Mais la police, je l'ai vue à l'œuvre sur le terrain, alors... Par curiosité, puis-je savoir ce qui me valait cet appel téléphonique, disons, assez inopportun ?

— Il se trouve que le fils de Mme Mahakam, le jeune Lang, a eu des nouvelles de ce Rhaddiaunir, le physicien ami de son père qui se cachait chez eux...

— Tiens donc... Ce gars-là refait surface ?

— Selon Lang, il serait terrifié, il refuse de dire où il est. Mais il doit rappeler. J'espère qu'il ne lui arrivera rien avant que vous puissiez mettre la main dessus. Je vous tiens informé, Edouardo.

69.

Une voix masculine lui demanda :

— Monsieur Sénéchal ? J'ai trouvé. Il s'agit d'un *Leioheterodon madagascariensis.*

— Je vous demande pardon ?

— Oh, excusez-moi. Je suis M. Ravanasiva, l'herpétologiste.

— Félicitations. Que puis-je faire pour vous, cher monsieur ?

Sénéchal entendit un rire flûté à l'autre bout du fil.

— Excusez-moi. Herpétologiste signifie que je suis un spécialiste des serpents et des sauriens, entre autres. La conservatrice du muséum de Saint-Denis m'a confié un groupe d'os à identifier...

— Bien sûr ! Bien sûr... J'y suis. Et alors ?

— Ces os appartiennent à un *Leioheterodon madagascariensis.* Je suis formel sur ce point. Je pense qu'il s'agit d'une femelle adulte. Dans les deux mètres. Comme son nom l'indique, c'est un serpent qui vit sur la grande île voisine de Madagascar.

— Merci. Vous avez une idée de sa provenance ?

— Celui-ci est peut-être parvenu à la Réunion comme passager clandestin sur un bateau. Pas forcément à l'état adulte. Il arrive que des animaux débarquent chez nous avec une cargaison de fruits, par exemple...

— Je vois.

— C'est un superbe serpent, vert et jaune, qui se nourrit de grenouilles, de lézards, d'autres petits serpents et d'œufs. On le trouve dans les endroits dégagés, au bord des routes ou des chemins. Il est réputé agressif.

— Bien bien bien...

— Il est classé parmi les opisthoglyphes. Venimeux. Sa tête a une forme de bêche. À noter que cette espèce ne digère pas les poils des rongeurs et les rejette, non mélangés aux excréments, sous forme de pelote.

— Comme les chouettes ?

— À peu près.

— Et il aurait réussi à survivre assez longtemps pour atteindre cette taille ?

— C'est ce qui est assez curieux. Car les prédateurs naturels ne manquent pas, ici. À moins que ce ne soit simplement une partie de ses os que quelqu'un a rapportée de Madagascar.

70.

Sénéchal était attablé en compagnie du gendarme Robert, qui venait de terminer son repas dans un des multiples snack-bars de l'île. Les cocotiers bruissaient au-dessus de leurs têtes. Le gendarme avala sa dernière bouchée de mangue, repoussa son assiette, desserra discrètement son ceinturon et examina son immense interlocuteur.

— Je vais vous dire ce que j'ai trouvé sous le bateau, en plongeant, monsieur Sénéchal. Premièrement, j'ai mis la main sur la carabine de chasse Remington de votre pote Ziegler coincée entre des massifs de coraux, presque à l'aplomb de l'échelle de coupée. Une visée laser et un silencieux étaient montés dessus. Pas d'empreintes, rien de rien. Elle était intacte. Vous ne l'avez donc pas touchée avec votre pistolet-mitrailleur. Malgré la volée de plomb que vous avez envoyée dans l'atmosphère avec le Heckler et Koch, on n'a pas trouvé beaucoup d'impacts de ce côté-ci du bateau. C'est passé largement au-dessus du tireur, on dirait. Euh... Vous ne vous entraînez peut-être pas très souvent au stand de tir, à la FREDE ?

— Chez nous, on travaille de préférence à la fronde et à l'épieu, c'est plus écolo.

— Ce qui est curieux, c'est que les mecs de la balistique ont trouvé trois cartouches manquantes dans le chargeur de cette Remington. Vous êtes certain qu'il ne vous a tiré dessus qu'une seule fois ?

— Je ne peux jurer de rien. Je pense n'avoir vu qu'un éclair dans le noir, quand il a tiré. J'ai d'ailleurs cru que c'était un ricochet d'une de mes munitions.

— Hunhun. La carabine a dû passer par-dessus bord par la suite, ainsi que les douilles éjectées, parce que je ne vois pas pourquoi il l'aurait jetée lui-même dans la flotte.

— Vous avez trouvé quelque chose d'autre ?

— Voui, mais pas sous le bateau. Vous reprenez un café, m'sieur Sénéchal ?

Le gendarme Robert sourit au détective. Il jubilait de faire durer le plaisir. L'écoflic fit signe au serveur.

— Pas sous le bateau ? Comment ça ?

— Non, *sur* le bateau. Un truc que vous aviez pas vu, mais quand on fait le coup de feu dans le noir jusqu'à des heures avancées, ça peut rendre distrait... Bref, pas trop loin de l'endroit où est suspendu le sous-marin de poche, il y avait un grappin à quatre branches accroché à la barre inférieure du bastingage. Avec une corde au bout qui descendait dans l'eau. On y avait fait des nœuds tous les cinquante centimètres.

— Nom de Dieu ! Je suis passé dix fois devant... Mais pourquoi Ziegler avait-il besoin de descendre dans l'eau de ce côté-là, alors que l'échelle de coupée était de l'autre côté, à la poupe ?

— Mystère... Le café, des fois, moi, je le prends avec un petit rhum. Vous voulez tenter le coup ?

71.

Edouardo avait l'air content.

— Ça va vous passionner, monsieur Sénéchal. Il se trouve qu'un jeune type s'est présenté à la compagnie d'État de la province, pour faire remettre l'électricité dans la maison où le toubib a été tué. Il a dragué la fille qui travaille au comptoir, elle s'est bien souvenue de lui. D'une part parce qu'il était plutôt beau gosse – selon elle –, d'autre part à cause de la voiture de sport décapotable dans laquelle il se proposait de l'emmener danser le soir même. Il a produit des papiers – qui se sont révélés faux après enquête – pour faire remettre l'électricité dans la maison hollandaise. Et il a payé d'avance, en liquide. Pour un mois seulement... Quand la fille est sortie du bureau, le soir, elle a vu ce jeune type assis à la terrasse d'un café sur le trottoir d'en face. Elle a filé pendant qu'il avait le dos tourné, pour ne pas qu'il vienne de nouveau, euh, l'importuner. Et elle a vu sa voiture décapotable, une bagnole jaune avec une plaque de Jakarta. Marque japonaise. Thamnir a fait téléphoner à tous les commissariats. Bref, dans une fourrière, ils ont trouvé le cabriolet jaune. Elle était au nom d'un type qu'ils connaissaient bien, un voyou de moyenne envergure, un chien fou à la gâchette facile. Ce chien fou n'est pas reparu en ville depuis un bon moment. Son arme favorite était un revolver Smith et Wesson Mountain Lite de couleur noire.

— Tiens donc ! Comme celui qui a été retrouvé dans la mare et dont les balles de même calibre étaient logées dans le bras du toubib et dans le sol de la maison... Vous pensez que ce jeune play-boy à la voiture jaune était l'homme qui, par la suite, faisait de la moto au fond d'un étang ?

— Ça me paraît évident. À propos de la moto : pas de plaques, pas de numéros de châssis ni de moteur. On n'a rien retrouvé dans les cendres. La seconde information, c'est qu'on a aperçu le jeune voyou en compagnie d'un Occidental, un type aux yeux clairs, impressionnant par son allure et par son format.

— C'est-à-dire ?

— Un type dans votre gabarit, monsieur Sénéchal. Mais sûrement pas un écologiste.

— Monsieur Edouardo... Il se trouve que j'ai une mission très délicate – et peut-être dangereuse – à vous proposer.

— Dangereuse comment ?

— Comme vous les aimez. Dangereuse et illégale... Vous savez ce que c'est que du PVC ?

72.

Sénéchal était assis à sa table, son téléphone collé à l'oreille. La communication était mauvaise.

— J'espère que tu es sûr de toi, Lang ? Ça peut être risqué... Écoute-moi bien. Voici ce que tu répondras à l'homme que je t'ai décrit lorsque tu le rencontreras. Lui, il te dira : « Le campus est très beau, mais... » Tu as compris ? Sois extrêmement prudent.

Quatrième partie

L'or du petit matin

Le ciel rosit au-dessus du désert qui porte encore les couleurs de la nuit. Sur l'horizon, une ligne incandescente s'épaissit graduellement, repoussant l'ombre qui voilait le moutonnement des dunes jusqu'à l'infini. Le soleil se lève sur le Kalahari. La fournaise s'éveille.

Au pied d'une vague de sable le dôme noir de la carapace d'un petit scarabée apparaît, sortant du sol, suivie de sa tête ronde munie de courtes antennes. Engourdi par le froid de la nuit, l'insecte allonge devant lui une patte fine, puis une autre, et termine de se déterrer intégralement. Ses antennes se mettent en mouvement, captant un frémissement dans l'air brûlant. Il avance de quelques centimètres, puis s'immobilise.

Un léger vent se lève. Quelques grains de sable tourbillonnent.

Sa tête s'incline vers le sol et le dos de son armure s'entrouvre. Puis, comme mus par un ressort, ses élytres s'écartent largement. Le vent les fait vibrer.

Bien campé sur ses pattes, le scarabée attend.

Une minuscule boule brillante palpite sur l'un des élytres, enfle, s'ovalise, se déforme encore et glisse lentement vers sa tête.

Le Stenocara *vient de recueillir la première goutte d'or du petit matin.*

73.

Dans la boîte aux lettres électronique de Sénéchal se trouvait un message de la FREDE : *Comme convenu, ci-joints extraits suite résultats recherches articles de presse comportant mot cœlacanthe.* Des documents y étaient attachés.

Le premier était un article tiré d'un journal indonésien et daté de l'année précédente. Il était illustré par une photo prise au flash. On y voyait côte à côte trois Occidentaux qui paraissaient accablés. Ils détournaient la tête de l'objectif. Un policier indonésien coiffé de sa haute casquette se tenait en retrait, l'air revêche. La photo était prise sur un port, de nuit. Sénéchal reconnut Ziegler et Designe. Le Suisse était curieusement débraillé et Designe, en pantalon long et chemise blanche, portait sur le visage l'expression méprisante quasi perpétuelle que Sénéchal lui avait connue. Le troisième homme, lui, regardait hors champ. Sénéchal lut la courte traduction en anglais qui succédait à l'article. Le papier du journaliste indonésien était intitulé : *Une belle prise entre Biting et Manado Tua.*

Le second document était également un article de presse. Il émanait cette fois d'un journal sud-africain. Sa date de parution était plus ancienne et il titrait : *Une rencontre filmée avec l'ancêtre de l'humanité.*

La photo d'accompagnement montrait deux hommes sur un quai, en combinaison de plongée, tête nue. À côté d'eux était disposé un équipement sous-marin ainsi que des caméras étanches. L'un des hommes était un blond maigre au visage émacié, le second, plus petit, était le même que celui qui accompagnait Ziegler et Charlie sur la photo indonésienne.

Le détective décrocha son téléphone et appela la gendarmerie. Il demanda qu'on joigne les autorités militaires de l'îlot de Tromelin pour qu'elles procèdent à une arrestation immédiate.

74.

Lang a chaud, très chaud. Le bruit autour de lui est assourdissant et la fumée le prend à la gorge Le reflet des flammes danse sur le mur derrière lui. Un marteau-pilon concasse des claviers.

Lang se sent coupable. Sa mère croit qu'il est à l'université, alors qu'il se trouve à quelques centaines de mètres de la maison familiale.

Mais il est en mission, et c'est très important.

Et aussi très excitant, il doit le reconnaître.

Pour déjouer toute surveillance ou une éventuelle filature, il a emprunté, comme le lui a conseillé le policier Sénéchal au téléphone, plusieurs « Bus Ekonomi » à partir de l'université de Depok, sautant de l'un à l'autre à chaque village, au gré de sa fantaisie.

De là où il se trouve, il peut surveiller la porte ouverte du bâtiment. Des gens s'affairent autour de lui, faisant fondre du plastique dans des fours. Des gamins déposent à intervalles réguliers des carcasses d'ordinateurs à ses pieds. Elles sont emportées par les ouvriers vers les gueules rougeoyantes des machines.

Dans l'encadrement de la porte apparaît un type moustachu, porteur de lunettes démodées et d'un chapeau avachi qui lui dissimule le haut du visage. Il a les mains dans les poches. Sa cravate ressemble à une ficelle molle et sa veste noire est complètement froissée. Il hoche la tête d'un air compétent devant l'activité qui règne dans le local, comme s'il approuvait la cadence du travail. Puis il disparaît. La vision n'a duré qu'une seconde.

Lang attend avant de quitter le local marqué « PVC ». Il s'engage ensuite sur un sentier poussiéreux qui longe un cours d'eau paisible bordé de palétuviers aux grandes racines. Le soir tombe, la nuit sera là dans quelques minutes. Il peut tout juste distinguer la silhouette d'un pêcheur coiffé d'un grand chapeau assis sur une caisse. Lang est rassuré. L'homme est venu.

Dans son dos, quelqu'un dit :

— Le campus est très beau, mais il ne faut pas se promener avec sa petite amie près du lac.

Lang ne bouge plus. Il trouve la situation légèrement ridicule, tout à fait comme dans les romans d'espionnage, qu'il dévorait en cachette dans sa cabane au fond du jardin pour que son père ne le voie pas lire ce genre de sottises.

Il se retourne et répond à l'homme aux lunettes (c'est bien l'Occidental que Sénéchal lui a décrit) :

— Les esprits qui y vivent auront vite fait de briser votre amour et de vous séparer d'elle.

L'étranger ne cille pas. Lang le détaille et ne trouve plus la situation aussi amusante quand il comprend en frissonnant que le relief de l'une des poches de ce type est formé par une arme qu'il dissimule dans sa main droite.

L'homme aux lunettes lève un sourcil interrogateur vers l'adolescent. Lang tourne les talons et s'en va sur le sentier, en se dandinant avec la gaucherie caractéristique de la jeunesse. Son interlocuteur regarde lentement autour de lui, puis se met en marche à son tour, restant à une dizaine de mètres derrière le jeune homme.

Lang arrive à la hauteur de la caisse sur laquelle était assis le pêcheur. À côté gisent un chapeau de paille ainsi qu'un panier en osier, ouvert, rempli d'un bric-à-brac d'hameçons et de fils de nylon. Un mouchoir bleu en dépasse.

L'adolescent scrute les alentours d'un air malheureux. Suleiman Rhaddiaunir n'a pas attendu. Il a sans doute eu peur de l'Occidental.

Lang est déçu. Il a failli à sa mission. Il se retourne vers son suiveur et lui fait un signe de dénégation. D'un geste agacé, Edouardo remonte ses lunettes trop grandes qui glissent sur son nez et dit dans un souffle :

— Filons d'ici, et vite !

75.

Mme Hoareau farfouilla dans ses disques de vinyle, en choisit un, le sortit de sa pochette, l'installa sur le tourne-disque et l'écouta les yeux fermés... *Pas mal, ça... Une vieille chanson bien oubliée. Encore une...*

Elle fredonna le refrain, puis le reste de la mélodie qu'elle trouva assez simple. Elle écouta les intonations langoureuses du chanteur... *Un peu datées, ces roucoulades, il faudrait dépoussiérer.*

Elle se leva et empoigna son magnétophone. Elle en vérifia les piles et brancha un micro sur l'engin. Elle remit le disque sur le plateau et tenta de mémoriser les paroles. Une histoire d'amour, bien sûr. L'amour qui passe, la saison des goyaviers...

Elle réécouta toute la chanson une dernière fois, puis elle revêtit une grosse veste de laine, ajouta un châle par-dessus, éteignit le plafonnier et sortit sur le perron de son pas lourd, le magnétophone à la main.

Dehors, l'air avait les parfums de la terre après la pluie. Il faisait frais et bon. Dans la quasi-obscurité qui envahissait les abords de la maison, Mme Hoareau trouva sur le sol de la véranda sa lampe-tempête à gaz, qu'elle alluma. Une lumière d'un blanc intense jaillit, découpant des silhouettes dures sur le plancher de bois et les poteaux qui soutenaient l'auvent. La grosse dame s'assit avec difficulté sur sa chaise, au bord du perron, puis enclencha le magnétophone. Elle se sentait bien, calfeutrée dans son manteau et son châle. Elle commença à chanter le refrain de la chanson qu'elle venait d'entendre. Elle se vantait d'avoir une oreille et une mémoire musicale hors du commun ; les paroles qu'elle n'avait écoutées que trois fois vinrent naturellement se superposer à l'air principal.

Elle avait déjà eu les honneurs de la radio. Quelques années auparavant l'une des stations de l'île l'avait accueillie pour qu'elle fredonne devant le micro des vieux standards oubliés. Après cela, elle avait amusé les auditeurs en leur faisant entendre le son de sa boîte à musique appelée « Le tigre de Tipoo ». On avait donné son adresse sur les ondes et, à la suite de cette émission, elle avait reçu plusieurs lettres de braves gens la félicitant pour avoir ressuscité les chansons de leur jeunesse.

Un sentiment d'orgueil l'envahit à cette évocation.

D'ailleurs, plus elle chantait cette chanson-ci, plus elle la trouvait jolie... Dès qu'elle l'aurait enregistrée, elle appellerait la radio pour leur proposer une nouvelle émission. Elle revint au début de la bande et susurra, la bouche très près du micro :

— « Tout le long de la ravine, à la saison des goyaviers... »

Elle s'arrêta soudain. Elle avait cru entendre une sorte de clameur étouffée. Elle tourna la tête, mais elle ne voyait pas à plus de quelques mètres à cause de la lumière vive de la lampe. La nuit était tombée sans qu'elle s'en aperçoive. Les montagnes, là-haut, n'étaient plus que des masses noires drapées d'un brouillard lumineux.

Elle baissa l'intensité de sa lampe-tempête et attendit que ses yeux s'accoutument à l'obscurité. La lisière du champ de cannes à sucre dessinait un ruban plus clair sur le noir de la nuit. Elle attendit, mais plus rien ne se passa. Elle reprit son micro.

— « Tout le long de la ravine... »

Elle leva la tête. Cette fois, c'était certain, elle entendait quelque chose... les accents de sa propre chanson lui parvinrent distinctement. Elle écouta. Quelqu'un chantait d'une voix nasillarde, quelque part dans l'obscurité.

La voix la fit frissonner, elle avait quelque chose de... de malsain.

Elle se rendit compte que, sous sa véranda en pleine lumière, elle était visible de partout, tel un phare dans la nuit.

La voix monta, enfla, se rapprocha, puis ne fut plus qu'un murmure. Elle récitait une litanie, à présent. Enfin, la grosse femme entendit un rire et la chanson reprit, doucereuse. Elle semblait émaner de nulle part, portée par l'air... Elle se chargea d'inflexions morbides, devint dure, dangereuse dans son intonation. Après un instant de silence, elle supplia et roucoula, répétant une série d'exclamations affectueuses et affectées, puis elle s'éteignit dans une espèce de hoquet rauque.

La grosse dame se mit à trembler : elle venait d'apercevoir une forme blanche à la lisière du champ de cannes. Elle se pencha sur sa chaise comme si, dans cette position, elle pouvait mieux percer les mystères de la nuit au-delà du faisceau de la lampe. La forme avait bougé. Elle vit une tête ronde, un chapeau, un vêtement clair. Ses yeux s'arrondirent. C'était l'épouvantail. L'épouvantail qu'elle avait réduit en miettes se dandinait là-bas, avec son ciré, entre les plumets des cannes ! Il chantait... Il chantait et il venait vers elle !

Mme Hoareau réussit à se lever de sa chaise. Elle fit un demi-tour raide sur ses grosses jambes.

La voix approchait.

La veuve dévala les marches en bois de la véranda, faillit tomber dans le noir, longea la maison, le cœur bondissant dans sa poitrine, et trouva en tâtonnant la porte de la cuisine. Elle s'énerva sur le bec-de-cane, réussit à ouvrir, entra et rabattit le battant derrière elle. Elle se retrouva dans le noir le plus complet. Ses mains trouvèrent quand même la clé, qu'elle fit tourner vivement dans la serrure, et elle s'affala sur le panneau de bois en fermant les yeux.

Elle les rouvrit et regretta immédiatement sa décision : d'ici, elle ne pourrait appeler personne au téléphone.

76.

— Monsieur Sénéchal ? Brigadier-chef Vannier à l'appareil. On a rapatrié votre type depuis Tromelin. Si vous voulez lui parler, je le tiens à votre disposition à la gendarmerie, bien au frais.

77.

Terrée dans l'ombre épaisse de sa cuisine, Mme Hoareau, les muscles tendus, écoutait. Qu'est-ce que c'était? Où était-ce en ce moment? Sur la véranda? Parti? En train de contourner la maison? Elle avait peur. Elle avait encore entendu vaguement une sorte de jacassement lointain, mais désormais il n'y avait plus d'autre bruit que celui des insectes nocturnes.

Elle respira profondément, régulièrement, pour se calmer. Peu à peu, sa combativité naturelle reprenait le dessus. Elle se raccrocha à une pensée : on essayait de l'effrayer en se servant de son épouvantail. Ou alors c'était une blague de gosses et...

Pourtant, cette voix. Cette voix...

Ses yeux s'accoutumaient graduellement à l'obscurité. Par la faible lumière qui traversait les interstices des palmes séchées du toit et celle qui tombait de la petite vitre au-dessus de l'unique porte, elle distinguait à présent sa table, le fourneau et le porte-parapluies avec la machette dedans, tout près du sac d'oignons. Elle vit le tranchoir nickelé qui luisait faiblement sur le mur. Elle se mit en mouvement vers l'ustensile avec d'infinies précautions, essayant de ne faire aucun bruit. Peut-être qu'on ne l'avait pas vue entrer dans la cuisine, après tout... Peut-être que...

Elle avança entre les objets en se guidant de ses mains grandes ouvertes, bras tendus, retenant sa respiration et mettant un pied devant l'autre avec une extrême prudence. Elle contourna le fourneau, approcha la main de l'instrument et l'empoigna délicatement.

Elle sursauta si fort quand le bec-de-cane de la porte derrière elle fut manipulé bruyamment que le tranchoir lui échappa des mains et tinta sur le sol.

C'est là, derrière le mince panneau de tamarin. Ça essaie d'ouvrir.

Il y eut un choc contre le battant. Exactement comme la première fois, avec l'homme aux mains collées... Mais cette chose-là allait enfoncer la porte. La veuve ramassa le tranchoir en tremblant, puis se recula, dos au mur. Elle fixait la petite vitre au-dessus. La lumière de la lune naissante s'y reflétait. Pouvait-on la casser et entrer par là-haut ?

Elle décida que non. Elle décida aussi de ne pas se laisser prendre au piège comme un animal. Elle alla poser le tranchoir sur le haut du poêle, à présent bien visible, puis empoigna la table et la tira devant la porte. Elle la coinça du mieux qu'elle put, saisit le sac d'oignons et le posa dessus. Elle empila ensuite sur la table tout ce qui lui tombait sous la main. Elle était essoufflée, elle transpirait. Enfin, elle prit la chaise, la posa devant la table, s'y assit et cala son ventre sur le bord du meuble, le nez dans le sac d'oignons, le tranchoir pendant au bout de son bras droit. Le poids de son corps constituait à son avis un obstacle supplémentaire non négligeable. De l'autre côté de la porte, il n'y avait plus aucun bruit.

Puis elle perçut un faible grattement sur le battant. Tout près de la serrure. Un grattement qui alla en s'amplifiant. Elle tendit sa main libre, son bras contourna le sac d'oignons, et, à l'aveuglette, elle donna un quart de tour à la clé. Elle frissonna. La voix psalmodiait quelque chose d'inintelligible. Le grattement était semblable à celui provoqué par les griffes d'un animal sur le bois.

Pendant un instant, il ne se passa plus rien, puis la voix s'éleva de nouveau derrière la porte. Mme Hoareau sur sa chaise se remit à trembler. Elle serra les dents, s'arc-boutant sur le bord de la table. L'odeur des oignons sous son nez lui piquait les yeux. Cette voix était étrangement asexuée. Elle ne pouvait décider si elle appartenait à un enfant, à une femme ou à un homme. C'était une voix changeante. Elle se faisait caressante, cajolante, puis elle divaguait tout à coup, comme si elle provenait d'une personne n'ayant pas toutes ses facultés mentales.

Comme celle d'un idiot, pensa-t-elle... Un idiot ou une folle ?

Qu'est-ce que c'est ? Un ivrogne ? Un gosse qui fait l'imbécile pour me faire peur ? Non, non... C'est... dangereux... Très dangereux.

La voix se tut, la petite pièce s'assombrit. Mme Hoareau leva la tête. Il y avait un visage au carreau au-dessus de la porte. Elle ne pouvait pas en distinguer les traits, à cause du contre-jour. Il était pareil à un masque noir aplati. Il se détourna bizarrement, puis il disparut. Il y eut un bruit, un choc, de nouveau le grattement, enfin un cri de rage frustrée, un bruit de pas rapides sur la terre meuble, et le silence revint.

La grosse dame attendit que le soleil soit haut dans le ciel pour sortir prudemment, sa machette à la main. Elle s'était endormie sur sa chaise sans s'en apercevoir. Quand elle s'était réveillée, le nez dans le sac d'oignons, elle ne savait plus si elle n'avait pas tout simplement fait un cauchemar. Elle était épuisée.

Elle se dirigea d'un pas traînant vers sa maison. Sous la véranda, rien n'avait bougé, sa lampe-tempête, vide, s'était éteinte toute seule. Elle manipula son magnétocassette. Apparemment, personne n'y avait touché. Elle tourna la poignée de la porte d'entrée, jeta un coup d'œil à l'intérieur, puis pénétra dans le salon.

Toutes ses boîtes à musique gisaient au sol dans la pièce. Sa maisonnette avait été fouillée de fond en comble.

78.

Prostré, l'homme était assis les bras croisés à une table de fer. Une ampoule nue pendant du plafond jetait des touches cuivrées sur sa chevelure rousse.

Sénéchal s'installa en face de lui. Il sortit d'un dossier quelques papiers, dont des photocopies de coupures de presse, et posa son bloc-notes sur la table. Il regarda son interlocuteur dans les yeux.

— Vous vous nommez bien Jeremy Phibes, et vous êtes bien citoyen sud-africain ?

Le rouquin hocha la tête.

— Nous nous sommes rencontrés lors de ma première visite sur le yacht d'Abyss. En fait de scientifique, vous êtes surtout connu en Afrique du Sud pour alimenter en espèces rares des dizaines d'aquariums privés à travers le monde... Et je vous retrouve sur le territoire français en train de chasser l'animal le plus rare de la planète – et sans doute le plus protégé, celui-là – en compagnie de types assez bizarres : l'un d'eux, Designe, a été tué par son associé, qui a également essayé de buter l'écoflic qui est là devant vous.

Phibes sursauta.

— Hans a tué Charles ? Nom de Dieu, qu'est-ce que...

— Ce n'est pas très bon pour vous, tout ça... Que faisiez-vous avec les types d'Abyss ? Ils vous avaient embauché pour taquiner le cœlacanthe ?

— Non. Pas eux.

— Qui, alors ?

— Akira Takenushi. Un vieux Japonais. Riche. Très riche.

— Je le connais. Continuez...

— Takenushi m'avait engagé. Comme il avait engagé Designe. Je devais conseiller et aider Hans et Charles pour trouver l'animal. Vivant, monsieur le policier écologiste. Pour le trouver *vivant...*

— Comme tous les chasseurs de primes. Vous êtes donc une sorte d'instructeur ou de guide de chasse. Avec des références solides dans le domaine des poissons rares. Pourquoi, à votre avis, Hans a-t-il tué Charlie ?

Le rouquin réfléchit un instant. Ses cils presque blancs s'abaissèrent.

— Franchement, je me pose la question. Hans est un type qui a toujours été faible. Sourires désabusés, cigarillos, esbroufe de yachtman... J'étais persuadé qu'il était incapable de faire ça. Il paraissait inoffensif. Il avait même prêté un peu d'argent à Charles pour tenir le coup.

— De grosses sommes ?

— Non. Mais Charles était devenu raide dingue...

— Pourquoi ?

— Il était ruiné. À cause d'une histoire, l'année dernière. C'était bien sa faute, il avait vraiment fait le con.

— L'histoire de Manado Tua ?

Le rouquin releva la tête.

— Vous la connaissez ?

— Continuez, monsieur Phibes.

— Charles était aux abois, et il était prêt à se refaire de n'importe quelle manière. Il savait que vous étiez après lui. Il s'était mis à picoler. Quand on est venus pêcher à Madagascar, il traînait dans les bars avec les types les plus louches qu'on pouvait y trouver.

— Quels types ?

Phibes fit un geste vague.

— Ce genre de types qui ont toujours un service à vous proposer moyennant quelques billets, un truc à vous vendre, de préférence illégal. D'ailleurs, il passait pas mal de temps avec un gars bizarre. Hans n'aimait pas ça.

— Vous savez qui c'est ?

— Un Réunionnais qui trafiquait des animaux, je crois, entre l'île Maurice, la Réunion et Madagascar, et qui faisait toute sorte de contrebande, comme les trois quarts des gars qu'on trouve dans les bars, dans ces coins-là. Charles disait que ce type pouvait lui rendre pas mal de services. Un soir où il avait passé toute la soirée à boire avec lui, il était revenu très excité en disant qu'il allait enfin pouvoir résoudre quelques-uns de ses problèmes grâce à lui.

— Vous connaissez cet homme ?

— Je l'ai croisé une fois. Il est venu sur le yacht dès qu'on est arrivés à la Réunion.

— À quoi est-ce qu'il ressemblait ?

— Un Black, la peau claire, lunettes noires, chapeau de paille, tee-shirt noir, short. La trentaine. Je ne l'ai qu'entrevu. Charles et lui se sont enfermés dans le salon-bar tout l'après-midi, je ne sais pas ce qu'ils mijotaient. J'ai su que c'était lui, parce que Hans m'a expliqué ensuite que Charles picolait déjà avec lui à Madagascar et lui donnait des petits boulots. Hans se méfiait de ce type, il disait qu'il était, euh, mystique. Et camé, à son avis. Et qu'il allait faire faire de nouvelles conneries à Charles, mais que lui, Hans, n'y pouvait rien. Je ne l'ai jamais revu. Charles et lui devaient se rencontrer à terre, par la suite.

— Revenons à votre mission. Qu'est-ce qu'Akira Takenushi vous avait demandé, exactement ?

— Le vieux voulait prioritairement un cœlacanthe de l'espèce *manadoensis*, le plus rare des plus rares. Pas pour lui bouffer le foie ou l'empailler pour le mettre sur sa cheminée : il voulait qu'on le remonte vivant et en bonne santé dans un caisson hyperbare spécial. Une femelle, de préférence. (Il sourit à cette évocation.) C'est un optimiste, le vieux.

— Vous savez ce qu'il voulait en faire ?

— C'était pour ses expériences scientifiques, ses trucs de vieux dingue. Il n'a pas donné de précisions. Il n'est pas bavard sur ses affaires. Je devais trouver un cœlacanthe et le remonter vivant, c'est tout. Il avait mis du gros matériel à notre disposition : sous-marin, caisson, perche en platine et des tas d'instruments océanographiques.

— Et il vous avait promis une très grosse prime. Savez-vous quels étaient ses accords avec Hans ?

— Il avait approché Hans parce qu'il avait le bateau-labo, la couverture scientifique, et qu'il se baladait sans problème sur toutes les mers du globe. Hans avait évidemment été intéressé par la prime offerte par le Japonais. Le vieux avait mis aussi quelques billes dans Abyss, via un prête-nom, car il ne voulait pas y apparaître, mais je pense qu'il voulait tout contrôler.

— Le prête-nom, c'était Charlie ?

— Oui. Le vieux l'avait imposé à Ziegler. Il était là pour gérer son fric, car ce cher Hans avait une réputation de flambeur bien établie et Také n'avait pas confiance en lui.

— De plus, Charlie était un champion pour planquer de l'argent dans des paradis fiscaux, non ?

— Exact. D'après lui, il avait été conseiller de Také pendant un certain temps, c'est comme ça qu'ils se sont connus.

— Que se serait-il passé si vous aviez remonté un cœlacanthe vivant ?

— Dès qu'on avait attrapé la bête, le vieux envoyait un avion spécialement équipé, il gardait l'animal dix jours, après on devait le relâcher à l'endroit où on l'avait trouvé. À la même profondeur.

— Dites-moi, monsieur Phibes, par curiosité : vous en avez déjà vu, des cœlacanthes ?

Le rouquin sourit mélancoliquement.

— Oui, il y a cinq ans. Une plongée difficile, en mélange ternaire, au large de l'Afrique du Sud, avec un cameraman. J'avais repéré le terrier de ce vieux quatre-pattes à moins cent quinze mètres. Un *chalumnae.* C'était incroyable à voir ! Magique ! Le vieil acrobate évoluait tranquillement devant nous, la tête en bas. (Phibes tendit la main dans le vide.) On aurait presque pu le toucher. Et puis il a filé dans le noir. Le film s'est vendu partout dans le monde.

De l'index, Sénéchal fit pivoter l'article intitulé : *Une rencontre filmée avec l'ancêtre de l'humanité,* de manière que son interlocuteur puisse voir la photo. Le rouquin fixa l'écoflic.

— Vous savez, Takenushi m'a engagé parce que je suis le meilleur dans mon domaine. Renseignez-vous, je suis connu dans le métier.

— J'en suis certain. Que s'est-il passé dans l'île indonésienne de Manado Tua ?

Phibes étouffa un rire nerveux.

— Il s'est passé que Hans et Charles ont fait les cons ! Surtout Charles. (Il hocha la tête, l'air pensif.) Manado Tua, île de Célèbes ! Sacrée histoire... Tout ça est terminé, désormais... On avait commencé par chasser dans le coin de Manado Tua, puisque Také voulait surtout un *manadoensis.* À ce moment-là, il n'y avait pas de scientifiques à bord du yacht, et Charles et Hans se sont complètement lâchés... Ils ont imprimé des tracts promettant une récompense à qui les renseignerait sur la bête, ils interrogeaient les pêcheurs des îles, à Biting, à Manado Tua, jusqu'à Morotai et Halmarera... Ils leur distribuaient du fric pour obtenir des informations, ils parlaient avec eux durant des heures, ils promettaient des récompenses... Bref, on ne voyait qu'eux dans le secteur. Je leur avais pourtant conseillé d'être plus discrets, sinon on aurait des ennuis avec les flics indonésiens un de ces jours. Mais Charles s'en foutait.

— Que s'est-il passé exactement ?

— J'avais repéré un terrier de quatre-pattes. Ce qui était déjà beaucoup. Hans et moi, on est descendus une nuit avec le sous-marin et la perche en platine. Charles est resté sur le yacht. Il a mis le caisson hyperbare à l'eau, à tout hasard. Quand on est remontés bredouilles de la plongée, il y avait deux vedettes de la police maritime indonésienne en surface, des projecteurs partout et des flics plein le yacht, avec Charles qui gueulait. Ça aurait pu se passer en douceur, mais ce con-là les a insultés, il a essayé ensuite de leur graisser la patte, il a fait un tel esclandre qu'un gradé a réveillé un supérieur chez lui, lequel a passé des coups de téléphone à Jakarta. Résultat : on s'est tous fait embarquer, le yacht de Hans a été mis sous séquestre, et le lendemain c'était devenu une affaire nationale.

Sénéchal agita une feuille de papier A4.

— Voici la couverture d'un journal indonésien de l'époque qui titre : *Une belle prise entre Biting et Manado Tua.* C'est le yacht d'Abyss, la belle prise, bien sûr, pas un cœlacanthe... En dessous, il est écrit : « Sous le couvert de recherches océanographiques, des étrangers s'introduisent effrontément sur notre territoire pour voler à l'Indonésie l'un de ses plus grands trésors scientifiques. » Sur la photo, on distingue très bien feu Charlie Designe, Ziegler et vous-même. Vous faites tous des têtes de dix pieds de long.

— On aurait pu s'en tirer avec une simple amende et en graissant quelques pattes discrètement, mais il y avait dans la tête de certains crânes d'œuf de Jakarta un grand projet de parc marin à Manado Tua, pour protéger les vieux quatre-pattes. Le responsable du projet lui-même, un type du Programme des Nations unies pour l'environnement de Jakarta, nous avait fait arrêter au nom de la loi internationale sur les espèces hautement protégées.

— Vous connaissez son nom ?

— Je l'ai même rencontré. Il s'appelle Mahakam. Shafik Mahakam. Je me le rappelle, parce que Charles en parlait tout le temps, après, de ce type qui l'avait ruiné.

79.

Après une courte nuit, l'écoflic fut réveillé par son téléphone portable. La veille au soir, il était rentré très tard et avait remarqué que la lampe-tempête de Mme Hoareau était restée allumée sous sa véranda. Il avait pensé que la grosse dame, insomniaque, s'était momentanément absentée, puis, fatigué, il était allé se coucher.

Il trouva enfin son téléphone, près de son matelas.

— Edouardo ? Vous êtes très matinal. Je ne m'attendais pas à vous entendre, qu'est-ce...

— Figurez-vous que l'excellent capitaine Thamnir a envoyé quelques-uns de ses gars faire le tour des magasins de sport de Jakarta, particulièrement ceux qui proposent du matériel pour l'escalade, la varappe et tout ça.

Sénéchal avait du mal à se réveiller tout à fait.

— Ah bon ? Le fringant capitaine s'intéresse à l'escalade ? Et comment...

— La corde en nylon qui a permis d'attacher le jeune mec qui faisait de la moto au fond d'une mare, vous vous en souvenez ?

— Je m'en souviens, Edouardo. Oui-oui.

— Elle était râpée par endroits. On a trouvé de la silice incrustée dans ses fibres, malgré l'immersion prolongée. C'est une corde de varappe, sport qui n'est pas couramment pratiqué par les Indonésiens. Thamnir a pensé que pour être d'une force aussi peu commune que celle de l'homme qui s'est servi de la corde, il fallait sans doute faire de la musculation et se maintenir en forme.

— Pour pouvoir de temps à autre tuer des gens en les transperçant d'un coup d'un seul avec un fer à béton...

— Thamnir a donné à ses archers une mission bien précise : retrouver dans l'archipel un colosse aux yeux clairs, cheveux coupé en brosse, autrement dit une aiguille dans une meule de foin, vu que ce n'est pas les Australiens et les Américains baraqués qui manquent ici. Mais ils ont eu de la chance. Le fabricant de la corde, qu'ils ont identifié, leur a donné la liste de ses distributeurs à Jakarta.

— Et...

— Et ils ont fait chou blanc. Alors ils ont eu l'idée de traîner leurs rangers dans quelques salles de sport de la ville avec un vague portrait-robot.

— Et?

— À la quinzième salle de musculation fréquentée par des Occidentaux, le gérant a reconnu un de ses clients, un type immense avec un parler traînant. Il s'est souvenu l'avoir vu arriver un jour avec un jeune mec dans une voiture jaune décapotable. Une fois... Une seule fois ! Vous vous rendez compte ?

— Eh oui. Toutes ces petites erreurs qui vous pistent un homme. Et alors ?

— Alors le type s'est pointé comme d'habitude pour se gonfler tranquillement les pectoraux, les gars de Thamnir qui étaient en planque l'ont serré sans problème.

— Qui est-ce ?

— Un *Senior Military Instructor.* Un Américain appartenant à la société privée MPCorps chargée d'entraîner l'armée indonésienne.

— Je vois. Un mercenaire. Et qui fait quelques extras, à ce qu'il semblerait.

80.

Sénéchal trouva sa logeuse sous la véranda, en pleine lumière, perdue dans ses pensées, la mine défaite. Il s'assit à côté d'elle et, le regard fixé devant lui, dit simplement :

— Parlez-moi un peu, madame Hoareau.

Elle renifla, lissa sa robe à fleurs du plat de la main, hésita longuement, puis, d'une seule traite, elle lui raconta sa nuit enfermée dans sa cuisine avec la « voix » qui la terrorisait de l'autre côté de la porte, l'épouvantail ressuscité. Elle frissonnait tout en déroulant son récit. Elle le termina en lui expliquant que toute sa petite maison avait été fouillée.

Sénéchal revint sur certains points de la narration de la grosse dame qui lui avaient paru obscurs, car ils étaient émaillés d'expressions créoles. Puis il se plongea dans une réflexion intense. Enfin il se leva.

— Nous allons avoir du travail, tous les deux.

L'écoflic s'accroupit et examina la porte de la cuisine de Mme Hoareau avec une attention extrême, son grand nez de pirate à quelques centimètres du panneau. Il se releva, sortit son téléphone photographique de sa poche, recula et prit plusieurs clichés de la poignée et des multiples estafilades qui se voyaient tout autour, dans la peinture pâlie par le soleil. Enfin, il passa doucement sa main gantée de caoutchouc sur l'une d'elles. Elle était peu profonde. Il demanda à la grosse dame qui se tenait à quelques pas de lui et qui l'observait avec curiosité :

— Ça faisait le bruit des griffes d'un animal ?

— Comme une bête féroce qui grattait à la porte, comme pour... pour déchirer le bois. Dites-moi, monsieur le détective zoreil, pourquoi donc reniflez-vous cette porte ?

— Dans mon métier, chère madame, on m'appelle l'écorenifleur. Mes collègues m'emmènent toujours sur les marchés pour choisir leurs melons. Vous êtes certaine que toutes vos boîtes à musique sont là, sauf le tigre qui bouffe le soldat anglais ?

— Le tigre de Tipoo. Je ne l'ai jamais retrouvé. Je n'aime pas du tout savoir que quelqu'un le détient en ce moment.

— Hunhun... Bien, voyons cette lucarne.

La vitre au-dessus de la porte était grasse des fumées de cuisine accumulées. Sénéchal la regarda de près en tournant légèrement la tête, gêné par les reflets du soleil. Il mit sa main en visière.

— Ça ne pouvait pas être un gosse, c'est trop haut... À moins qu'il ne soit monté sur quelque chose.

— Ou qu'ils soient deux, et que l'un d'eux se soit perché sur les épaules de l'autre.

Elle secoua la tête, comme pour chasser cette idée.

— Non. Non. C'était... différent.

Sénéchal, les deux mains en visière, cette fois, déclara :

— Ce quelqu'un a appuyé son visage ici. Il y a des traces noires, à peine visibles en pleine lumière. Des marques... (Il approcha son grand nez de la vitre et renifla à petits coups, tel un chien truffier.) Hum. Vous aviez raison, c'est peut-être une femme.

Il renifla encore.

— Dans ce cas, elle se parfume au vétiver. Madame Hoareau... Cette femme – en supposant que ce soit une femme – qui vous a fait passer la nuit dans la cuisine, vous ne savez pas du tout ce qu'elle racontait ?

— Elle tenait des propos décousus. Et j'avais très peur...

La grosse dame frissonna et écarta ce souvenir d'un geste de la main. Sénéchal n'insista pas.

— Dites-moi, vous pourriez me trouver l'adresse d'une boutique de hi-fi à Saint-Denis, pendant que je vais chercher des outils pour démonter la vitre ?

Quelques minutes plus tard, il se rendait à l'université de Saint-Paul, où il rencontra une avenante jeune fille couleur cappuccino à qui il trouva de grandes qualités d'écoute et de très jolies jambes. Elle regarda sa carte de flic, ses bretelles incongrues, enfila une paire de gants de caoutchouc, sourit et lui prit délicatement des mains la vitre qu'il avait apportée. Elle hocha la tête d'un air compétent à ses explications, couvrit de notes un calepin, alluma immédiatement un microscope sur une paillasse et lui montra plusieurs machines qui lui rappelèrent celles du laboratoire de Lucrèce, dans les sous-sols du ministère de l'Environnement. Puis elle s'assit sur un tabouret devant le microscope et se tourna vers lui pour lui promettre de le rappeler au plus vite. La manière dont sa blouse blanche remonta lorsqu'elle croisa les jambes – dévoilant une petite partie des formes que Sénéchal lui avait déjà devinées – fit monter une insidieuse bouffée de chaleur au visage de l'écoflic. Il balbutia un vague remerciement, pivota sur place et faillit se cogner dans le montant de la porte du laboratoire.

81.

La pièce sent le désinfectant et la transpiration.

Edouardo tortille nerveusement sa moustache.

Il est fatigué. Fatigué par ce colosse rusé qui se paye sa tête. Fatigué de la présence silencieuse et attentive de ces deux militaires derrière lui.

Le capitaine Thamnir n'a pas bougé un muscle depuis deux heures. Edouardo, agacé, se retourne et lui jette un rapide coup d'œil. L'unique lampe de cette salle d'interrogatoire se reflète dans les nouvelles lunettes de l'officier debout dans la pénombre, masquant son regard. Il a l'air d'un type qui attend le bus au coin d'une rue.

Derrière Thamnir, un soldat au poil ras, en uniforme vert et rangers, se tient dans la position réglementaire, les jambes écartées, les bras dans le dos, le visage aussi dénué d'expression que celui de son supérieur.

Edouardo évite de regarder ce qu'il a vu le long du mur en arrivant : une table en inox posée sur six pieds scellés au sol. Une rigole court le long de ses bords et un pommeau de douche relié à un tuyau y est accroché. C'est une classique table d'autopsie, mais celle-ci est équipée de sangles de cuir usées. Sous la table, il y a une sacoche plate pareille à celle des chirurgiens. Des taches brunes sont visibles sur le sol de ciment.

Il n'aime pas ça, Edouardo.

Une goutte de sueur roule sur sa joue. Il l'essuie du revers de la manche, remet le magnétophone en marche et reprend, cette fois sur le ton d'un vendeur d'assurance vie :

— Je vous demande de bien réfléchir, monsieur. Comme vous le voyez, nous faisons tous des efforts. (Le petit flic spécial hoche la tête, l'air pénétré.) Ma proposition devrait retenir votre attention. Vous nous racontez tout en détail, on enregistre, on ferme la boutique et, dans une heure, c'est réglé, on rentre tous chez nous.

Il se penche vers l'homme blond aux énormes biceps attaché par des sangles sur le fauteuil devant lui et approche son visage très près du sien.

— Je peux faire beaucoup pour arranger des tas de choses...

Il désigne discrètement du pouce les deux militaires dans l'ombre et chuchote :

— Surtout pour vous sortir des pattes de ces gars-là.

Son immense interlocuteur ne le regarde même pas. Il renifle et ses yeux clairs errent vers le plafond. Puis il fait rouler ses pectoraux sous son tee-shirt et sourit.

Edouardo se recule dans sa chaise en soupirant... Deux heures qu'il essaye tout avec ce gars-là. Il a alterné les rôles. Edouardo : procureur, flic, sauveur, tentateur, pédagogue, gentil et méchant. Mais l'homme devant lui est spécialisé dans les coups tordus. Il connaît la musique, évidemment. Évidemment...

Dans son dos, Thamnir lance un ordre bref. Le soldat sort de la pièce. La porte de métal se referme derrière lui avec un claquement sec.

Edouardo, depuis sa place, jette un regard interrogateur au capitaine. Thamnir l'ignore superbement. Plusieurs minutes s'écoulent. La porte s'ouvre à nouveau sur le soldat. Ses mains sont maintenant gantées de cuir. Il porte un seau de plastique d'où dépassent le goulot d'une bouteille et la tête d'un marteau. Il s'accroupit, s'empare du marteau et casse la bouteille dans le seau, faisant sauter des éclats de verre qui tintent sur le sol. Il les ramasse de ses mains gantées et termine de piler consciencieusement le contenu du seau. Puis il se met au garde-à-vous.

— Venez me rejoindre, voulez-vous, monsieur Edouardo ? demande Thamnir.

Le soldat pose son seau aux pieds du prisonnier qui le regarde droit dans les yeux. Il saisit une poignée de verre pilé de sa main gantée et la lui écrase brutalement sur la bouche. Les yeux du géant s'écarquillent. De sa main libre, le soldat lui empoigne le nez et le tord. L'homme donne des coups de tête et tente de se libérer de ses liens. Ses énormes muscles se gonflent, son visage vire à l'écarlate, du sang coule sur le gant de cuir. Le soldat relâche sa prise et le gifle à toute volée. Des éclats de verre volent dans la pièce.

Le capitaine Thamnir s'avance à son tour et écarte doucement le soldat. Mains dans le dos, il se penche vers l'homme dont les lèvres dégouttent de sang. Des éclats brillent dans la plaie de sa joue. Il lui dit, de son ton le plus courtois :

— Monsieur, je vais donner l'ordre de vous faire avaler ce verre pilé. Ce sera une mort très lente. Vous souffrirez beaucoup. Cependant, vous avez le choix : voulez-vous plutôt nous apprendre tout ce que vous savez sur cette affaire qui nous préoccupe tant ?

Le prisonnier se tourne et crache au sol un glaire sanguinolent. Puis il hoche la tête avec lenteur.

82.

Monsieur Sénéchal, écrivait Edouardo.

Vous apprendrez sans doute avec intérêt que l'amateur de varappe, membre de MPCorps (et que nous appellerons « Smith » par commodité), a livré, à la suite de plusieurs interrogatoires dans les locaux de la Sécurité nationale indonésienne, des informations concernant l'affaire Shafik Mahakam :
1) Smith a avoué avoir été recruté par un ou plusieurs commanditaires, dont il prétend ne pas connaître les noms véritables, ces derniers ayant passé contrat avec lui par des intermédiaires locaux non retrouvés à ce jour. Il a simplement précisé que le nom de code de ses correspondants était « groupe Chimères ».
2) Son contrat consistait à neutraliser M. Shafik Mahakam selon une procédure particulière dont on lui a fourni le matériel et la méthodologie. « Neutraliser » est le terme qu'il a employé.
Il monte donc une équipe pour « traiter » Shafik Mahakam avec la substance toxique dont M. Méjaville, expert de vos services, a identifié les traces dans les vêtements du défunt Mahakam. Il prétend ne pas connaître l'origine de ces substances, qu'on lui a fait parvenir par un inconnu.
Pour mener à bien le projet qui lui avait été confié, Smith s'assure les services d'un jeune délinquant local. Il élimine ultérieurement ce dernier et se débarrasse du corps en le plongeant dans une mare, lesté par une moto tout-terrain.
Avec l'aide de ce complice, Smith soudoie la femme Soekarno – femme de ménage au domicile du couple Mahakam. La tâche dévolue à cette dernière consiste à appliquer régulièrement la

substance toxique sur le tissu du fauteuil, dans les chaussures, dans les gants et sur certains vêtements de M. Mahakam, selon une « méthode » précise fournie avec la substance. Elle n'a jamais été informée qu'il s'agissait d'une substance toxique.

Il soudoie également le médecin traitant de la famille, nommé Dusung, afin qu'il produise de faux diagnostics et de faux bilans de santé. Smith a ensuite déclaré que le médecin Dusung, malgré la somme jugée importante qui lui avait été allouée pour sa complicité, avait manifesté de fortes réticences et émis de nombreuses récriminations, et qu'il se préparait à se dénoncer à la police. Ce qui aurait précipité son élimination physique après le suicide de Mahakam.

Le costaud a prétendu enfin qu'il avait éliminé physiquement son jeune complice pour « incompétence et fautes répétées susceptibles de mettre en danger sa propre sécurité ».

Sénéchal songea que le tueur avait quasiment employé les termes d'une lettre de licenciement. Il grogna.

— Pff ! L'amateurisme est vraiment la plaie de notre époque !

Puis il acheva sa lecture.

Smith est demeuré extrêmement imprécis sur la finalité réelle de l'« opération Mahakam ». Enfin, il a nié formellement toute implication dans l'attentat dont le capitaine Thamnir, son lieutenant et moi-même avons été la cible.

83.

Le détective, écrasé par la chaleur, regardait fréquemment, à une cinquantaine de mètres de lui, une maisonnette sur pilotis isolée d'où s'échappait une fumée paresseuse. Une radio lointaine crachotait des airs de séga. Devant la cabane, des poissons séchaient sur des claies, d'autres étaient suspendus à des potences faites de branchages assemblés, en compagnie de poulpes morts qui, à cette distance, ressemblaient à de vieilles serpillières. Des bouteilles de plongée rouillées reposaient sous les pilotis. Le ciel au-dessus des montagnes était couleur gris acier et les pics formidables avaient pris des teintes inquiétantes. Ils avaient désormais les menaçantes allures de géants prêts à se mettre en marche.

Un bruit de moteur fit tendre l'oreille à Sénéchal. Une pirogue multicolore franchissait en dansant la barrière de corail.

Au moment où il se levait péniblement pour aller à la rencontre du pêcheur, une brutale bourrasque venue de nulle part agita poissons et poulpes sur leurs potences, rabattit au sol la fumée sortant de la cabane et fit bruisser les branches des tamarins. Un caméléon, surpris, leva une patte avec lenteur et la tint figée en l'air, comme s'il indiquait à Sénéchal la direction d'où allait venir le cyclone.

— Voyez-vous, dit Sénéchal, je suis par nature brutal, cynique, menteur et prêt à tout pour arriver à mes fins. De plus, je n'ai aucun scrupule et quand je tiens quelqu'un je ne le lâche jamais.

Il ajouta sur un ton badin :

— Notez bien que vous n'êtes pas obligé de me croire, j'exagère toujours mes petits travers...

Puis il sortit sa carte de policier et précisa (en prenant le ton d'un commentateur de film d'entreprise) au pêcheur aux lèvres craquelées – et recouvertes d'un onguent blanc qui lui dessinait une bouche de clown – que son activité professionnelle lui procurait des joies infinies, dans la mesure où elle lui permettait de donner libre cours, et de manière officielle, aux penchants qu'il venait de lui décrire, tout en lui offrant un salaire et la considération de ses chefs. Sans parler du plaisir fréquent que procurait à quelqu'un comme lui, Sénéchal, l'exercice de l'interrogatoire musclé (suivi de l'embastillement ou de la mise au secret) des malfaiteurs, bandits de tout poil, contrebandiers, assassins, gibiers de potence, faux témoins, et surtout – surtout – des coupables présumés de dissimulations d'informations intéressant la justice.

Pour finir, il énonça au pêcheur les articles du Code pénal relatifs à ce délit, les peines encourues, puis, comme s'il récitait des horaires de chemin de fer, lui communiqua les heures de visite des familles au parloir de la maison d'arrêt de Saint-Denis (île de la Réunion), sise rue Juliette-Dodu et connue pour sa décoration intérieure des plus spartiates.

Le pêcheur nommé Jouvence Hoareau retira lentement et en grimaçant ses gants de caoutchouc, puis il souffla un bon moment sur ses paumes couvertes de cicatrices dues à leur jonction temporaire à la colle cyanolicrate. Enfin, il déclara à Sénéchal combien il était heureux de pouvoir enfin s'ouvrir à quelqu'un de compréhensif de certaines aventures qui lui étaient survenues dès l'instant où il avait croisé sous les eaux un poisson cuirassé qui nageait curieusement.

Il ajouta, l'air rêveur, que ledit poisson était sans aucun doute le messager officiel du dieu marin des Emmerdements. Lesquels, comme on le savait, se présentaient le plus souvent en bataillons si serrés que les uns marchaient sur les talons des autres.

Sénéchal se leva de sa chaise, alla cueillir entre deux doigts une bouteille de rhum dont le goulot dépassait d'une nasse crevée, la posa sur la table entre eux, dénicha deux verres sales, puis sortit son carnet muni du crayon gracieusement fourni par la République à ses fonctionnaires méritants. Son regard s'attarda un instant sur une mâchoire de requin aux dents acérées clouée au mur, et il prit l'attitude soucieuse de l'homme qui ne sait pas vraiment par où commencer un travail fastidieux.

84.

Pierre Sénéchal-le-lubrique, en ouvrant la porte du laboratoire de l'université de Saint-Pierre, regretta une fois de plus l'invention du pantalon : la jeune personne aux jolies jambes à qui il avait confié la lucarne de la cuisine de Mme Hoareau portait un jean. Assise devant un petit bureau, elle lisait un document, l'air concentré. Elle leva la tête, lui sourit, puis elle saisit un dossier devant elle.

— Bonjour, monsieur Sénéchal. J'ai travaillé en urgence sur la vitre que vous m'avez confiée, ainsi que vous me l'aviez demandé.

Depuis sa place, elle lui tendit le dossier. Il fit un signe de dénégation.

— Je n'y comprends rien ! Commentez-le-moi, voulez-vous ?

Elle ouvrit le dossier et le parcourut des yeux.

— Comme vous m'avez dit que c'était une lucarne de cuisine, je n'ai pas tenu compte de la pellicule de graisse végétale et de toutes les suies de cuisson, et je me suis concentrée sur les marques noires que vous m'avez indiquées.

Elle murmura, tout en lisant :

— En gros, on pourrait dire qu'il s'agit de cambouis... Graisse minérale, suies résultant de la combustion de végétaux, particules végétales diverses. Voyons, voyons... Charbon de bois, pollen. Particules de fer ferrique, également...

— De fer ferrique ?

Elle sourit de nouveau.

— De la rouille.

— De la rouille de quoi ?

— Bonne question. D'acier. Il y a également du sulfate de cuivre, ainsi qu'une trace d'argile blanche...

— Eh ben !

— J'ai comparé les pollens que j'ai trouvés avec ceux contenus dans une banque de données. C'est de l'acacia et du ricin.

— De l'acacia comme pour le miel ? Il y a beaucoup de ruches dans l'île ?

— Oui. Leur miel est d'ailleurs très réputé.

— Vous vous parfumez avec quoi, mademoiselle ?

Elle leva la tête du dossier, surprise.

— Je vous demande pardon ?

— Euh, ça n'a rien de personnel. Je trouvais simplement que cette vitre sentait le vétiver.

Elle fronça les sourcils, se leva de sa chaise et alla à une paillasse. La lucarne de Mme Hoareau y était posée sur une grande feuille de papier blanc, voisinant avec des Coton-Tige à l'extrémité maculée. Elle se pencha sur l'objet et respira profondément.

— Vous avez raison. Je me parfume moi-même au vétiver, je n'avais pas remarqué... Attendez, attendez ! Il y a un autre parfum, derrière le vétiver.

Elle ferma les yeux.

— Le géranium. L'essence de géranium. Mais l'odeur est très subtile.

Elle rouvrit les yeux et regarda Sénéchal comme si une pensée venait de la frapper.

— J'attendais un dernier résultat sur cette analyse. Je vous demande une seconde, il faut que je regarde ma boîte mails.

Elle se dirigea d'un pas assuré vers un ordinateur dont l'écran était allumé, pianota et déclara :

— Je n'y comprends rien. Par acquit de conscience, j'ai envoyé le spectre d'une des particules d'acier intactes que j'ai trouvées dans ce... cambouis à un collègue spécialiste des métaux. Il prétend que cet alliage d'acier ne se fabrique plus depuis la fin du siècle dernier !

Sénéchal ne rentra chez sa logeuse qu'à la nuit tombée, en sifflotant très faux l'ouverture des « Noces de Figaro ». En arrivant chez Mme Hoareau, il constata avec amusement que la maison et ses alentours étaient éclairés comme en plein jour.

La grosse dame s'était ruinée en lampes-tempête qui diffusaient leurs lueurs blanches à divers endroits du bâtiment, jusque dans la courette et devant la cuisine. Il la trouva en train de lire sous la véranda, le fusil de son défunt mari posé sur le mur près d'elle.

85.

— Après leur remarquable exploit de pêche sportive à l'île de Manado Tua, chef vénérée, nos trois larrons d'Abyss sont convoqués à Jakarta, au siège du PNUE, où ça chauffe pour eux. Selon le rouquin Phibes, le délégué général Zhu avait l'air de se foutre complètement de cette histoire, mais Shafik Mahakam, protecteur des cœlacanthes, est inflexible. Il veut faire un exemple. Pour couronner le tout, il a un sérieux accrochage avec Charlie, qui l'insulte copieusement. Mahakam dépose donc une plainte contre eux au nom du Programme des Nations unies pour l'environnement. Voici donc nos compères bloqués en Indonésie, et leur bateau avec le matériel est mis sous séquestre.

— Je comprends que ce pauvre Mahakam se soit énervé plusieurs mois plus tard contre ce délégué japonais, euh, Saïto.

— Ce jour-là, Mahakam remue ciel et terre contre Abyss. La justice est saisie, il y a un procès, et les Pieds nickelés sont condamnés par un tribunal indonésien à payer une énorme amende. Le coup est dur... Ils essaient bien de mouiller Akira Takenushi, qui est leur commanditaire, mais le vieux malin, même s'il est soupçonné, ne peut pas être inquiété, car Charlie est son prête-nom.

— Bien joué.

— Les Pieds nickelés vont alors pleurer chez le vénérable Nippon. Také, l'ingrat, leur dit en substance : « Débrouillez-vous, il ne fallait pas vous faire piquer, et il aurait mieux valu adopter un profil bas avec les autorités indonésiennes. Moi, je ne vous connais plus. À cause de vos sottises, j'ai perdu de l'argent, je vous coupe les vivres. – Et moi ? dit le rouqin. – Je ne vous connais plus non plus. *Sayonara.* »

— Ce Japonais est réaliste.

— Také sait que la fondation Abyss est grillée, qu'elle est sur la liste noire du PNUE, lequel a diffusé à toutes les autorités maritimes l'immatriculation du yacht. Cette réputation de braconniers d'espèce hautement protégée va coller aux fesses de Ziegler et consorts un très long moment dans la région, surtout que la presse s'est fait largement l'écho de cette très belle opération. Také, qui est très contrarié, leur dit aussi : « À propos, les gars, rendez-moi mon matériel de chasse au cœlacanthe, vu qu'il n'a pas été saisi par les Indonésiens. » Les autres s'en foutent : ils savent que le vieux ne pourra pas porter plainte contre eux. Ils gardent tout. Je précise que ces instruments océanographiques, bathythermographes, caméras électroniques, que sais-je, sans parler du sous-marin et de sa perche en platine, valent un bon paquet de fric. C'est désormais la guerre entre l'équipe Abyss et Takenushi. En effet, cette aventure a eu des conséquences inattendues... Elle a collé Charlie dans un pétrin sans fond, car ses clients, informés de l'affaire, qui a fait grand bruit dans ce petit milieu, lui retirent la gestion de leurs portefeuilles d'économies... Cerise sur le gâteau : sous l'impulsion de Mahakam, les flics et le fisc indonésiens commencent à s'intéresser aux affaires de Charlie. Qui ne sont pas toutes propres. Et ses clients non plus. Il y a une chose dont ont horreur ces gens-là, c'est de se retrouver en pleine lumière. Alors, c'est la débandade...

— Petites causes, grands effets. La roche Tarpéienne n'est jamais loin du Capitole, comme vous le dites souvent avec votre suffisance légendaire, Sénéchal.

— Merci, chef. Charlie boit donc la tasse et est obligé de fermer son cabinet-conseil en défiscalisation. Et voilà. Une minuscule oscillation, et tout le système s'effondre.

— Je connais aussi votre théorie du chaos, Sénéchal. Continuez...

— Charlie est fou de rage contre Mahakam. Il déclare à qui veut l'entendre qu'il se vengera de ce salopard de fonctionnaire indonésien qui l'a fait plonger – si j'ose dire – financièrement, de ce petit con bien peigné qui aurait pu continuer à dormir dans son bureau climatisé au lieu de l'emmerder jusqu'à la faillite. Mais le meilleur est à venir, chef, car un nouveau projet germe alors dans son tout petit cerveau.

— Un projet de quelle nature ?

— Il est très simple : avec le butin arraché au vieux, son sous-marin et son matériel, et appuyés par les conseils du rouquin, Ziegler et Charlie vont pouvoir chasser pour leur propre compte. Ils sont grillés en Indonésie ? Qu'à cela ne tienne : ils vont faire voile vers Madagascar pour tenter de capturer un cœlacanthe là-bas, car ils ont un client tout trouvé. En route, donc, pour de nouvelles aventures dans l'océan Indien !

— Qui est ce client ?

— Mais... Takenushi ! Car Charlie suppose – avec raison – que s'ils mettent la main sur un cœlacanthe vivant avec le matériel qu'ils ont fauché à Akira Takenushi – même si c'est un *chalumnae*, même s'il est rachitique –, Takenushi Akira leur crachera une fortune pour l'obtenir. Ils lui mettront le marché en main et, dans leurs rêves dorés, ils ouvriront même la négociation en lui réclamant le double de la prime de départ. Et évidemment ils conserveront le matériel.

— C'est loin d'être idiot. L'offre et la demande, ma foi...

— Vous connaissez la suite : à Madagascar, ils apprennent qu'une nouvelle espèce aurait été repérée dans l'île voisine de la Réunion, ils débarquent là-bas avec leur matériel de compétition et des scientifiques payés par les laboratoires Ziegler qui font tourner leur boutique. Giran, inquiet, vous appelle, et vous m'ordonnez de voler au secours de l'animal le plus rare du monde sur mon fier palefroi.

— Et vous remontez à Mahakam et à son décès suspect... Et Ziegler tue Designe. Vous avez une idée concernant ce meurtre ? Une histoire d'argent ?

— Je n'en sais rien. Mais il semble que Charlie ait fait une curieuse rencontre à Madagascar. C'est tout ce que j'ai pu tirer de ce Phibes.

86.

— Détective Sénéchal ? C'est le laboratoire d'analyses du traitement du signal. À Toulouse.

— Ah ! Je vous remercie de m'avoir appelé si vite, madame.

— Mademoiselle... Bien... Nous avons analysé les sons que vous nous avez envoyés par Internet. Ils proviennent d'une cassette audio, n'est-ce pas ?

— C'est bien ça. Un magasin de hi-fi me l'a transformée en numérique.

— C'est pas très bon, mais nous nous sommes débrouillés. Voici... La personne qui parle au second plan, derrière la voix d'une femme qui chante cette fort jolie chanson à propos de goyaves, non, de goyaviers...

— Oui ?

— C'est un homme. Un homme qui prend une voix de femme, et parfois d'enfant.

— Vous en êtes certaine ?

— Le spectrogramme, lui, est certain. Les vibrations des cordes vocales des hommes sont à 80 ou 120 hertz. Celles des femmes dans les 200. La sienne se maintient à 150 le plus souvent. Celles des enfants montent à 400, 500 dans le spectre, voyez-vous ? C'est curieux. À un moment, il s'est rapproché du magnétophone tout en continuant à parler. À jacasser, plutôt. L'oscillogramme indique de grandes variations de fréquence, à savoir un enchaînement rapide des aigus et des graves. Cet homme parle avec une voix nasillarde, mais ce n'est pas sa voix naturelle. Il *prend* une voix nasillarde. Il a une intonation particulière, une durée relative des syllabes, des laps de temps de pause et un rythme qui lui sont propres.

— Et donc ?

— Comme d'habitude, nous avons cherché des critères acoustiques, phonétiques et linguistiques, des tics langagiers et des particularités discriminantes. Ce que je peux vous apprendre, c'est qu'à travers l'intonation de sa voix transparaissent des problèmes d'élocution. Ses reprises de souffle vont en s'accentuant, ce qui traduit un état de fatigue. Ou une mauvaise santé. Nous avons compté la durée des « aaaa ». Il renifle un peu. C'est bizarre, il doit être malade. J'entends, pas seulement mentalement.

— Ou drogué ?

— Peut-être. D'ailleurs, je ne comprends pas un mot de ce qu'il dit. D'où le problème. Pour les critères linguistiques et les tics langagiers, nous n'avons pas pu...

— Il parle le créole, je crois.

L'interlocutrice de Sénéchal fit une pause. Puis elle reprit :

— Alors je dirais qu'il n'est pas habitué à le parler, car il a une hésitation – une infime hésitation, que sans doute ne perçoit pas l'oreille humaine – qui démontre que les mots créoles ne lui viennent pas spontanément. Cela aussi, c'est étrange.

— La personne qui l'a entendu directement – la dame qui chante cette fort jolie chanson – m'a parlé de curieuses tournures, d'expressions maladroites.

— Pourriez-vous me donner – par curiosité – une information ? On l'entend ouvrir une porte, qu'il ne referme pas, et, peu après, on entend une sorte de fracas et des tintements. Savez-vous à quoi correspondent ces sons ?

— La personne dont vous avez analysé la voix a balancé des boîtes à musique sur le sol, dans la pièce d'une maison.

— Très intéressant. Je vais mettre cela dans mes banques de données de sons et de voix. Tenez, je vous donne un tuyau en échange : sur un enregistrement, la cadence d'un fusil-mitrailleur Kalachnikov est de vingt-six coups en 2,4 secondes.

— Merci mille fois, chère mademoiselle, c'est toujours très utile, dans la vie, de savoir ça. Et puis, c'est de circonstance.

Tout en se préparant son café matinal, il maugréait en repensant aux paroles de la spécialiste de l'analyse des sons et des voix : « Alors je dirais qu'il n'est pas habitué à le parler, car il a une hésitation – une infime hésitation, que sans doute ne perçoit pas l'oreille humaine – qui démontre que les mots créoles ne lui viennent pas spontanément. »

Il s'exclama :

— Quel con... Mais bien sûr ! Le type parle un autre créole ! Pas celui de la Réunion !

87.

Lucrèce avait écrit :

> Voici ce que j'ai trouvé dans une revue économique, à la page Potins et ragots :
> « Selon certaines rumeurs, les laboratoires suisses Ziegler-Fuschmann seraient sur le point de commercialiser des vaccins et des anticorps à un prix très largement inférieur à ceux proposés jusqu'alors par leurs concurrents. Les protéines que Ziegler-Fuschmann s'apprêteraient à lancer sur le marché sont pourtant reconnues pour être de celles dont l'obtention est réputée coûteuse. Des sources fiables n'excluent pas le fait que cette chute très sensible de leur prix de vente pourrait être attribuée à un nouveau procédé d'extraction de protéines par génie génétique, procédé dont les laboratoires Ziegler-Fuschmann se seraient sans doute assuré l'exclusivité. »

Sénéchal pianota sur le bord de la table. *Les laboratoires Ziegler ? La famille de Hans, qui transforme la faune et la flore sous-marines en médicaments et en cosmétiques... Ils bricolent dans la génétique, eux aussi ?*

88.

Mme Hoareau, les mains croisées sur le ventre, écoutait attentivement Sénéchal. Après avoir remis en place la vitre de sa cuisine, marteau en main, il lui avait commenté les analyses qu'il avait fait effectuer à l'université de Saint-Paul. En revanche, il ne lui avait pas soufflé mot de la conversation qu'il avait eue avec la spécialiste de l'analyse des voix de Toulouse. Maintenant, il se tournait vers elle, attendant une réaction.

Mais la réaction tardait à venir. La grosse dame, les yeux fixés droit devant elle, demanda enfin :

— J'imagine que vous avez du travail... Peut-être n'était-ce après tout qu'une blague de gamin ou de pochard.

— En fait, j'ai eu certaines informations...

Il se tut brutalement. Elle le regarda et hocha la tête.

— Et bien sûr vous ne m'en direz pas plus, monsieur le grand policier zoreil. Bien... Réfléchissons... Graisse minérale, suies résultant de la combustion de végétaux, particules végétales diverses, charbon de bois, particules d'acier ancien et rouille. Sulfate de cuivre ainsi qu'un grain unique d'argile blanche. Pollen d'acacia et de ricin, odeur de vétiver et de géranium. Eh bien, c'est très facile.

Elle ménagea une pause théâtrale, puis déclara :

— Dans un fourneau en acier du siècle dernier, on a brûlé de l'acacia pour extraire de l'essence de vétiver et de géranium avec un alambic. Et voilà.

Elle éclata de rire devant la tête médusée de Sénéchal.

— Ah ! qu'en pensez-vous, monsieur le très, très grand détective zoreil ?

— Vous me faites marcher, madame Hoareau !

— Pas du tout, mon p'tit monsieur... Si vous aviez eu le temps de faire du tourisme et d'apprendre l'histoire de la Réunion, vous sauriez que l'extraction des huiles essentielles de vétiver et de géranium y a constitué une activité florissante au siècle dernier, et qu'elle se pratique encore ! C'est pour cette raison que la gamine de l'université se parfume avec du vétiver de chez nous... À une certaine époque, on plantait de l'acacia par hectares pour alimenter les alambics. Il en a brûlé et brûlé, de l'acacia dans des chaudières ! Ce qui m'ennuie, en revanche, c'est l'argile blanche, le cuivre... Et le cambouis, d'ailleurs. Le cambouis, la graisse minérale servent à graisser des machines, n'est-ce pas ? Un fourneau à alambic n'a pas besoin d'être graissé... Voyons...

Elle retomba dans son mutisme, les mains croisées sur le ventre. Silencieux à son tour, Sénéchal essayait d'imaginer les rouages qui tournaient dans la tête de la grosse dame et les pignons qui s'enclenchaient, mettant en mouvement d'autres rouages. Pour un peu, il aurait entendu leur cliquetis d'horlogerie.

Elle demanda, au moment où il s'y attendait le moins :

— Vous ignorez sans doute qu'il y avait un train ici, autrefois.

— Non. On m'en a parlé. Mais...

— Ce cambouis provient d'une locomotive ancienne.

— Comment ? Je ne comprends pas...

— Z'êtes parfois un peu lent, mon garçon. C'est une locomotive pas comme les autres. Une locomotive à parfum.

Elle se tourna un peu vers lui, décroisa les mains et s'anima.

— Les premières locomotives à vapeur sont arrivées à la Réunion au siècle dernier. À la fin de l'activité ferroviaire, toutes ces machines ont été achetées par des producteurs d'huiles essentielles du sud de l'île, qui les ont sauvées du chalumeau des ferrailleurs. De locomotives à vapeur tirant le t'i train, elles sont devenues machines à distiller. La plupart ont été amenées dans le Sud sans leurs roues ni leur cabine, car seules leurs chaudières présentaient un intérêt pour les distillateurs. Elles ont avantageusement remplacé les alambics à feu nu... Ces pauvres locos ont distillé des tonnes et des tonnes de racines de vétiver et de feuilles de géranium et ont brûlé des tonnes et des tonnes d'acacia, pour élaborer l'huile essentielle destinée aux grands parfumeurs parisiens... Voilà, vous en savez un peu plus sur les locomotives à parfum, désormais. Ce qui signifie que la personne qui est venue me jouer le tour de l'épouvantail s'est mis du cambouis de locomotive sur le museau... Cela vous donne-t-il quelques idées, monsieur le grand détective zoreil ?

— Certainement, madame Hoareau, certainement. Quoique... Je ne vois toujours pas, pour ce qui concerne le sulfate de cuivre.

— Si vous croisez une de ces machines, vous comprendrez. À cette époque, il y avait des belles matières, comme des plaques de cuivre sur ces locos. Une seule a été restaurée : on voit bien tout ça qui brille joliment dessus. Elles possédaient également des parties internes en cuivre, des, euh, tubulures.

— Le ricin pose un problème...

Elle secoua la tête.

— Non.

— Ah bon ? On peut savoir ?

— En visitant cette locomotive restaurée, j'ai appris que ces machines fonctionnaient à l'huile de ricin pendant la dernière guerre, à cause de la pénurie de charbon. Ça ne devait pas sentir très bon quand on passait dans les tunnels.

— Et l'argile blanche ?

La grosse dame fit un geste fataliste.

— Est-ce que je sais, moi ?

— Savez-vous où on peut encore en trouver, de ces locos ?

— Je pourrais passer deux-trois coups de fil à des producteurs de parfum que je connais. J'ai également un ami archéologue à La Saline dont je vais vous donner le numéro. Il connaît très bien l'histoire de l'île.

— Je vous en serais extrêmement reconnaissant, madame Hoareau. Euh, dites-moi, votre fusil, là, vous pourriez me le prêter ? Je vous le nettoierai.

89.

Après avoir roulé pendant des heures sous la chaleur, Sénéchal se rangea sur le bas-côté de la route et sortit de son 4 × 4, bloc-notes en main. Il y avait dessiné un plan sur les indications de l'ami de Mme Hoareau, qui lui avait affirmé qu'il ne restait plus que dix locomotives dans toute l'île. L'écoflic s'aperçut qu'il avait fini par revenir sur ses pas, après un long périple qui l'avait mené à la rencontre des antiques machines à vapeur. Elles n'étaient plus que d'informes tas de rouille abandonnés dans les champs ou les arrière-cours, et aucune ne présentait de traces de cambouis. La dernière locomotive ne devait plus être très loin à présent, du moins si elle existait encore. Il s'aperçut qu'il se trouvait à quelques kilomètres de l'habitation de Mme Hoareau. Il essaya de se repérer dans la lumière du soir.

Au-dessus de lui, les montagnes viraient au bleu, et le titanesque précipice qu'il avait longé durant des kilomètres se remplissait d'ombres. Tout au fond, dans les villages en contrebas, des lumières s'allumaient.

Il prit sur le siège arrière de sa voiture le vieux fusil de Mme Hoareau et enfila son grand manteau de toile. Il s'empara d'une lampe-torche dans la boîte à gants, l'empocha et partit d'un pas alerte, son fusil plié sur l'épaule, tel un chasseur du dimanche.

Il emprunta un sentier qui serpentait sous les tamarins. Après un dernier virage, il sortit du couvert des arbres. Devant lui s'étendait une gorge encaissée entre trois éperons de granit. En arrière-plan le ciel rougeoyait au-dessus du volcan, à des dizaines de kilomètres de là. La végétation clairsemée et le relief étrange du sol indiquaient que les coulées de lave dévalant la montagne, année après année, avaient paresseusement achevé leur course dans cette cuvette naturelle et s'y étaient solidifiées. C'était un paysage tourmenté, fait de vagues minérales, de moutonnements noirâtres et d'empilements de gros rochers couleur d'ébène. Tout au fond, Sénéchal aperçut de grandes structures métalliques. Il murmura :

— C'est sinistre, ici. Ça doit être comme ça sur la Lune. Moins les plantes vertes.

Il reprit sa marche. Le sol sous ses pas rendait un son mat. À une cinquantaine de mètres, dépassant d'un bouquet d'arbres, le toit d'une maisonnette lui apparut.

La case était fermée, ses fenêtres obturées par des volets de bois. Sénéchal remarqua les arbrisseaux en pot autour de la véranda occupée par une chaise longue, ainsi qu'un cocotier poussant dans un seau de plastique. Une poule caqueta dans le voisinage. Il fit quelques pas et découvrit, à demi masqué par des bananiers chétifs et une butte de lave, un poulailler cerné d'un grillage rafistolé. Dans l'enclos, un couple de poules grattait la terre d'un air affairé.

Il revint à la case, introduisit le faisceau de sa lampe-torche dans l'interstice d'un volet, puis il colla son œil au trou. Le faisceau éclaira une table vide voisinant avec un tambour oblong. Il renifla en percevant une faible odeur de magnolia. Sur le mur du fond, une fresque naïve se déroulait : un homme coiffé d'un chapeau rouge conduisait au bout d'une corde deux personnages vêtus de robes blanches, la tête recouverte d'un capuchon à la manière de pénitents. L'écoflic orienta le faisceau vers la droite pour découvrir un coin sombre de la fresque : l'autre extrémité de la corde que tenait l'homme au chapeau rouge sortait d'une tombe.

Une brusque bourrasque, venue de nulle part, mugit dans la gorge de lave, fit frissonner les feuilles des bananiers et apporta une odeur puissante aux narines du détective. Une odeur de cadavre.

Sénéchal verrouilla le vieux fusil et en ôta le cran de sûreté.

La chèvre avait la gueule ouverte. Ses pis pendaient piteusement sur son ventre gonflé. Un câble d'acier luisait dans le pelage de son cou. Elle était pendue à une grosse branche de l'arbre, à plusieurs mètres du sol, du sang noirci s'étalant en plaques séchées sur son poitrail. Sénéchal recula : l'odeur était insupportable. Soudain, elle disparut, le vent qui venait de se lever l'emportant au loin. Il entendit un grondement lointain, semblable à celui du tonnerre. *Le volcan. Bien sûr, c'est le volcan qui gronde, là-haut dans les sommets.*

Il avança vers les hautes structures métalliques enchevêtrées qu'il avait aperçues tout à l'heure. Des charpentes rouillées, faites de grosses poutrelles boulonnées et tordues posées à la verticale le long de la muraille de granit, voisinaient avec des éléments d'une grue de levage démontée. Des lianes les enserraient par endroits. Plus loin, des rails rouillés de différentes longueurs étaient empilés soigneusement sur des traverses de bois pourries. Une échelle de fer était posée au sol à deux pas de wagonnets de chantier couchés sur le flanc. Sénéchal se dirigea au fond du défilé. Au pied de la montagne où était échouée la grande arche d'un pont de chemin de fer. La lave en fusion avait coulé sur la majeure partie de sa structure, écrasant les poutrelles gigantesques et le tablier, dont le métal s'était déformé sous la morsure de la chaleur.

Il les contourna. La locomotive gisait en contrebas, dans une dépression du terrain. Une avancée minérale, telle une visière de pierre, l'avait protégée des éboulements. Des lianes grimpaient à l'assaut de sa cheminée inutile. Des racines s'enchevêtraient dans sa carcasse de fer gangrenée. De subtiles chimies parfumaient l'air alentour de senteurs aigres-douces. La porte du foyer qui avait dévoré des tonnes de charbon et des forêts d'acacias était restée entrouverte, semblable à une mâchoire bloquée. Chaque centimètre de la machine à vapeur était rouillée, et ses pièces brunies étaient soudées par le temps. Elles avaient, sous la main de Sénéchal, un toucher rugueux et desséché. Aucune trace de cambouis n'était visible. De déception, l'écoflic émit un juron à voix basse.

Le vent forcit d'un seul coup, de la poussière vola tout autour de lui et lui piqua les yeux. Il jura de nouveau et s'essuya le visage de sa main libre. Au moment où une bourrasque soulevait son manteau, il entendit un mugissement grave, quelque part au-dessus de lui. Il écouta... *Le volcan ? Non, pas cette fois... Qu'est-ce que c'est ?* Le mugissement monta lentement d'un ton, devint pareil à une voix humaine coléreuse, redescendit avec lenteur dans les graves profonds, puis s'arrêta. Les pans du manteau de Sénéchal retombèrent mollement. Un frisson lui parcourut l'échine... Il écouta de nouveau, l'oreille aux aguets, mais il ne se passa plus rien. Une autre bourrasque le cueillit avec violence. Le mugissement reprit en même temps... *Le vent. C'est le vent qui fait ça. Mais où exactement ?*

Sénéchal observa le tumulus qui recouvrait partiellement le pont devant lui. Il tendit l'oreille. *C'est là-dedans. Dans ce dôme de lave durcie collé à la montagne qui a englouti une partie du vieux pont... Ça sonne comme un gros tuyau... Une cheminée naturelle ? Mais par où l'air entre-t-il ?*

Il s'approcha de l'édifice de pierre, colla son oreille à la paroi et attendit. Un souffle d'air virevolta dans la ferraille de la locomotive derrière lui, fit friser l'herbe jaune un instant, puis forcit, enflant par saccades. Sénéchal perçut une nouvelle fois le mugissement qui s'accordait avec les sautes de vent, un « ooooooom » puissant. C'était là, tout proche, derrière la paroi de lave, un bruit étrange, un bruit d'orgues... *Il y a une cavité derrière.*

Il prit du recul, fouilla des yeux le décor de ferrailles enchevêtrées et de roches noires. La lumière du jour avait encore baissé. Il se dirigea vers la paroi minérale dressée au milieu de la grande structure d'acier, stoppa juste devant. Un tronçon de rails rouillés dépourvus de traverses sortait du mur de pierre ponce.

Sénéchal se pencha. *Les traverses ont brûlé, évidemment. Les rails continuent derrière cette muraille de caillasses fondues. Dans ce grand dôme. Mais jusqu'ou ?*

Il entendit de nouveau le mugissement, plus lointain, étouffé. *C'est près de la loco. Et en hauteur... Il faudrait pouvoir grimper là-dessus. Mais par où ? Voyons un peu.*

Sans hésiter, il alla chercher l'échelle de fer gisant près des wagonnets de chantier remplis de paille. Il la posa sur le bord de l'avancée rocheuse, juste au-dessus de la machine, et la cala soigneusement.

— Tiens, tiens, l'échelle est juste à la bonne hauteur... Allons voir ça de plus près.

Il gravit l'échelle et s'avança sur le dôme de lave. Il y découvrit une feuille de tôle ondulée coincée entre deux rochers à plus d'un mètre du sol. Il s'approcha prudemment et s'accroupit. Sous la tôle, il vit un trou d'homme creusé dans la lave. Le haut d'une échelle de métal rouillé en dépassait. Un courant d'air fétide lui parvint.

L'écoflic verrouilla son téléphone portable, roula son manteau et le coinça sous une grosse pierre. Enfin, il se glissa sous la tôle, s'allongea au bord du trou et alluma sa lampe-torche. Il ne distingua d'abord que l'échelle qui plongeait dans l'obscurité. Puis il aperçut des reflets métalliques en bas. Il varia l'angle de sa torche, qui éclaira des murailles de pierre ainsi que des poutrelles de fer boulonnées tordues.

Il saisit une pierre à portée de main et la lança en bas. La pierre rendit un son clair. Ce n'était pas profond.

90.

Descendu de l'échelle, Sénéchal effectua un lent mouvement circulaire, braquant simultanément le fusil et la lampe sur l'ombre épaisse qui l'entourait. Il se trouvait dans la partie enfouie du pont ferroviaire. Ses poutrelles supérieures étaient incurvées vers le bas. Leurs bras géants s'étaient tordus sous le poids de la pierre en fusion, mais n'avaient pas cédé. Sénéchal avait l'impression de se trouver dans une grotte de métal et de lave.

À quelques pas devant lui, il eut la surprise de découvrir une autre locomotive. Une stalactite de lave s'était figée à quelques centimètres de sa cheminée cabossée. Elle était encore munie de ses roues et sa cabine était intacte. Sous une fine couche de poussière, des traces de peinture subsistaient. La rouille avait profondément mordu le métal, mais l'antique machine avait été préservée des dommages du temps à l'abri de la caverne. Sur une plaque piquetée de sulfate, il déchiffra : « Schneider », « Le Creusot 1912 ». Une odeur de vétiver flottait autour de cette grande forme figée dans la pierre qui évoquait un énorme insecte englué. Dans la cabine, sous les manettes grippées, la porte fermée du foyer était curieusement perforée de multiples orifices bien ronds.

Dans le halo de sa lampe, le sol était jonché de débris minéraux tombés du plafond. Il pivota sur place, bougea lentement le faisceau de sa torche et avança vers une silhouette sombre et vaguement rectangulaire, à une dizaine de mètres, partiellement cachée par une excroissance minérale. Il reconnut les tampons métalliques et la forme massive d'un wagon de chemin de fer. Le wagon paraissait en bon état. Il reposait encore sur ses rails, bien d'aplomb. Sous les roues, des traverses de bois intactes apparaissaient. L'écoflic leva lentement sa torche vers le plafond au-dessus de l'engin. Il découvrit une voûte de pierres assemblées aux contours réguliers. *Qu'est-ce que c'est que ça ?*

Il s'avança encore, le pinceau de sa lampe glissa le long du mur. *Un tunnel. Je suis dans un tunnel. Ou plutôt à l'entrée d'un tunnel.*

Il se souvint des paroles de Mme Hoareau : « Pendant la dernière guerre, les locomotives à vapeur fonctionnaient à l'huile de ricin, ça ne devait pas sentir très bon quand on passait dans les tunnels. »

Un bruit, derrière lui, le fit sursauter. Une sorte de froissement furtif. Il fit volte-face, torche en main et canon pointé. Mais il n'y avait là que la locomotive immobile enserrée dans sa gangue de pierre noire. Il tendit encore l'oreille, ne perçut que le bruit du vent dans le trou de l'échelle, dont il devinait le halo plus pâle au-dessus de la machine. Au-dehors, la nuit était tombée. Il resta immobile, écouta, tourna les talons et se dirigea vers le wagon avec la plus grande circonspection.

Il approcha sa torche d'une des fenêtres et constata qu'elles avaient toutes été occultées de l'intérieur par des planches. Des traces circulaires de moisissures apparaissaient par endroits sur le bois. Il dépassa l'engin et découvrit un levier d'aiguillage solitaire. Au-delà, il n'y avait plus que l'ombre du tunnel.

Il tenta d'en éclairer l'extrémité, en vain, le faisceau de sa torche ne parvenant pas à percer l'obscurité. Il plissa les yeux : l'ombre, là-bas, paraissait avancer et se rétracter, se fondre avec la pierre puis s'effacer sous le halo lumineux. Sénéchal se demanda jusqu'où la voie se prolongeait et supposa qu'il existait une autre ouverture sur l'extérieur, ce qui expliquait le bruit du vent.

Il monta sur le marchepied à l'extrémité du wagon et pesa doucement sur la poignée de la porte. Elle tourna sans un grincement et s'ouvrit sur le noir absolu.

Un puissant mélange d'odeurs assaillit ses narines. Il pointa en même temps le fusil et la torche devant lui et eut un mouvement de recul en découvrant, luisant doucement dans la lumière à quelques pas, une croix de marbre surmontée d'un crâne humain édenté porteur de lunettes fumées et d'un chapeau de paille fatigué. Sur une table, juste à côté de la croix, il distingua un bric-à-brac d'objets hétéroclites entourés de nombreuses bougies fondues. Des miroirs à trois sous bordés de plastique et deux silhouettes découpées dans du fer-blanc accrochèrent la lumière de sa torche. Sénéchal referma doucement derrière lui, en regrettant de ne pas trouver de loquet. Les odeurs étaient entêtantes. Il s'avança vers les objets disposés sur la table et y recensa rapidement une patte de coq, un phallus de bois géant, des cornes de chèvre, une poupée de Celluloïd pendue tête en bas, des coquillages, une lampe à pétrole ancienne au verre cassé, un groupe de petits os (qui lui rappelèrent celui que Mme Hoareau avait trouvé au cou de son épouvantail), des paquets soigneusement ficelés, un chiffon rouge noué et deux fruits séchés. Le dernier objet le laissa perplexe : c'était une petite boule de poils agglomérés d'où sortait une minuscule mâchoire inférieure ayant appartenu à un rongeur, souris ou rat.

L'écoflic éclaira le fond du wagon : la voiture avait été totalement vidée de ses sièges, des planches grossièrement assemblées et peintes en rouge vif en tapissaient entièrement les parois. Le plafond bombé était recouvert de la même couleur criarde. Sur le sol de métal dénudé, des bouteilles de verre et des bocaux transparents s'alignaient par dizaines. Le sol lui-même était souillé de traces brunes incrustées dans la croûte formée par la rouille. Le halo de sa torche glissa rapidement sur un panier d'osier posé au sol dans un angle, puis s'arrêta sur une image pieuse, sur laquelle un enfant blond enlaçait tendrement un mouton. Une légende indiquait qu'il s'agissait de saint Jean Baptiste.

L'endroit était silencieux. Le vent dans le tunnel ne faisait plus entendre son mugissement. Sénéchal posa son fusil et s'approcha d'une des parois pour observer de près un tableau représentant un squelette très digne aux gros yeux noirs, en frac et chapeau haut de forme, en train d'uriner du sang dans l'allée d'un jardin, la nuit. Bien que d'inspiration naïve, l'image lui procura une curieuse sensation de malaise.

Il sortit une paire de gants de caoutchouc de sa poche et les enfila. L'exploration complète du wagon lui prit peu de temps. Il renifla le goulot de quelques-unes des bouteilles posées au sol. Elles étaient toutes fermées par des bouchons de liège, et des herbes macéraient dans la plupart d'entre elles. Certaines dégageaient des odeurs épicées, d'autres des parfums sucrés ou amers. Il n'y avait pas de traces de poussière. Les bocaux contenaient des herbes, des feuilles et des fleurs séchées, des graines et des poudres de différentes couleurs. L'écoflic n'y toucha pas. Il revint au bric-à-brac disposé sur la table près de la croix et regarda de près le crâne, qui lui parut ancien. Il prit la patte de coq entre le pouce et l'index, l'examina, puis hocha la tête d'un air entendu.

Enfin il éteignit sa lampe et demeura un long moment immobile dans le noir, écoutant. Ses yeux s'accoutumant à l'obscurité, il ouvrit avec lenteur la porte du wagon. Il écouta encore, ralluma sa torche et descendit de la voiture, fusil en main, après en avoir refermé la porte sans bruit. Il s'engagea dans le tunnel.

Son pas rendait un son feutré, la poussière de lave s'étant introduite assez loin dans l'ouvrage. Au bout de quelques mètres, il vit deux petits yeux rouges dans le faisceau de sa lampe, puis un gros rat détala en couinant. Sur les parois striées par des câbles électriques, il découvrit des symboles et des chiffres peints gangrenés par la moisissure, vestiges de l'activité ferroviaire passée. Il sentait par instants un courant d'air sur sa nuque.

Le tunnel faisait un coude. Il s'y engagea. Un tas de pierres tombées du plafond gisait au milieu des rails. Il leva sa torche. L'éboulement avait laissé un grand trou par lequel apparaissait la roche brute. Sénéchal dépassa le coude. Devant lui, la voie s'enfonçait dans la nuit. Il s'arrêta.

Quelque chose, là-bas, venait dc sc mettre en mouvement. Une forme blanchâtre agitée de tremblements.

Il plissa les yeux. La chose claire bougeait toujours. Elle s'avançait vers lui, hésitait, reculait et rétrécissait, s'agitait de nouveau, secouée de convulsions et de soubresauts, puis grandissait brusquement. L'ombre tout autour prenait des formes irréelles, noires et fuyantes dans les brusques jeux de lumière de la torche. Il ressentit la peur de manière presque douloureuse. Son doigt se crispa sur l'une des détentes du vieux fusil. Il avança d'abord centimètre par centimètre puis s'enhardit, quitta la voie ferrée et continua à progresser en longeant la paroi de pierre. Les ombres s'ouvrirent devant lui et se refermèrent, s'immobilisant soudain, se perdant dans le relief des roches ou se confondant avec le noir.

Plus il approchait, plus la forme paraissait diminuer. Il comprit tout à coup son erreur : sa lampe faisait briller la surface de la chose, qui n'était qu'un vêtement. Celui-ci était accroché à un piton qui dépassait de la paroi, et un petit vent l'agitait en permanence. Il fit encore quelques pas et reconnut un ciré de marin déchiré. Le ciré jaune de l'épouvantail de Mme Hoareau. Il respira profondément.

Le ciré était suspendu à l'angle d'un renfoncement dans la paroi. Le détective découvrit une salle voûtée qui devait constituer anciennement un lieu de stockage de matériel pour les ouvriers du train. Il l'éclaira entièrement. Il avisa, à ses pieds, un matelas sur lequel était disposé un sac de couchage, plus loin un réchaud voisinait avec une caisse de bois surmontée d'une lampe-tempête, d'un poste de radio à piles et de boîtes de conserve. Sur le mur de droite était fixée une armoire métallique rouillée d'où sortaient des câbles. « Danger, haut voltage » était encore lisible sur sa porte. Une bâche plastique dissimulait un objet aux formes anguleuses, posé à un mètre d'un panneau vertical composé de planches et recouvrant une partie du mur du fond.

L'écoflic pénétra dans la pièce, enjamba le matelas et éteignit sa torche. Une lumière ténue filtrait à travers les interstices du panneau. Il alla poser sa main entre les planches, attendit et ressentit sur son visage et à travers ses gants de caoutchouc un courant d'air vif, en même temps que s'élevait le mugissement... *Voilà d'où vient le vent qui agite le ciré... Et le tunnel résonne grâce au courant d'air qui passe à travers ce panneau. Je suis dans une sorte de très grand sifflet...*

Il regarda par l'un des interstices et aperçut derrière les planches un passage de la hauteur d'un homme, qui faisait un angle à quelques pas. Il distingua les barreaux d'une échelle composée de branches assemblées. La lumière de la lune audehors l'éclairait faiblement.

Un goulet naturel dans la lave. C'est ici qu'est la véritable porte d'entrée, et moi je suis passé par la cheminée, tel le Père Noël... Ou plutôt par l'issue de secours.

Il s'accroupit et de ses doigts gantés souleva la bâche, dévoilant l'objet qu'elle dissimulait : un gros moteur hors-bord de marque japonaise. L'engin paraissait neuf. Sur le côté, il lut « 150 CV ». Sénéchal découvrit de multiples rayures sur la coque de plastique et observa qu'une des pales de l'hélice était tordue. Il n'y avait aucune trace de sable ni de vase. L'écoflic renifla : le moteur ne sentait pas l'eau de mer – il avait été soigneusement nettoyé. Il remit la bâche en place puis alla soulever le matelas. Il découvrit une boîte à musique représentant un tigre allongé sur un soldat anglais du siècle dernier, qu'il était manifestement en train de dévorer. Un peu de cire de bougie avait coulé dessus.

Il se prépara à poursuivre son exploration du tunnel, mais, mû par un dernier scrupule, alla à l'armoire électrique rouillée. À l'instant où il la touchait de ses doigts gantés, un nouveau mugissement s'éleva, avant de retomber decrescendo. Sénéchal tendit l'oreille. Il avait cru entendre un autre bruit derrière le mugissement, mais il ne put en déterminer la provenance. Il attendit, puis ouvrit précautionneusement l'armoire. Elle avait été vidée des fils et des appareillages électriques qu'elle avait dû contenir autrefois. Un objet ressemblant vaguement au boîtier de contrôle à distance d'un jouet télécommandé était posé au fond. Sur la face avant s'alignaient des boutons de plastique munis de chiffres, entourant un écran de verre brisé de la taille d'une carte postale. Ses entrailles laissaient apercevoir des éléments d'électronique noircis. Sénéchal s'en empara. Le boîtier était muni d'une antenne télescopique repliée. Sur l'un des côtés, il distingua la petite hélice rouge de la Takenushi Corporation.

Soudain, il leva la tête. Cette fois, il en était certain, il avait entendu quelque chose. Un bruit métallique. Lointain. Du côté du wagon, là-bas.

Il ôta ses gants, les fourra vivement dans sa poche et empoigna la lampe-tempête posée sur la caisse.

Il revint explorer le wagon, lampe-tempête dans une main et fusil dans l'autre. Il regarda dans tous les recoins, éclairant les murs et le plafond du tumulus de lave, son arme tenue à bout de bras. D'évidence, il n'y avait personne.

Sénéchal jeta un dernier coup d'œil à la locomotive engluée dans la roche noire, et commença à gravir l'échelle qui menait au-dehors. Arrivé quasiment au sommet, il perçut distinctement un froissement en contrebas. Il redescendit silencieusement, posa un pied au sol et attendit, aux aguets. Le bruit recommença, sur sa droite. *Ça vient de la locomotive.*

Il s'en approcha à pas feutrés, regarda dans la cabine du chauffeur et s'aperçut que la grille trouée qui, à son arrivée, masquait le foyer de la machine, était à présent grande ouverte.

Sur ses gardes, il posa son fusil, s'accroupit devant le foyer béant. À côté de sa chaussure gauche il aperçut deux boulettes de poils de la taille d'une noix, pareilles à celles posées au milieu du bric-à-brac, dans le wagon. Il enfila ses gants et saisit l'une d'elles entre le pouce et l'index. Un lambeau de membrane noire et parcheminée dépassait des poils. Des os minuscules, semblables à ceux d'une main miniature, y étaient collés. *Les restes d'une chauve-souris... C'est curieux, je n'en ai aperçu aucune ici...*

Il éclaira prudemment l'intérieur du foyer. Une odeur musquée lui sauta au visage, un mélange puissant d'arôme de vétiver et d'odeurs animales. Il retint une exclamation de surprise : la chaudière était remplie à mi-hauteur de morceaux de tissu d'un rouge intense. La plupart d'entre eux étaient noués sur eux-mêmes, d'autres formaient de gros paquets. Ils s'entassaient jusqu'au fond du cylindre.

L'écoflic tendit la main et saisit un chiffon noué en boule, déclenchant une minuscule avalanche de tissus rouges. À cet instant, il entendit, provenant du trou situé au-dessus de l'échelle de fer, une voix d'enfant pleurnichard.

91.

Sénéchal empoigna le vieux fusil et en vérifia le cran de sûreté. Quelqu'un marchait sur le toit de lave du tumulus au-dessus de sa tête. Le pas n'était pas celui d'un enfant. La voix s'éleva de nouveau, rieuse, puis elle chantonna une comptine qui se termina par un gazouillis. L'écoflic descendit de la locomotive. Le mugissement du vent reprit, puis se tut. Par le trou de l'échelle, il n'aperçut que la tôle métallique, faiblement éclairée du dessous par sa lampe-tempête posée un peu plus loin.

Il commença à gravir sans bruit les premiers barreaux, le canon du fusil pointé vers le ciel. *Il faut que je l'attrape maintenant, sinon il aura largement le temps de se barrer.* Il entendit une cavalcade. *Et merde ! C'est ce qu'il est en train de faire !*

Il passa le haut de la tête par le trou, les yeux au ras du rebord de lave, puis se hissa centimètre par centimètre. De sa lampe-torche il balaya lentement l'espace devant lui. Il ne vit sur le dôme que les buissons qui se balançaient doucement. À quelques pas il aperçut, toujours calé sous une pierre, son manteau. *Et voilà... Bien joué ! Il s'est tiré. Je n'ai plus qu'à appeler les gendarmes.*

Une ombre bondit vers lui. Il leva son fusil. Il entendit un « wouf » et une lame frappa le canon de son arme, qui le cogna au front. Il tira. La tôle ondulée vola au-dessus de sa tête dans un grand fracas métallique. Déséquilibré par le recul, il glissa le long de l'échelle pour tomber dans la poussière. Sa torche roula à quelques mètres.

Il demeura un instant allongé sur le dos, le souffle coupé, les yeux papillotants, son fusil tenu à deux mains en travers de sa poitrine. La détonation l'avait assourdi, ses narines étaient emplies de la fumée de la poudre. Puis il tâta du bout des doigts sa bosse douloureuse, juste au-dessus de l'arcade sourcilière. Il avait heurté du menton un barreau de l'échelle et ressentait des élancements dans la mâchoire.

Quel abruti ! Je me suis fait avoir comme un gamin...

Un rire flûté résonna au-dessus de lui. Un visage s'encadra devant le ciel. Sénéchal leva son fusil, le visage disparut. Des pas s'éloignèrent rapidement. Il avait entrevu une face blême trouée d'yeux sombres et fixes. Des yeux de statue. Il posa avec lenteur son arme à côté de lui, puis s'assit péniblement.

Il faisait tout à coup plus sombre dans la caverne. Au plafond, les structures métalliques s'étaient remplies d'obscurité. Il jeta un coup d'œil en direction de la lampe-tempête qui éclairait la cabine de la locomotive. La lumière baissa brutalement, puis s'éleva à nouveau.

Elle commence à se vider. Où est passée ma lampe-torche ?

Il baissa la tête. Son regard rencontra la pupille verticale du très gros serpent vert et jaune qui se tenait immobile juste à côté de sa main droite.

L'animal, comme figé, paraissait étranger à sa présence. Tout à coup, il se détendit comme un câble et, d'une reptation rapide, avança la tête vers le fusil, la langue vibrionnante. Ses écailles ventrales frôlèrent les doigts crispés de Sénéchal.

Qu'avait dit la femme du muséum ? « Certains serpents possèdent des détecteurs thermiques personnels qui leur permettent de voir dans le noir absolu. »

L'écoflic jeta un nouveau regard à la lampe-tempête, là-bas, puis ses yeux revinrent au reptile qui explorait de sa langue le canon de l'arme.

Nom de Dieu, il est énorme ! Il mesure bien trois mètres... Est-ce qu'il me voit ? Rester calme, rester calme... Qu'est-ce qui l'intéresse dans ce fusil ?

Sénéchal tremblait sans s'en rendre compte. Il revit Lucrèce, dans son labo, lui parlant des poisons. Le chimiste lui montrait une vipère du Gabon desséchée. « Elle te plante deux clous de charpentier de cinq centimètres dans la viande et t'injecte des neurotoxines et des anticoagulants. Chez les serpents venimeux, les dents et les os de la mâchoire supérieure se sont modifiés au cours de l'évolution, et sont devenus, en quelque sorte, des seringues. »

Le coup de feu, tout à l'heure. C'est la chaleur du canon qui l'attire.

L'animal s'était immobilisé. Il avait l'air dépourvu de vie. Mais son œil de poupée, d'une terrifiante indifférence, bougea légèrement. Il observait l'homme assis près de lui.

Une pierre tomba du plafond, puis une autre. Un grincement se fit entendre du côté de la locomotive. Le reptile ne broncha pas. L'écoflic perçut un faible grondement, quelque part en dessous. Le bruit semblait venir des profondeurs. Une pierre tinta sur une surface métallique. Sous sa main plaquée au sol, Sénéchal ressentit des vibrations. *Qu'est-ce qui se passe ? Une éruption ? Le cyclone qui arrive ? Il faut que je me tire de là, et vite...*

Le grondement se rapprocha.

Ça vient par ici.

Il contempla le gros reptile apparemment pétrifié. *« À la Réunion, nous n'avons pas de serpents de cette taille, monsieur Sénéchal. »* « Leioheterodon madagascariensis *a une tête en forme de bêche.* » Puis il commença à replier très lentement ses jambes vers sa poitrine. L'animal n'eut aucune réaction. Sénéchal s'enhardit, et, calculant chacun de ses gestes, recula progressivement. Il réussit à s'éloigner de quelques mètres. Le grondement souterrain cessa.

Il se mit très lentement sur ses pieds et alla à la torche, qu'il saisit avec douceur. Il s'éloigna à pas feutrés du serpent toujours immobile. Il l'observa, du coin de l'œil, qui s'enroulait au pied de l'échelle. Sa tête plate s'éleva avec lenteur, puis il commença à se balancer d'avant en arrière, à quelques pas du fusil. Des particules minérales se détachèrent du toit de lave et tombèrent devant Sénéchal. Le serpent s'enroula sur lui-même et souffla furieusement, gueule grande ouverte, émettant une sorte de feulement rauque. Une pierre chuta près de lui, il fit un écart rapide et fonça sur Sénéchal. Celui-ci, surpris par la brusquerie de l'attaque, bondit en arrière. Le reptile se rétracta, fit demi-tour, tête levée, et se lova de nouveau sous l'échelle. Il darda sa langue vers l'écoflic. Ses yeux ne reflétaient rien, comme s'il ne participait pas réellement à ce qu'il faisait.

Le grondement reprit. Plus proche, cette fois. La lumière de la lampe-tempête décrut, palpita quelques secondes, puis s'éteignit.

Le bruit souterrain montait progressivement, de la poussière s'éleva du sol, piquant les yeux du détective, les particules dansaient dans le halo de sa torche que Sénéchal tentait de garder fixée sur l'animal. Il se déplaça en direction de la locomotive, la torche toujours braquée sur le bas de l'échelle. Le bruit devenait assourdissant, des fragments de lave tombaient sans cesse du plafond. Il s'accroupit, saisit une pierre et la lança en direction de l'animal. Le serpent, furieux, s'enroula sur lui-même, tête levée, gueule ouverte. La poussière de lave s'épaissit, le bas de l'échelle devint indistinct.

Le détective grimpa maladroitement sur le marchepied. *Vais lui balancer des grands chiffons, les agiter sous son nez. Des leurres, il me faut des leurres !*

Sénéchal se pencha avec sa torche vers le foyer ouvert et se recula vivement : dans l'encadrement de la porte un autre serpent levait sa tête plate avec lenteur. Son œil à la pupille fendue était rempli de colère. Il frappa avec une vitesse stupéfiante le verre de la torche, qui virevolta à quelques pas. L'écoflic plongea au sol, sa main se referma sur la lampe, il courut dans la direction de l'échelle tandis que le grondement se muait en martèlement sourd et que la caverne entière se mettait à vibrer.

Il s'arrêta net, indécis, et s'approcha prudemment : le premier reptile avait disparu. Il se rua sur l'échelle et en gravit les échelons tout en regardant en dessous de lui, craignant de le voir ressurgir. Sa tête heurta violemment quelque chose : le trou avait été obturé par un rocher. Il cala sa lampe-torche dans sa poche de poitrine, pesa sur la pierre, mais elle ne bougea pas d'un millimètre.

Le salaud ! L'autre sortie, il faut passer par l'autre sortie...

Il saisit la torche et jeta un coup d'œil anxieux sous lui.

Où est passée cette foutue bestiole ?

Il sauta le plus loin possible, roula sur le sol et courut droit devant lui.

En dépassant le wagon, il entendit les bouteilles et les bocaux qui tintinnabulaient à l'intérieur. Il s'engagea dans le coude, buta contre un tas de pierres tombées du plafond, s'étala de tout son long, se releva et fonça dans le nuage de poussière vers la pièce voûtée. Il arracha du mur le panneau de planches et le jeta sur le matelas, faisant valdinguer la radio et les boîtes de conserve. Il courba sa haute taille pour pénétrer dans le boyau et tendit la main vers l'échelle de branchages. Il s'arrêta net : en haut de l'échelle, une masse rectangulaire occultait partiellement le ciel.

L'échelle se mit à trembler sous l'effet d'une nouvelle vibration souterraine, des gravats tombèrent, la forme rectangulaire avança un peu au-dessus de l'ouverture, l'échelle de branchages craqua. Sénéchal recula d'un bond.

Nom de Dieu ! Un wagonnet de chantier en équilibre sur le haut de l'échelle ! Si je la touche, il me tombe dessus... Les vibrations...

Sénéchal se courba et rentra à reculons dans le boyau, ne laissant dépasser que sa tête. Derrière lui, le martèlement sourd était amplifié par le tunnel. Là-haut le wagonnet vibrait, des gravats tombaient maintenant sans arrêt, de la poussière lui emplissait les narines. L'échelle craqua à nouveau. L'écoflic scruta la paroi, prit son élan et bondit hors du boyau. Il se cramponna à une saillie, son pied trouva un relief, il poussa sur sa jambe, glissa, sa main gauche griffa la pierre. Il jeta un coup d'œil affolé au wagonnet qui avançait au-dessus de lui. Il prit appui des deux pieds sur le montant de l'échelle, le dos à la paroi, et, d'un coup de reins, s'éleva. Se rétablissant à la force des bras, il sentit le wagonnet qui basculait en effleurant son dos. Il roula hors du trou. Derrière lui, retentit un terrible fracas de tôle, de branches brisées et de pierres concassées.

Il regarda autour de lui. Personne. Il tendit l'oreille. Le volcan, quelque part dans les sommets, était silencieux. Il n'y avait pas un souffle de vent. Il demeura un instant allongé, respirant bruyamment. Puis, lentement, il sortit sa lampe-torche de sa poche et éclaira le fond du puits. À travers le nuage de poussière qui se dissipait il distingua le flanc d'un wagonnet cabossé.

Il était rempli de pierres ! Ça a dû s'entendre de loin...

À la lueur de la lune, il s'engagea dans l'unique sentier qui grimpait entre deux murailles de granit et parvint sur un promontoire de pierre, au niveau des grandes structures métalliques adossées à la montagne. En dessous de lui, le paysage du défilé cerné des trois éperons rocheux avait radicalement changé : éclairé par une lune entourée d'un halo blanc, un lac de brume recouvrait arbres, tumulus, vagues minérales, case et poulailler. Seuls les sommets tourmentés de rochers noirs émergeaient à sa surface, tels les heaumes luisants de guerriers pétrifiés.

Il frémit. *L'endroit rêvé pour une embuscade... et plus de fusil...*

Sa lampe braquée à ses pieds, il s'enfonça dans le brouillard.

L'homme blond sortit de la niche en planches mal équarries où dormaient les poules. Il brisa un œuf sur un angle de la cahute, le goba avidement en renversant la tête en arrière, puis en jeta la coquille. Tout autour de lui, le brouillard déployait ses volutes, dorées dans le halo de sa minuscule lampe. La brume était si dense qu'il distinguait à peine sa cabane, là-bas, derrière le grillage rafistolé.

Il alla à la chaise longue disposée sur sa véranda et s'y étendit en soupirant. Éteignant sa lampe-torche, il allongea la main vers sa machette plantée entre deux lames du plancher, près de lui. Il soupira de nouveau, gratta l'argile blanche sur sa joue. Quelques morceaux maculèrent son torse, pareils à de pâles écailles. Sa peau apparut, d'un noir clair.

Son regard était étrangement fixe. Comme les yeux d'une statue. Il chantonna d'une voix nasillarde. Le brouillard s'épaississait autour de lui. Il distinguait à peine le disque blême de la lune. Il admira un moment les formes que prenait la brume, qui se déroulait et s'enroulait au ralenti. Puis il ferma les yeux et reprit sa chanson, à la lisière du sommeil :

— « Tout le long de la ravine, à la saison... »

Une main le saisit à la gorge, par-derrière, et serra. Il rua dans la chaise longue, tendit la main vers la machette, mais ne griffa que le vide. L'étau se resserra sur son larynx, ses yeux s'exorbitèrent. La lame de sa machette apparut devant ses yeux.

Il réussit à souffler :

— Fais pas ça, mon vieux, fais pas ça ! Le t'i bon Dieu y te punira !

Sénéchal relâcha légèrement son étreinte.

— C'est quoi ce bruit, là-bas, dans le tunnel, bordel ? !

— Hein ? C'est le tunneyé... *Y creusent !*

— Quoi ?

— Le tunnelier ! Y creusent la nuit, tout au fond... Pour trouver l'eau... L'eau !

Il répéta d'une voix suraiguë :

— Tu comprends ? *L'eaaaaau !*

92.

L'adjudant-chef Vannier tendit son museau osseux par la porte entrebâillée, regarda Sénéchal qui relisait ses notes, la tête inclinée. Divers papiers étaient étalés devant lui, ainsi qu'un objet enfermé dans un sac plastique transparent, côtoyant un magnétophone et des tasses de café vides. Il observa un instant l'homme noir aux cheveux teints en blond assis en face de lui, les bras croisés, l'air absent. Le chef gendarme entra enfin dans la salle d'interrogatoire déjà surchauffée malgré l'heure matinale. Sénéchal ne leva pas les yeux de son bloc-notes.

— Bienvenue, brigadier-chef, bienvenue chez vous. Asseyez-vous. Je suis certain que vous brûlez d'entendre le récit des hauts faits de M. Faustin Bienaimé, ici présent, qui a bien voulu me prendre comme biographe personnel.

Sénéchal posa doucement son crayon de l'administration sur la table métallique, puis il consulta son bloc-notes.

— Il y a quelque temps, ce garçon a fait partie à Haïti d'une joyeuse bande, qu'on pourrait aisément qualifier de milice sans foi ni loi, nommée « Forces armées chimères d'Haïti », et qui avait pris pour emblème ces animaux mythologiques. Les chimères avaient pour fonction de terroriser la population et de se livrer à d'amicales pressions à coups de flingue et de machette sur les opposants politiques de l'ex-dictateur local nommé Jean-Bertrand Aristide... Du moins avant la fuite de ce dernier sous des cieux plus cléments. Comme vous le savez sans doute, brigadier-chef, à Haïti on parle créole, mais pas le même qu'ici, et l'île est considérée partout dans le monde comme la Mecque du vaudou.

Sénéchal leva les yeux sur l'homme teint en blond qui le fixait de son regard de statue.

— Monsieur Bienaimé, vous m'avez affirmé que, là-bas, votre père était un prêtre vaudou, un... (il jeta un coup d'œil à son bloc-notes) un *oungan*, réputé pour son art et bien établi dans Port-au-Prince, la capitale. C'est bien ça ?

Faustin Bienaimé hocha la tête.

— Selon votre expression, votre papa était donc un oungan qui « travaillait des deux mains », à savoir qu'il était aussi fortement versé dans la magie noire et la sorcellerie. Il vous initie très tôt à ses pratiques pour assurer sa succession dans la petite entreprise familiale, prétendez-vous. Il est malheureusement lynché au cours des violences qui ont marqué la chute du dictateur Aristide. Vous jugez alors plus prudent de mettre les voiles, vu que vos protecteurs et votre petite confrérie de chimères sont pourchassés par le nouveau pouvoir.

Il tourna une page et écrivit une annotation en marge.

— Vous rejoignez la diaspora haïtienne sur le territoire français. D'abord en Guyane, puis, après un long périple, vous arrivez à l'île de la Réunion. Au début, vous vivotez ici de petits trafics et de petits boulots, puis, fort de l'héritage paternel, vous vous improvisez « tisaneur », ce qui signifie que vous vendez des plantes aux vertus curatives et divers remèdes naturels sur les marchés, activité ancestrale bien connue ici et encore largement pratiquée.

Le brigadier-chef jeta un coup d'œil méprisant à l'Haïtien.

— Il s'y connaît vraiment, ce gars-là ?

Sénéchal hésita.

— Je n'en sais rien. Mais il semble que son pedigree lui ait servi. Ainsi que les références de papa, dont il a hérité quelques recettes et une partie du savoir-faire. Dans la petite communauté haïtienne de la Réunion, on le redoute et on l'admire, Faustin. Il aime ça, Faustin. Mais revenons à votre expansion, monsieur Bienaimé... Vous diversifiez ensuite votre activité de « tisaneur » en effectuant divers trafics avec un petit hors-bord entre Madagascar, l'île Maurice et la Réunion. À Madagascar, vous montez un réseau de capture d'animaux vivants : serpents, lémuriens, caméléons, perroquets et autres pour le compte de trafiquants ou d'amateurs.

Le brigadier-chef fronça les sourcils.

— Des animaux vivants ?

Sénéchal sourit.

— M. Bienaimé aspirait inconsciemment à devenir le client type de la FREDE. Savez-vous que ces trois dernières années, par exemple, la Communauté européenne a importé officiellement un demi-million de perroquets sauvages de divers pays ? À votre avis, brigadier-chef, combien de ces animaux ont-ils été importés officieusement, à quel prix, et par quels réseaux parallèles ?

Il saisit sur la table devant lui un fax qui montrait une photo en noir et blanc de l'Haïtien.

— Enfin, pour booster l'étourdissante croissance de votre petite mais florissante entreprise, monsieur Bienaimé, vous faites ami-ami avec quelques pirates du secteur, et vous transportez de temps à autre de la marchandise de contrebande. Vous vous partagez ainsi entre Madagascar, l'île Maurice et la Réunion, tel un authentique manager surbooké. Vous installez votre petit temple vaudou personnel dans ce tunnel ferroviaire abandonné, ainsi qu'un stock de plantes curatives et de boissons magiques. Car vous continuez de marcher, au moins sur le plan religieux, sur les traces de feu votre géniteur.

Le brigadier-chef jeta de nouveau un coup d'œil venimeux à l'Haïtien.

— Et tout ce bric-à-brac, dans le wagon ? Il fait aussi dans la brocante, ce gars-là ?

Sénéchal dévisagea le chef gendarme d'un air peiné.

— Ne soyez pas si étroitement occidental. Le vaudou est une religion largement pratiquée à travers le monde, et pas seulement en Afrique ou au Brésil : à New York, à Miami, à Paris... Ce qui n'empêche pas certains pratiquants d'adorer des saints catholiques.

— J'ai toujours cru que c'était du folklore.

— Passons rapidement sur votre arrogance judéo-chrétienne, brigadier-chef.

Le gendarme se contracta, soupçonneux.

— Et comment a-t-il trouvé ce tunnel ?

Ce fut l'Haïtien qui répondit :

— Un vieux d'ici qui avait travaillé là du temps du chemin de fer. Il m'en a parlé un jour, sur un marché. Il est mort.

Le gradé maugréa :

— J'espère qu'il est mort de sa belle mort. On vérifiera.

Sénéchal reprit :

— Faustin, dans sa planque, sacrifie donc des chèvres à ses dieux et, pour décorer son joli temple, il déterre dans un ancien cimetière hindou de la montagne un crâne humain qui date de quelques siècles. La petite cabane à côté de la planque, décorée de la fresque montrant un « meneur de zombis », est un lieu de réunions vaudoues occasionnelles.

— Et le serpent ?

— Depuis Madagascar, M. Bienaimé a rapporté avec son bateau un couple de serpents, bestioles indispensables, paraît-il, à certains rituels propres à sa religion. Mais il sait joindre la religion et les affaires. N'est-ce pas, Faustin ? Car la grosse femelle de *Leioheterodon* qui m'a montré le plus mauvais côté de sa personnalité lui donne régulièrement de vigoureux descendants. Il les élève avec amour dans une cage du poulailler voisin, à bonne température, en les nourrissant d'œufs. Les serpents sont ensuite revendus une belle somme aux amateurs, via des intermédiaires, vu que la bête, en voie d'extinction, est recherchée. Bref, un petit élevage de rapport à deux pas de chez lui. La vraie vie, quoi.

— Drôle de passe-temps.

— Ce n'est pas un passe-temps, brigadier-chef, c'est, hélas, un commerce fort juteux contre lequel mon service lutte tous les jours. Mais nous en arrivons à une certaine nuit où MM. Designe et Ziegler demandent à Faustin de faire un boulot spécial.

Le brigadier-chef ne cacha pas son étonnement.

— Ils se connaissaient ?

Sénéchal passa une large patte sur son menton mal rasé.

— Voyez-vous, brigadier, Charlie et Ziegler ont été à eux seuls une vraie petite agence pour l'emploi, partout où ils allaient. Racontez-nous, monsieur Bienaimé, cette nuit au cap Méchant. Cette nuit où Charles Designe envoie les scientifiques de la fondation Abyss se loger à terre, sous le prétexte que Hans et lui doivent effectuer des révisions sur les systèmes de navigation du bateau et qu'ils ne veulent personne dans leurs pattes. Charlie vous demande alors de vous porter en pleine nuit à la rencontre d'un mystérieux bateau qui apporte une marchandise lui tenant particulièrement à cœur. Vous saviez quelle était cette marchandise ?

Bienaimé hésita.

— Non. Designe m'a seulement dit que c'était très, très précieux. Plus précieux que de l'or. C'est tout. Des bidons. Des bidons spéciaux qu'on leur envoyait. Mais il ne fallait pas que je croie que c'était de la drogue. « C'est pas de la drogue, Faustin », il m'a dit.

— Vous savez qui leur envoyait ces bidons ?

— Il voulait pas le dire.

Sénéchal montra l'un des objets sous plastique devant lui : le boîtier à l'écran cassé prolongé de son antenne télescopique qu'il avait trouvé dans l'armoire métallique du tunnel.

— À quoi servait ce système avec un écran ?

— C'est une boîte spéciale... Designe m'a dit que le bateau qui allait venir avait un système spécial aussi, sur son toit, et qu'il n'y avait que lui et Hans qui pouvaient le repérer, ce bateau, et personne d'autre au monde si on n'avait pas ce genre de boîte. Lui, il avait la même boîte, et Ziegler aussi, ils les regardaient tout le temps, cette nuit-là. C'était pour savoir où était le bateau qui arrivait avec ce qui était précieux dedans. Ils étaient tout énervés.

Il montra soudain le plafond du doigt.

— Designe m'a dit aussi que cette boîte elle marchait avec... avec là-haut. Il a dit que c'était pas compliqué pour s'en servir. « Quand il y a un point rouge qui clignote sur l'écran, qu'il m'a dit, en fait c'est le bateau qu'on attend qu'on voit là-dedans, et toi, Faustin, tu es là, au milieu de l'écran. Va dans la direction du point rouge avec ton hors-bord, Faustin. Quand le point rouge est au milieu de l'écran, tu es arrivé à ce bateau. » Alors Designe m'a donné cette boîte et il l'a allumée. Et puis il m'a donné un pistolet automatique avec des balles dedans. Un Sig Sauer, un beau pistolet... « Arrête-moi ce foutu bateau avant qu'il arrive ici, Faustin ! Fonce dessus avec ton hors-bord, qu'il m'a dit, j'ai pas confiance ! Monte à bord, fais un peu le méchant, mets-leur ton flingue sous le nez aux types qui pilotent, et vérifie tout. Tu comprends ? Vérifie tout ! Regarde s'il y a pas une bombe, des fils qui traînent, une méchante surprise. Ne touche pas aux bidons et te sers surtout pas de la radio de bord pour m'appeler, parce que les douaniers ou les gendarmes, ils pourraient nous entendre. Sécurise-moi ce bateau, Faustin », qu'il répétait tout le temps...

Sénéchal repensa soudain à sa première rencontre avec Ziegler et Designe, et particulièrement à la fureur de Charlie en apprenant que Hans lui avait parlé de leurs systèmes de repérage par satellite des tortues caouanes. Le bateau qui apportait la précieuse cargaison était donc équipé d'une balise pour tortues. Un système en circuit fermé. Indétectable pour quiconque ne possédait pas le récepteur et la fréquence canal du satellite. Mais qui avait équipé ce bateau ? Charlie ? Alors pourquoi avait-il expédié un émetteur satellite à son correspondant pour en équiper son bateau ? Pourquoi redoutait-il un coup fourré ? Et pourquoi faisait-il tout ce cinéma ?

L'Haïtien reprit :

— Alors j'ai demandé : « Et après, m'sieur Designe, qu'est-ce que je fais ? – Après, Faustin, qu'il m'a dit, tu ficelles le type ou les types que tu trouveras à bord, tu attends gentiment un bon moment et ensuite tu prends la barre de ce rafiot, tu amènes tout ça ici et on transbordera sur le yacht ce qui est précieux. Après, on verra. »

Sénéchal hocha la tête.

— Ouais. Charlie avait toute confiance dans vos talents de contrebandier, n'est-ce pas ?

L'autre fit une moue méprisante.

— Designe est un très grand fumier, parce qu'y avait qu'un seul type qui pilotait le bateau, et il a fait du vilain quand je suis arrivé vers lui

— Comment ça ?

— D'abord il a foncé sur moi pour essayer de me couler, mais j'étais trop rapide avec mon hors-bord. Et ensuite il est sorti sur le pont et là... « Tacatacatac ! Tacatacatac ! »

— Il vous a tiré dessus ?

— Ouais, mon vieux ! Un AK 47. J'ai reconnu le bruit. Ça sifflait partout, j'ai fait des zigzags dans le noir, mais il a quand même touché mon hors-bord. Il a aussi touché la boîte spéciale devant vous. Vous voyez, la balle a traversé ma coque et elle a cassé cette boîte. Il voulait me tuer, ce gars-là... Ça m'a mis en colère, en colère... (Sa bouche se déforma de fureur à cette évocation.) Alors j'ai tiré moi aussi avec le flingue de Designe. Normal, non ?

— Apparemment, votre arrivée n'était pas au programme, mon cher Faustin. Ce type au fusil-mitrailleur devait avoir l'ordre de livrer sa camelote au yacht d'Abyss, au cap Méchant. Point. (Sénéchal réfléchit un instant.) Ou alors il y avait effectivement à bord de quoi transformer Charlie et Ziegler en énergie et en lumière... En tout cas, il ne s'attendait sûrement pas à voir surgir un type dans la nuit avec un hors-bord et un flingue. Il a dû vous prendre pour un pirate, et ce n'était pas le moment de se faire pirater avec son précieux chargement. Qu'est devenu votre hors-bord, à propos ?

— Il a coulé plus tard. L'était foutu.

— À mon avis, vous l'avez coulé vous-même. Vous êtes moins naïf que vous ne voulez le laisser croire, mon cher Faustin. Vous ne vouliez pas qu'on l'examine. On aurait pu y trouver des traces difficiles à expliquer... Car, mon cher Faustin, c'est bien vous qui avez envoyé ce bateau chargé de bidons par le fond, n'est-ce pas ?

Bienaimé se passa la langue sur les lèvres et demeura silencieux. Sénéchal désigna le boîtier cassé dans son emballage plastique transparent.

— Allons, monsieur Bienaimé. En plus de la trace de balle, il y a des résidus infimes de poudre militaire et trois particules de fibre de verre incrustées dans les composantes électroniques cassées de ce moniteur. Qui viennent d'un vieux lance-roquette LAW, le labo est formel... C'est peut-être le genre de souvenir que vous n'auriez pas dû conserver. Racontez-moi plutôt comment ça s'est passé.

L'Haïtien soupira, demeura silencieux un instant, puis lâcha :

— C'était un accident.

— Pourquoi aviez-vous cette vieille pétoire à bord ?

— Ça fait longtemps que je l'avais. Pour me protéger. Quand on fait mon métier... Je l'avais achetée à des types. Me rappelle plus qui.

— Vous voulez nous expliquer que, comme le trafic de marchandises de contrebande sur les flots bleus est une activité à risques, il vaut mieux avoir du matériel dissuasif sur soi, n'est-ce pas ? Charlie savait que vous aviez un petit lance-roquette télescopique datant de la guerre de Sécession ?

— Non.

— Après votre bataille navale avec le pilote du bateau, que s'est-il passé ?

— J'avais vidé mon flingue et j'avais plus de chargeurs. Le type il a viré de bord et il s'est sauvé avec son bateau, alors j'ai pris le p'tit lance-roquette qu'est toujours dans le coffre de mon hors-bord et je suis venu à sa hauteur. C'était juste pour lui montrer l'engin, au gars, juste pour qu'il comprenne bien qu'il fallait s'arrêter, sinon ça allait chauffer. J'ai crié « Arrête-toi, mon vieux, arrête-toi ici même ! », mais il est ressorti sur le pont et encore « tacatacatac » sur moi... Alors j'ai voulu faire péter une fusée sur l'eau devant lui, pour qu'il arrête. Mais bon, j'y voyais pas trop, il faisait très très sombre, les bateaux bougeaient fort, et j'avais jamais tiré avec ce truc-là et...

— Et vous avez mis un tir au but.

— Ça a touché l'avant. Juste un peu... J'étais tellement près de son bateau que, quand ça a pété, ça a manqué m'arracher les deux oreilles et j'ai failli me retourner avec le hors-bord. La preuve que c'était un accident, vu que j'ai failli y rester. Je savais même pas que cet engin-là tout vieux il marchait encore, parole !

— Votre tempérament fougueux vous perdra un jour, Faustin, j'en ai bien peur... Après ça, Faustin, vous avez foncé vers la côte et vous avez couru vous planquer dans votre tunnel. Car vous supposiez que si vous étiez revenu voir Charlie sur le yacht après ce mémorable exploit nautique, ça n'aurait pas été tout à fait l'accueil vahinés-colliers de fleurs pour vous. J'imagine la tête de Ziegler et de Charlie quand ils ont vu disparaître le point rouge clignotant sur leurs propres moniteurs.

Il se gratta la joue pensivement et observa la petite hélice rouge de Takenushi Corporation sur le boîtier touché par une balle.

— Mais, en y réfléchissant, ils n'ont peut-être pas été les seuls à observer ce phénomène.

Il se tourna vers Vannier.

— On n'a toujours pas identifié la victime de Faustin, brigadier-chef ?

— On continue les recherches auprès de la police de Madagascar, mais c'est toujours le bordel chez eux depuis le changement de régime politique.

L'écoflic pianota nerveusement sur le bord de la table.

— Mais qu'est-ce qu'il pouvait bien y avoir dans ces foutus bidons ? Tenez, je vais vous poser une dernière question pour aujourd'hui, mon cher Faustin, avant que les gendarmes ne recueillent vos confessions : auriez-vous une idée de la raison pour laquelle Hans Ziegler a tué son associé, Charlie ?

Bienaimé eut une expression de surprise, puis hocha la tête pensivement.

— Je le savais pas. Mais si tu me demandes, moi je dis que c'est bien fait pour la sale gueule de ce foutu petit enculé de sa race.

— Amen.

Le brigadier-chef raccompagna Sénéchal jusqu'à sa voiture. Le gradé regarda le ciel dégagé. La météo avait annoncé dans la nuit que le cyclone avait changé de trajectoire et n'atteindrait pas les côtes de l'île. Alors que l'écoflic s'installait au volant, il lui demanda, l'air soupçonneux :

— Vous avez réellement fait analyser ce moniteur touché par une balle, monsieur Sénéchal ?

— Non. Je bluffais. Et je suis certain que ce cher Faustin a essuyé ses empreintes sur cet engin, comme il avait nettoyé le moteur de son hors-bord. Mais ça a marché, non ? C'est le principal... Il l'avait peut-être conservé pour faire chanter Designe et Ziegler... En revanche, j'attends beaucoup de l'analyse des potions magiques que j'ai trouvées dans le wagon. Je monte d'ailleurs de ce pas au laboratoire de l'université de Saint-Paul, j'espère que l'on m'y donnera de bonnes nouvelles.

93.

Au laboratoire de l'université, la jeune fille aux jolies jambes l'accueillit d'un sourire qui manqua le faire défaillir. Elle feignit de ne pas remarquer sa mine défaite, sa barbe naissante et ses cheveux en désordre. Elle dit sur un ton d'extrême excitation :

— Le pollen a parlé, monsieur Sénéchal !

— Je vous demande pardon ?

— Nous avons identifié les éléments dont vous soupçonniez la présence dans tous les produits que vous m'avez confiés. Je n'ai évidemment pas eu le temps de tout analyser, alors j'ai fait venir un de mes cousins.

— Ah bon ?

— Il est tisaneur dans l'île. Il connaît énormément de plantes et il a une mémoire olfactive étonnante. Il a reniflé le contenu des bouteilles, il a identifié la composition de la plupart d'entre elles, ce qui a permis d'en écarter le plus grand nombre. Dans le lot des produits que vous avez trouvés dans ce wagon, il est tombé sur deux pots en verre reliés ensemble par de l'adhésif. Il les a reniflés, il ne connaissait que le contenu de l'un d'eux.

— Et ?

— De l'écorce d'albizzia. L'odeur est très faible, mais selon lui très caractéristique.

Sénéchal sentit lui aussi l'excitation le gagner.

— Et l'autre ?

— Une poudre. Un mélange complexe. J'ai parlé longuement au téléphone avec votre ami chimiste, M. Méjaville, en France métropolitaine, à qui j'ai envoyé par Internet le spectrographe des substances qui composent cette poudre.

— Et alors ?

— Tout concorde. Tout ! C'est la recette du poison que vous recherchiez. Les proportions coïncident parfaitement, et la composition est exactement la même que celle de la substance que vous aviez trouvée en Indonésie : tétrodotoxine, datura. Mais le pollen...

— Eh bien ?

— C'est le pollen d'un datura qui pousse sur notre île.

94.

Au moment où il remontait dans sa voiture, perplexe, le téléphone sonna dans sa poche. Il émit un bref juron et décrocha.

— Monsieur Sénéchal ? C'est la gendarmerie. On a quelque chose qui pourrait vous intéresser... Quand on a remonté l'une des ancres du yacht d'Abyss, on a trouvé une clé au bout d'une chaînette cassée. La chaînette s'était enroulée autour d'un des maillons de la chaîne d'ancre. On l'a essayée, c'est la clé du coffre des armes de bord. Le serrurier n'avait pas réussi à l'ouvrir, ce coffre... Y a une sacrée artillerie, là-dedans... Ziegler a dû la perdre quand il a plongé du bateau ou quand il a essayé de vous tuer avec le P11 à fléchettes.

Sénéchal remercia, raccrocha, puis il fronça les sourcils. *La petite clé du coffre aux armes du yacht ? Comment est-ce possible ?* Hans Ziegler portait donc la chaînette avec la clé autour du cou *sur* sa combinaison de plongée noire, *avant* de sauter du bateau après avoir tué son associé, et elle se serait accrochée et cassée ? *Non. Il l'aurait portée* sous *sa combinaison.*

Voyons... Qu'ai-je vu exactement sur ce bateau après avoir désarmé Charlie ?

D'abord un homme, de dos. La lumière des projecteurs du pont supérieur qui s'éteignait et s'allumait sans cesse. Cet accent suisse.

Qu'est-ce que je lui ai crié ? « Hans Ziegler, c'est le détective Sénéchal, ne bougez plus. »

Un très gros projecteur de cinéma s'alluma dans la tête de l'écoflic.

— Je suis idiot !

Il rappela la gendarmerie.

— Pourriez-vous me rendre un grand service ? Je serai chez vous dans une heure.

95.

À la gendarmerie, Vannier le guida à une porte de fer munie d'une lucarne. Dans la pénombre d'une petite pièce, un homme blond en combinaison de plongée noire se tenait de dos, sa capuche relevée dissimulant sa nuque. Il ne faisait aucun mouvement, gardait son visage invisible à quelques centimètres du mur. Un gendarme se tenait à ses côtés, la main posée sur un gros projecteur sur trépied. Sénéchal tapa de l'index sur la vitre. Le gendarme fit un signe de tête et alluma le projecteur. Le détective mit la main en visière, ébloui, puis ses yeux s'accoutumèrent progressivement à la lumière violente. Il observa soigneusement l'homme de dos. Il grommela :

— C'était bien ça. C'était tout à fait ça...

Il se tourna vers Vannier.

— C'est un cas d'école de police qu'on pourrait intituler : « De la fragilité du témoignage humain. »

Le brigadier-chef fit jouer la serrure de la porte et les deux hommes pénétrèrent dans la cellule. Ils demandèrent au gendarme de couper le projecteur et d'aller chercher des chaises. L'homme en combinaison noire ne changea pas de position, le visage contre le mur. Il demeura silencieux.

Le gendarme revint avec quatre chaises. Les trois hommes s'installèrent, puis Sénéchal dit à l'homme en combinaison noire :

— Venez vous asseoir ici.

Ce dernier se retourna, sourit et dit :

— Putain, je crève de chaud dans cette putain de combinaison, mon vieux.

Il s'assit en face d'eux. Sénéchal l'examina longuement, l'autre soutint son regard sans ciller.

— Vous allez rire, Faustin. Je viens seulement de comprendre comment ça s'est passé, en réalité, la nuit où je suis venu voir Charlie. Après que vous avez coulé avec votre tromblon le bateau qu'ils attendaient tous deux, Hans et Charlie vous ont donné rendez-vous sur leur yacht, dans cette crique tranquille. Ils vous ont fait le coup du grand pardon ? Du genre : « Faustin, mon bon, tu as fait sottement exploser ce bateau qui nous apportait une fortune, mais nous sommes des gens raisonnables. Viens nous voir, on va discuter tranquillement » ? Vous ne les avez pas crus : ils ne pouvaient pas vous laisser dans la nature, au cas où vous auriez bavardé, n'est-ce pas ?

L'écoflic tapota un instant le bord de la table, l'air concentré, puis reprit :

— Mais c'est peut-être l'inverse qui s'est produit. Peut-être que vous leur avez expliqué que votre silence sur cette affaire de bateau coulé avait un prix, et que vous seriez heureux d'entendre leurs propositions financières ? Quoi qu'il en soit, vous aviez rendez-vous tous les trois ce soir-là.

L'Haïtien le regardait fixement de ses yeux de statue, sans montrer aucune réaction. Sénéchal lui demanda :

— Vous deviez les rejoindre au cap Méchant ce soir-là avec votre hors-bord ? En dinghy ?

L'Haïtien hocha la tête sans que l'écoflic puisse savoir s'il approuvait ou s'il niait.

— Lorsque je suis arrivé au ponton vers vingt heures trente, depuis combien de temps étiez-vous attendu sur leur yacht ? Deux heures, trois ? Ils ont sauté sur l'occasion quand j'ai dit que je voulais venir les voir : un flic à bord pouvait leur servir d'alibi, si besoin était. Mais il y a eu un problème de chronologie : vous n'êtes pas venu au rendez-vous fixé. Du moins vous n'êtes pas venu de la manière que vous aviez annoncée. Résumons-nous. Si vous étiez arrivé au rendez-vous à l'heure convenue, Hans et Charlie vous flinguaient tranquillement, vous balançaient dans un cercueil en fibrociment, le descendaient au fond de l'eau et, pour finir le travail, allaient couler votre barcasse au large... Ni vu ni connu. Ce cercueil en fibrociment est à vos mesures, Faustin. Il vous était donc destiné. Moi, j'arrivais comme une fleur deux ou trois heures plus tard. Je discutais avec Hans et Charlie, et je rentrais chez moi en ignorant le fait que j'avais papoté gentiment avec deux meurtriers dont la victime était immergée dans une patate de corail à quelques brasses en dessous de moi. Mais ça ne s'est pas passé comme ça, n'est-ce pas ?

L'Haïtien sourit de ses dents carnassières.

— Ces bouffons ! Je suis venu les voir pour discuter, mon vieux, puisqu'ils voulaient discuter, hein ? Mais mon hors-bord, il était foutu. Et j'étais en retard.

— Arrêtez-moi si je me trompe... À la nuit tombée, vous arrivez discrètement par la mer avec des bouteilles de plongée, un P11 à fléchettes en main. Vous avez également un grappin. Vous attendez dans la flotte. Dans le noir. À un moment, vous voyez Charlie partir avec le dinghy, laissant Hans seul. Belle occasion ! Vous lancez le grappin côté bâbord pour monter buter Hans. Mais Hans patrouille sur le pont avec sa carabine Remington. Il se méfie, le bougre... Il entend le bruit de votre grappin et il vous tire dessus au silencieux. Les cartouches qui manquent dans le chargeur de son flingue à éléphants, c'est ça. Il vous rate, vous avez plongé... Il ne pense pas une seconde que vous puissiez avoir une arme sous-marine... Vous le tuez alors que vous êtes sous la surface, n'est-ce pas ? Je me suis renseigné, un P11 à fléchettes en titane, c'est précis à dix mètres sous l'eau, à trente à l'air libre...

— Ce con-là s'est penché par-dessus le bastingage. C'était lui ou moi. Je voulais pas le tuer, je le jure, juste le blesser. Parole. C'est de la légitime défense.

— Dans ce cas, pourquoi aviez-vous cette arme si... particulière ?

— J'avais pris mes précautions, moi aussi, mon vieux, c'est tout. Je m'attendais à une embrouille...

— Pendant que je discutais avec Charlie dans le salon-bar, vous montez sur le pont supérieur avec le grappin, et vous balancez le corps de Hans Ziegler par-dessus bord. Charlie est tellement énervé par notre conversation qu'il n'entend pas le « plouf » du corps de Hans quand il touche l'eau. Mais moi, je l'entends. Quand il passe par-dessus bord, sa chaînette s'accroche au bastingage et casse. Dites-moi une chose : Faustin... Pourquoi n'êtes-vous pas descendu dans le salon-bar pour nous buter, Charlie et moi ?

— Ben, vous aviez pas essayé de me tirer dessus, hein ?

— Surtout, deux types ensemble, c'est beaucoup pour un seul homme. Et un flic, c'est souvent armé. Comme vous m'aviez vu arriver dans le dinghy, vous avez pensé que Charlie allait sous peu me raccompagner à la côte et revenir seul. Et vous pourriez alors le buter lui aussi. Hélas, j'ai irrité Charlie par mes propos tendancieux... Charlie qui était là pour me faire la conversation, pendant que Hans, pensait-il, patrouillait sur le pont au-dessus de nous avec sa carabine à silencieux. Il était inquiet, Charlie. Et il a pété les plombs quand je lui ai parlé de choses qui l'ont alarmé. De chimères, entre autres. C'est amusant, vous ne trouvez pas ?

L'écoflic tripota ses lunettes comme s'il hésitait entre les mettre sur son nez ou les jeter dans la plus proche poubelle.

— Après avoir désarmé Charlie, je monte sur le pont supérieur pour interpeller Hans Ziegler. En fait, c'est vous que j'y trouve. Ma confusion vient de votre blonde chevelure et de la lumière qui m'éblouit. De plus, vous avez le même gabarit que Ziegler. Cette confusion vous arrange. Vous évitez de vous retourner pour que je ne voie pas votre visage, et quand je crie : « Hans Ziegler, c'est le détective Sénéchal, ne bougez plus », vous imitez son accent suisse allemand pour me répondre... Et je m'y suis laissé prendre. Il est vrai que vous êtes très doué pour ce genre d'imitations, n'est-ce pas ? Vous savez imiter une voix d'enfant, une voix de femme...

Bienaimé haussa les épaules. Sénéchal poursuivit :

— Vous éteignez les projecteurs. Puis, dans l'obscurité, vous prenez la Remington à guidage laser de Hans qui est tombée sur le pont et vous me tirez dessus. En retour, vous recevez une rafale de pistolet-mitrailleur qui vous dissuade de persévérer dans l'art de la balistique nocturne... Alors vous descendez dans le salon-bar et vous butez Charlie. Comment se fait-il que vous y voyiez aussi bien dans l'obscurité ? Une de vos petites potions magiques ?

L'Haïtien tourna la tête pour dissimuler un sourire.

— Enfin, vous sautez du bateau avec votre équipement. Je cours à votre poursuite, croyant toujours avoir affaire à Hans Ziegler, et quand je me penche par-dessus le bastingage, vous me tirez dessus avec le P11. Vous me ratez et la fléchette en titane se plante dans la rambarde.

Sénéchal jeta un coup d'œil au brigadier-chef. Le gradé examinait l'Haïtien, son visage affichant une expression de profond mépris. Le gendarme à côté de lui prenait des notes, l'air absent.

L'écloflic déclara à Vannier, sur le ton de la conversation mondaine :

— C'est un très grand psychopathe. Savez-vous qu'il est très rare d'en capturer un vivant ? Messieurs, nous allons maintenant parler recettes de cuisine et condiments avec Faustin, ça nous détendra. Je suppose que vous connaissez tous une spécialité appelée « poudre zombi » ? Non ?

96.

Quand Sénéchal arriva dans sa petite chambre chez Mme Hoareau, un message de Lucrèce l'attendait. C'était un extrait récent d'un magazine scientifique.

> « Une équipe mixte de chercheurs malais et japonais attachée à la *major company* Takenushi Corporation a réussi à modifier génétiquement des pieds de tomate afin qu'ils produisent des protéines précises et les restituent sous forme de gouttelettes grâce au phénomène de guttation.
> Explication : la nuit, les plantes transpirent très peu, d'où une pression importante dans les tissus végétaux qui, au matin, pousse le fluide intracellulaire vers l'extérieur des feuilles. Or, c'est dans ce fluide (la rosée, pour les profanes) que se trouvent les protéines produites par les plantes. Un biologiste de Takenushi Corporation, le docteur Matsuura, précise : "Nous nous attachons à perfectionner le système de récupération du fluide pour exploiter cette technologie à grande échelle. Elle remplacera sous peu l'extraction classique des protéines à partir des tissus végétaux, techniquement plus compliquée et surtout beaucoup plus chère. Notre nouvelle technologie permet de fabriquer des protéines très précieuses, tels des anticorps ou des vaccins, dont les coûts de revient baisseront sous peu de plus de soixante pour cent. Nous avons la chance de disposer d'une banque de variétés végétales anciennes et extrêmement robustes qui permettent d'améliorer sensiblement la productivité de nos plants.

Notre compagnie a déjà déposé six brevets concernant cette technologie, et un septième est en cours d'homologation." »

Sénéchal regarda fixement le mur de la petite chambre et la grande carte de l'Indonésie qui y était punaisée.

— Nom de Dieu ! La serre aux vitres opaques, les tomates ! Ce n'étaient pas elles qui les intéressaient, évidemment ! C'était la rosée qui sortait de leurs feuilles tous les matins...

Il reprit dans son dossier l'article que lui avait transmis Ravier et qui évoquait la prochaine mise sur le marché de nouveaux vaccins par les laboratoires Ziegler.

Il composa le numéro du vieux Takenushi. Une voix polie lui expliqua que M. Akira Takenushi se reposait. Sénéchal insista. Il y eut un bip, puis la voix de crécelle du vieillard retentit.

— Monsieur Sénéchal ? J'ai été particulièrement honoré de vous recevoir chez moi. Puis-je espérer que la gravure que vous avez sans doute eu le loisir d'observer durant votre voyage de retour vous a procuré un certain plaisir ?

— Elle est un véritable régal pour les sens, monsieur Takenushi, mais...

— Ce vieux cœlacanthe avec des fleurs autour de lui, comme s'il était présenté sur l'étal d'un marché japonais, est une de mes plaisanteries à mes dépens. Et un peu aux vôtres, également.

— Je dois avouer qu'elle m'échappe.

— L'un de nos grands artistes, nommé Hiroshige, qui vivait à la fin du XVIIIe siècle, a peint une célèbre série d'estampes montrant des poissons sur des marchés...

— On trouvait beaucoup de cœlacanthes sur les marchés japonais à cette époque ?

— Oh, ce modeste cadeau n'est pas une œuvre d'Ando Hiroshige...

Sénéchal entendit le vieillard soupirer.

— Non, c'est l'œuvre d'un très vieil ami, aujourd'hui disparu. Je lui avais demandé de compléter pour moi, par jeu de l'esprit, l'œuvre d'Hiroshige. Je tenais à vous faire partager ce plaisir.

— Eh bien, puisque vous me parlez de cet animal, j'aurais quelques questions à vous poser.

— Certainement. Mais avant de nous engager dans cette conversation, monsieur Sénéchal, je dois vous informer que ma compagnie a développé certains systèmes électroniques.

L'écoflic sentit l'ironie percer dans la voix du vieillard.

— Et alors ?

— Ces systèmes renseignent sur la présence ou l'absence d'un système d'enregistrement sur la ligne. Ils sont extrêmement fiables. Ne voyez là aucune proposition commerciale de ma part, bien entendu.

— Bien entendu. Mais je n'ai besoin d'aucun enregistrement de cette conversation, monsieur Takenushi. Arrêtons de finasser, voulez-vous ? J'ai deviné ce que vous voulez faire avec le cœlacanthe. Vous voulez le cloner, comme vos foutus T5K !

Le vieillard eut un petit rire.

— Cela vous ennuierait tant que cela, monsieur Sénéchal ?

— J'ai peur que vous ne vous égariez, monsieur Takenushi !

— Examinons la chose sans passion, monsieur Sénéchal. Selon vous, combien y a-t-il de chances – disons sur un million – de capturer un couple de cœlacanthes vivant ?

— Elles sont extrêmement faibles.

— C'est exact. Dans la nature, les perspectives de survie d'une espèce sauvage sont réduites. Encore une fois, combien y a-t-il de chances pour qu'un jeune cœlacanthe survive dans les profondeurs, sachant que la femelle est ovovivipare, c'est-à-dire qu'elle met bas des petits tout formés, et qu'elle en met très peu au monde ? Combien y a-t-il de chances pour que ces petits atteignent la taille adulte sans rencontrer un poulpe, un requin ou un autre prédateur naturel qui les dévorera ?

— Je n'en ai aucune idée.

— Elles sont également très faibles. Évidemment. Pour finir, combien y a-t-il de chances pour qu'un mâle et une femelle d'une espèce aussi rarissime se rencontrent sous les eaux pour concevoir de nouveaux cœlacanthes ? Et je ne parle pas de la pollution, du mercure et autres. Et je ne parle pas des maladies...

— Je ne sais pas, mais...

— J'ai demandé à mes informaticiens de faire des simulations sous la conduite d'un statisticien. En extrapolant, bien entendu, les chiffres des populations potentielles, les facteurs de mortalité juvénile et toutes sortes de paramètres... Les chiffres qu'ils m'ont communiqués concernant les possibilités de survie dans l'avenir de ces incroyables animaux sont si ridiculement petits que je les tiens pour négligeables. Savez-vous qu'il y a deux espèces de ce vieux quatre-pattes ?

— Oui, le *manadoensis*, indonésien, différent du *chalumnae*, africain.

— Bravo. Je vois que vous avez fouillé le sujet. Mais connaissez-vous la différence entre les deux ?

— *Manadoensis* est l'animal le plus rare parmi les cœlacanthes. C'est celui que vous voulez cloner, bien sûr.

— Le cloner, monsieur Sénéchal. Exactement. Et le breveter. Comme vous le constatez, je ne veux aucun mal à cet animal, loin de là. J'ai simplement besoin de prélever un peu de son rarissime ADN, ensuite il pourra rejoindre tranquillement les profondeurs... Toutes les précautions seront prises, je vous le promets.

— Mais foutez donc la paix à cette bestiole ! C'est de la folie...

— Le clonage va rapidement devenir très banal. Je ne serai peut-être plus là pour le voir – et je vous prie de m'en excuser par avance –, mais Mitsuo, ma petite-fille, sera là, elle, lorsque Takenushi Corporation clonera le poisson le plus rare de la planète, le poisson revenu de la nuit des temps... Ce sera un cœlacanthe un peu différent de l'original, car il faudra lui introduire quelques gènes supplémentaires afin de le breveter – peut-être même un gène qui prolongera sa durée de vie, pourquoi pas ? –, mais ce sera un cœlacanthe tout de même. Un fossile vivant. Une des plus grandes merveilles du monde ! Vivante ! Quel aquarium, public ou privé, refuserait d'acquérir – quel qu'en soit le prix – l'ancêtre de tous nos ancêtres ? Imaginez-vous le vertige temporel que procurera la vision d'un tel animal vivant ? Je ne parle pas des scientifiques qui se battront pour connaître *de visu* son étonnant comportement.

— Allons, monsieur Takenushi, ce ne sera plus un cœlacanthe, ce ne sera qu'une sorte de photocopie.

Takenushi gloussa de nouveau, et reprit, avec l'irritante jovialité des vieillards obstinés :

— Le cœlacanthe ne relève pas de je ne sais quelle science-fiction ! Il *existe* ! Peut-être plus pour longtemps... Ne trouvez-vous pas mon projet enthousiasmant, monsieur Sénéchal ?

— Monsieur Takenushi, pourquoi avez-vous fait parvenir secrètement à Ziegler et à Designe, vos rabatteurs, plusieurs bidons ornés d'une tête de mort ? Des bidons contenant des litres de rosée issue de tomates génétiquement modifiées obtenues à partir des graines anciennes que vous avez héritées de votre oncle ?

Il y eut un court instant de silence au téléphone, puis Takenushi dit, d'un ton qui tranchait singulièrement avec son habituel débit saccadé :

— Vous êtes extrêmement sagace, monsieur Sénéchal. Permettez-moi de vous en féliciter. La confidentialité de cette... opération était une exigence commune aux deux parties, voyez-vous ?

— Je ne comprends pas.

— Ce cadeau que je faisais à MM. Designe et Ziegler, qui, je l'avoue, représentait beaucoup d'argent, est le fruit d'une technologie novatrice. Le produit que j'offrais discrètement à ces messieurs n'était pas encore disponible sur le marché. C'était, en quelque sorte, une primeur dont je faisais bénéficier les laboratoires Ziegler à la demande de MM. Hans Ziegler et Charles Designe. Il aurait été très dommageable que cette eau chargée de protéines si précieuses tombe entre des mains inconnues, n'est-ce pas ? De là le... disons le déguisement des bidons à l'aide d'une tête de mort.

— Vous aussi, vous avez vu disparaître le signal satellite de votre bateau sur un moniteur semblable à celui que possédaient Ziegler et Designe, n'est-ce pas ?

— Monsieur Sénéchal, dois-je vous rappeler que ce système destiné, à l'origine, au suivi de certaines espèces de tortues a été mis au point par ma firme ? J'ai, en effet, eu la curiosité de suivre le cheminement de mon cadeau sur ce circuit fermé et, hélas, de le voir disparaître avant son arrivée à destination. J'en ai conclu que le pauvre homme qui pilotait le bateau avait disparu avec le chargement.

— Qui était-ce ?

— Une personne recrutée pour son savoir-faire dans le domaine de la navigation furtive par un de mes correspondants à Madagascar.

— C'était un contrebandier ?

— Je vous communiquerai son nom par un canal discret, puisque vous ne paraissez pas avoir retrouvé sa trace. Ma seule consolation est qu'il n'avait pas de famille à nourrir. Bien que je me sente grandement fautif, je ne suis pour rien dans cette regrettable affaire, monsieur Sénéchal, je vous prie de le croire.

— Vous n'avez jamais eu la curiosité de savoir ce qui s'était passé cette nuit-là, monsieur Takenushi ?

— Je me fais traduire toute la presse de l'île de la Réunion depuis que je m'intéresse au cœlacanthe qu'on y aurait découvert. Les journalistes ont beaucoup écrit sur le décès brutal de M. Designe et la disparition simultanée de M. Ziegler. La cupidité mène le monde. La nature humaine est parfois décevante, monsieur Sénéchal.

— Je vois. Pourquoi ne pas avoir envoyé vos protéines par avion, tout simplement ?

— M. Designe tenait beaucoup à se les faire livrer discrètement sur le yacht d'Abyss. Je devais me plier à toutes ses exigences, voyez-vous ?

— Non.

Il y eut un silence au bout du fil. Sénéchal attendit patiemment. Puis la voix de Takenushi lui parvint à nouveau, hésitante, cette fois.

— Monsieur Sénéchal... je vous dirai simplement que ce trésor destiné aux laboratoires Ziegler était en réalité ce qu'il est convenu d'appeler une rançon.

— Une rançon ? En échange de quoi, monsieur Takenushi ?

— Ce misérable petit chantage m'a fait perdre beaucoup de temps, monsieur Sénéchal. Et du temps, je n'en dispose plus tellement, comprenez-vous ? Pardonnez ma grossièreté, il me faut à présent me reposer. Adieu, monsieur Sénéchal.

Le vieux Japonais raccrocha. L'écoflic le rappela plusieurs fois, mais personne ne lui répondit.

97.

Sénéchal remplit de nouveau le verre de Vannier.

— Comment trouvez-vous ce vin sud-africain ?

Le visage osseux du représentant de la loi se colorait légèrement.

— Remarquable, et cette rougaille de morue est un festival... Vous auriez dû prendre du poisson, comme moi.

— Merci bien... Le poisson, j'en ai ma dose !

L'écoflic regarda fixement le brigadier-chef, puis demanda :

— À votre avis, pourquoi Designe et Ziegler se font-ils livrer leur camelote près du Puits des Français ?

— Eh bien, ce coin n'est pas trop fréquenté par nous, ni par les gardes-côtes et les navires militaires.

— Mais également parce que c'est dans ce secteur que le pêcheur nommé Hoareau, à l'origine de cette affaire, a repéré un poisson bizarre. Ce gars-là possède une cabane sur la plage, non loin du cap. Il pêche quotidiennement sur la barrière de corail. Il a croisé la bestiole antédiluvienne sur le tombant récifal, un peu au-delà de cette barrière.

— Laissez-moi deviner... C'est là que Ziegler et compagnie patrouillent pour chasser le vieux poisson.

— Exactement. Nous voici donc revenus la nuit où se pointe l'émissaire de Takenushi avec le rafiot, avant de croiser sur sa route un dingue armé d'un lance-roquette...

— Et que vient faire ce pêcheur de corail dans l'histoire ?

— Pour la chasse au cœlacanthe, il faut des rabatteurs... Ziegler et consort lui ont promis une jolie prime s'il les aidait à mettre le grappin sur la bête rarissime. Notre ami dort le jour, et, toutes les nuits, il farfouille dans le coin où il a aperçu la bête.

— Pourquoi la nuit?

— Notre homme sait par Phibes que le quatre-pattes est un prédateur qui remonte des profondeurs durant la nuit pour chasser. Il sait également que le poisson aux dents d'émail a un terrier sous-marin, et que ce terrier est probablement dans le coin. Ce pêcheur, cette nuit-là, tout le monde l'a oublié, car tout le monde guette le signal du bateau envoyé par Takenushi. Pourtant, il n'est pas loin... Il est sous l'eau, avec des bouteilles et du matériel, et quand il remonte à la surface, il peut voir dans la nuit, au loin, les feux de position du yacht de Ziegler. Après une ultime balade sous-marine, il rentre dans sa cabane et se met au lit bien gentiment. Peu de temps après, il entend le moteur d'un hors-bord qui longe le cap. Ça l'intrigue. Comme vous l'avez deviné, c'est notre ami Bienaimé qui revient de ses exploits naufrageurs, un peu sonné... Le pêcheur prend ses jumelles de marine. Le hors-bord, dont il ne voit pas le pilote, se dirige à toute allure vers une petite crique planquée par des cocotiers.

— C'est comme dans *Fenêtre sur cour,* avec Grace Kelly et, euh...

— James Stewart... Notre pêcheur est maintenant bien réveillé. Il prend sa barcasse, va à la crique et découvre un hors-bord planté dans la vase. Il remarque qu'il y a des traces noires sur le plat-bord et trois impacts de balles dans l'étrave. Dans le fond du bateau, il trouve un objet dont il ne comprend pas l'usage, le prend et se tire vite fait... Car il estime, à juste titre, que tout ça sent très mauvais. Cette curiosité va lui attirer quelques problèmes...

— Quel est l'objet qu'il a trouvé?

D'un geste de prestidigitateur, Sénéchal sortit des photos de sa poche de poitrine. Il les disposa devant l'assiette du gendarme, tel un jeu de cartes. Elles montraient le même cercle de couleur kaki pris sous différents angles.

98.

— Professeur Morel ?

— Monsieur Séné-click-chal-click ? J'ai reconnu votre-clik-voix...

— Professeur Morel, s'il vous plaît, épargnez-moi la langue du Kalahari. Ne deviez-vous pas m'apporter des précisions sur le *Stenocara* ?

— Le *Stenocara* ? Ah, si, d'ailleurs j'allais vous rappeler. Vous ai-je dit qu'il s'agissait d'une femelle ? Attendez, j'ai fourré tout ça dans cette pile de paperasses... Êtes-vous toujours par monts et par vaux, monsieur Sénéchal ? Voilà, j'ai trouvé !... Eh bien, figurez-vous que j'ai appelé un de mes collègues anglais, entomologiste et spécialiste réputé des ténébrionidés...

— Et alors ?

— Saviez-vous que certains coléoptères élèvent des plantes sur leur dos, une sorte d'association, et...

— Professeur Morel, il se trouve que je suis un peu pressé.

— Ah, vous êtes toujours aussi impatient, monsieur Sénéchal ! Bref, mon distingué collègue anglais m'a conté une anecdote piquante au sujet du *Stenocara*... Aimeriez-vous l'entendre, monsieur Sénéchal ?

— J'en meurs d'envie.

— Eh bien, figurez-vous qu'un jour, lors d'une conférence devant un parterre de scientifiques, mon confrère entomologiste montre à un biologiste une photo prise dans le désert du Kalahari, représentant plusieurs de ces petits insectes en train de consommer les restes d'un lézard mort. Le biologiste trouve curieux que les *Stenocara* autour de ce lézard, complètement frit au soleil, arrivent à survivre par ces températures implacables. Il se procure quelques-unes de ces petites bêtes auprès de mon confrère, qu'il invite à tenter une expérience avec lui. Il met trois *Stenocara* sous une grosse lampe infrarouge et monte graduellement le chauffage.

— Pour simuler le climat du désert du Kalahari, en somme.

— C'est cela. Le biologiste branche alors une caméra thermique pour obtenir des images infrarouges des *Stenocara* et visualiser ainsi les répartitions des zones de chaleur sur leurs carapaces... Et là, les deux hommes s'aperçoivent que le *Stenocara* possède sur le corps des déflecteurs de rayonnement qui empêchent de faire monter sa température interne !

— Parfait, bravo et alors ?

— Alors quoi ? N'est-ce pas extraordinaire que la nature ait doté ces petits animaux de systèmes de régulation thermique leur permettant de survivre sous ces climats invraisemblables ? N'est-ce pas admirable, cette perfection ?

— Euh, si, sans doute.

— Ce biologiste et mon estimé collègue ont signé ensemble une publication qui a été très bien reçue dans leurs disciplines respectives. Il me l'a communiquée, d'ailleurs, et je dois dire que leur protocole...

— Merci pour tout, professeur Morel. Des déflecteurs de chaleur, admirable, en effet. Au revoir. Si vous en apprenez plus, n'hésitez pas à me rappeler.

— Mais je n'ai pas terminé, monsieur Sénéchal ! Figurez-vous que, quelques mois plus tard, ils ont été contactés par une entreprise nommée MIND, oui, MIND, qui leur a demandé par téléphone mille précisions sur la méthode qu'ils avaient suivie, la variété d'insectes utilisée, etc. Ils leur ont expliqué qu'ils s'occupaient de prospective dans le domaine climatique, ou quelque chose dans le genre. Ensuite, mon confrère et le biologiste n'en ont plus jamais entendu parler.

— Une société anglaise ?

— Non, une entreprise basée en Malaisie. N'est-ce pas le pays où vous vous trouviez l'autre jour ?

99.

— Pierre ? C'est Ravier. J'ai fait ta recherche sur la société MIND.

— Déjà ? Et alors ?

— Alors il y a évidemment plusieurs sociétés qui portent ce nom, mais j'ai trouvé une Malaysian Irrigation for Nature Development, dont l'objet social est « recherches et prospectives concernant les systèmes climatiques ».

— C'est sûrement celle-là.

— J'ai appelé au siège. On m'a parlé de veille technologique, de prospective sur les phénomènes hydriques, etc. Bref, leur job m'a paru assez brumeux, si j'ose dire. J'ai vérifié leurs statuts. L'actionnaire majoritaire est malais, mais les autres actionnaires sont japonais, dont une société Ko and Ko Limited, basée à Hokkaido. J'ai vérifié aussi. Je te passe les détails, mais il y a quatre sociétés-écrans qui cachent un très fin rameau d'un très grand arbre.

— On peut savoir ?

— Le grand arbre est constitué par Takenushi Corporation. MIND est un faux nez de Takenushi Corporation Unlimited... Qu'est-ce que tu dis de ça, mon gaillard ?

100.

Sénéchal téléphona à Xi Ping Zhu, mais on lui répondit qu'il était en déplacement professionnel et impossible à joindre.

Épuisé, l'écoflic s'allongea sur son matelas et ses pensées se mirent à vagabonder à la lisière du sommeil.

Il fut réveillé par un coup de fil d'Edouardo. La conversation, brève, concernait le fait qu'Edouardo avait mis la main sur un gibier de la plus haute importance.

101.

À l'aéroport de Saint-Denis de la Réunion, assis à une table dans le local de la douane encombré de piles de dossiers et d'objet saisis, Sénéchal étalait des papiers officiels, des autorisations tamponnées et des télécopies diverses devant cinq hommes en uniforme à l'air renfrogné. L'un des douaniers présents, un gradé manifestement agacé, disait :

— Mais les gendarmes, là-dedans ? Le brigadier-chef, il va faire du vilain s'il apprend que...

À la surprise générale, l'écoflic frappa du plat de sa grosse patte sur la table, faisant sursauter les gabelous présents. Il leur sembla tout à coup que ses épaules venaient encore de s'élargir, et la lueur qu'ils saisirent dans son regard n'annonçait rien de bon.

Le silence s'instaura, troublé seulement par le bruit du ventilateur. Sénéchal déclara, sur un ton à la fois précieux et glacial :

— Le corps d'élite que constitue la gendarmerie locale - corps d'élite dont les grandes qualités d'investigation ne peuvent qu'inspirer au monde le plus profond respect – sera informé au plus tôt par mes services, par ceux du préfet ou ceux du Vatican – je m'en fous – de l'opération d'exfiltration de l'un de nos agents. Cela dès qu'elle sera achevée par *nous* !

L'un des douaniers hasarda :

— De quoi ? D'ex...filtration ?

Le détective posa un regard égaré sur le type.

— Mon garçon, soyez assez aimable pour indiquer à votre supérieur ici présent (il désigna un gradé du menton) que la moindre fuite déclenchera immédiatement une enquête administrative... C'est un genre de tapette à souris, comme qui dirait automatique : la souris touche au fromage qui est en équilibre...

Il tapa de nouveau sur la table, la faisant trembler.

— Et paf!

Il remballa ses paperasses dans sa large poche et ajouta :

— Bon, on y va? Mon type arrive par l'avion de Jakarta dans vingt minutes. Il sortira de la douane par la petite porte de derrière. Vous ne l'avez pas vu et vous oubliez ma visite courtoise.

Le nouveau venu devait être âgé d'une bonne soixantaine d'années. Sa brioche tendait sa chemise blanche au col ouvert, dans l'échancrure duquel apparaissait une fine chaîne d'or, et sa veste à carreaux, trop étroite, possédait des manches trop longues qui couvraient partiellement le dos de ses mains. Un bout de mouchoir bleu dépassait de l'une d'elles. Ses yeux bridés qui larmoyaient dans son visage fripé étaient sans cesse en mouvement. Il paraissait fatigué et anxieux. Ses cheveux bruns, un peu longs, étaient collés sur son front dégarni par la transpiration, et une barbe de plusieurs jours creusait ses joues. Une valise de toile était posée à ses pieds. Il dit :

— Bonjour, monsieur Sénéchal, mon nom est Suleiman Rhaddiaunir. Je suis très heureux d'être ici.

102.

L'écoflic avait décidé d'interroger le scientifique dans la petite chambre qu'il louait à Mme Hoareau. L'homme, maintenant rasé de près et vêtu de linge frais, resta silencieux tout le long du trajet qui menait de l'hôtel discret que Sénéchal lui avait déniché jusqu'à la maison de la grosse dame. Rhaddiaunir alla saluer courtoisement Mme Hoareau, qui tressait des chapeaux sous une véranda. Sénéchal sourit quand elle lui proposa en minaudant d'en essayer un ou deux. Au grand étonnement de Sénéchal, Rhaddiaunir refusa avec douceur dans un français fluide.

Quelques secondes plus tard, en lui ouvrant la porte de la pièce qui lui servait de quartier général, l'écoflic demanda :

— Vous parlez le français, monsieur Rhaddiaunir ?

— Je le lis et le parle un peu. Je parle plusieurs langues.

Les yeux de l'Indonésien firent le tour de la pièce : le matelas sur le sol, les cartes punaisées au mur, la valise ouverte sur des chemises froissées. Son attention se porta sur la table encombrée par l'ordinateur portable, un téléphone fixe et des documents classés avec soin. Des feuilles volantes de toute nature couvertes de la large écriture du détective y étaient étalées dans le plus grand désordre. Il avisa enfin, avec un apparent déplaisir, un gros fusil à la crosse patinée, tout proche de la table, à portée de main. Autour du canon double des cartouches de différentes couleurs étaient attachées par des élastiques.

— Monsieur Rhaddiaunir... Je serai, à terme, contraint de vous remettre aux autorités indonésiennes. Auparavant, nous devons avoir une conversation. Ensuite...

— Ensuite ?

— Venons-en à ce qui nous intéresse tous les deux. Vous allez me dire tout ce que vous savez sur Shafik Mahakam et sur cette affaire, sans rien omettre ou dissimuler, cela va de soi. Tout d'abord, pourquoi aviez-vous disparu, monsieur Rhaddiaunir ?

— J'avais peur pour ma vie, monsieur Sénéchal. J'avais reçu des menaces.

— Et qui vous menaçait ?

— Je ne sais pas. J'avais reçu plusieurs appels sur mon portable m'ordonnant de ne plus fréquenter Shafik, sinon il m'arriverait malheur. Je ne devais parler de ces coups de fil ni à lui ni à la police. C'était une voix neutre, déguisée... Pourtant, j'ai continué à voir Shafik. Nous devions travailler ensemble, c'était important.

— Vous ne lui avez rien dit ?

L'Indonésien hésita.

— Non. Ensuite, dans mon propre parking d'immeuble, j'ai trouvé un mot sur le siège de ma voiture, pourtant fermée à clé. Il était écrit : *Pas de police.* Un soir, alors que je rentrais à pied par une petite route déserte, une voiture a foncé sur moi. Je ne suis plus jeune, il m'est difficile de courir comme un gamin... Au dernier moment, la voiture a freiné, et elle a reculé à toute vitesse pour tourner dans une ruelle. Mais j'avais eu le temps d'apercevoir l'homme au volant. Il avait une casquette sur la tête, un visage large et une forte carrure. La taille de ses mains m'a frappé... C'est idiot, n'est-ce pas ? mais c'est le genre de détail dont on se souvient par la suite, alors que je n'ai pas pensé à relever le numéro d'immatriculation... Ses mains sur le volant étaient énormes. Ce devait être un colosse.

Sénéchal ouvrit ses larges pattes devant le nez de Rhaddiaunir.

— Des mains comme ça ?

— Oui. Je suppose qu'il devait être aussi grand que vous, monsieur. Et je suis certain qu'il était aussi occidental.

— Qu'avez-vous fait, alors ?

— J'en ai parlé à Shafik.

— Quelle a été sa réaction ?

— Il m'a dit textuellement : « Suleiman, il se passe des choses très graves, mais je ne les comprends pas. » Puis il a quitté la pièce en marmonnant. Il était déjà très malade. Son esprit était très confus.

— Vous savez ce qu'il a dit ?

— Je crois qu'il a parlé de chimères. J'ai vu qu'il avait peur, lui aussi.

Sénéchal demeura silencieux un court instant, puis demanda :

— Pourquoi vous êtes-vous enfui lorsque je vous ai envoyé Lang et mon collègue Edouardo à la rivière près de la décharge ?

— J'ai été pris de panique. Je ne savais pas qui était l'homme qui accompagnait Lang.

— Et ces documents que M. Edouardo a trouvés au fond du jardin des Mahakam ?

— Ils n'ont aucun intérêt, à vrai dire. Je les avais confiés à Shafik pour étude...

— Mais qu'est-ce que c'est que cette histoire de sanitaires ?

— C'est très simple... Le Japon est un archipel volcanique. On y recycle l'eau au maximum. L'eau des toilettes et celle des bornes d'incendie ne sont pas celle des robinets... Pour tout nouveau bâtiment dont la surface corrigée dépasse les trente mille mètres carrés, la municipalité de Tokyo – ainsi que celles d'autres villes – exige la création d'une installation de recyclage interne. Le système décrit dans ces documents est un ensemble de filtres à eaux usées qui met en jeu des bactéries ayant la propriété de restituer en vingt-quatre heures une eau propre à partir d'une eau usée.

— Remarquable.

— Cette eau propre, non potable, est destinée principalement à alimenter les toilettes des immeubles, et...

— Merci, merci... Mais que vient faire Takenushi là-dedans ? Ces documents portaient l'en-tête de Takenushi Corporation.

— Bien entendu... Ce système est breveté par Takenushi Corporation, vendu très cher, et je pense qu'il est inutile de vous dire que le chiffre d'affaires...

— Soit. Mais vous, monsieur Rhaddiaunir, quels rapports entretenez-vous avec cette firme ?

Le physicien ouvrit les mains, comme pour souligner une évidence.

— J'ai travaillé durant des années pour Takenushi Corporation. En qualité de consultant. Vous ne le saviez pas ? C'est Akira Takenushi, le fondateur de la firme, que j'essayais de joindre par l'intermédiaire de Lang. Par sa petite radio d'amateur.

— Comment ça, par l'intermédiaire de Lang ?

— Il y a un club de radioamateurs à l'université de Depok. Par ce moyen, je restais en liaison avec Lang. Je voulais qu'il contacte Akira. Akira a beaucoup de pouvoirs. Il pouvait me faire sortir d'Indonésie.

— Est-ce qu'il a essayé ?

— Je ne sais pas. J'ai fui lorsque vous êtes venu enquêter chez Mme Mahakam. J'ai eu peur que vous ne me découvriez. Je me méfiais de tout le monde... Comprenez-moi.

— Qui vous a prévenu de mon arrivée ?

— Mme Mahakam. Elle avait reçu un coup de fil de M. Xi Ping Zhu lui annonçant qu'un détective occidental arrivait chez elle.

— Ainsi, monsieur Rhaddiaunir, vos capacités de physicien de haute volée vous ont amené à concevoir des WC chimiques pour une firme japonaise nommée Takenushi Corporation ?

Il avait pris son air le plus sérieux pour dire ça. L'Indonésien sourit. Il avait des dents écartées sur le devant.

— Ça vous amuse, monsieur Sénéchal. Mais je faisais bien d'autres choses pour Takenushi. Pas pour Takenushi Corporation, pour Akira Takenushi lui-même.

— C'est-à-dire ?

Rhaddiaunir frotta ses mains bien à plat l'une contre l'autre, ne sachant par où commencer.

— Vous avez rencontré Akira, monsieur Sénéchal, selon ce que m'a expliqué M. Edouardo. Et vous le soupçonnez de se livrer à la chasse à l'animal le plus rare du monde.

— Qu'en pensez-vous, personnellement ?

— Bah ! Pourchasser ce curieux animal est sa marotte. Mais je crois qu'il ne lui veut que du bien.

— C'est une manière de voir les choses. Il veut le cloner pour en faire un animal de foire.

— Il vous a probablement paru être un original. En réalité, c'est un visionnaire. Un visionnaire doublé d'un redoutable homme d'affaires, ne vous y trompez pas.

— En quoi M. Takenushi est-il un visionnaire ?

Rhaddiaunir dévisagea Sénéchal de ses yeux larmoyants comme s'il venait de le découvrir à l'instant même, assis dans le fauteuil en face de lui.

— Mais, je pensais que vous l'aviez compris !

— J'ai bien peur que non.

L'Indonésien sourit à nouveau, d'un curieux plissement humide de la bouche.

— Monsieur Sénéchal, Akira voue sans doute une étrange passion à ce poisson rarissime à quatre pattes, cependant quelque chose l'a toujours beaucoup plus intéressé que le cœlacanthe.

— Et c'est?

— Ce qu'il y a autour du cœlacanthe, cher monsieur.

— Autour?

— Tout autour.

— Je ne comprends pas.

— Eh bien... l'eau, tout simplement.

103.

Sénéchal fronça les sourcils.

— L'eau ? Takenushi s'intéresse plus à l'eau qu'au cœlacanthe ? Je ne comprends rien. Expliquez-moi, s'il vous plaît...

— Vous avez entendu parler d'Earth Simulator ? Eh bien, ce supercalculateur a mis en évidence deux tendances importantes : une explosion démographique mondiale, avec au moins deux milliards d'êtres humains supplémentaires à l'horizon 2050, et une augmentation de plusieurs degrés de la température moyenne à la surface de la Terre.

— Surpopulation et réchauffement climatique, le cocktail infernal de l'avenir...

— Exactement. Les effets du réchauffement climatique seront dramatiques : élévation importante du niveau des mers, sécheresses qui transformeront d'immenses territoires cultivables en déserts.

Rhaddiaunir passa lentement le pouce sur le bord de la table.

— Si on cumule les effets de ce réchauffement, on arrive au chiffre de trois milliards d'humains qui souffriront du manque d'eau potable bien avant la fin de ce siècle. Il y en a déjà deux milliards aujourd'hui. Or la quantité d'eau sur terre est *constante.* On ne peut pas en fabriquer, pourtant nous la polluons toujours plus, du fait des utilisations domestiques, industrielles, agricoles... Et il n'existe aucun substitut à l'eau, à la différence du pétrole. De plus, 0,3 % seulement de l'eau douce présente sur la planète est renouvelable et utilisable pour la consommation humaine.

— Je vois, je vois, monsieur Rhaddiaunir. Je vois. Et vous, dans tout ça ? Et Takenushi le visionnaire ?

Le gros homme sortit son mouchoir de sa manche et s'en tamponna le front. Il loucha vers le petit frigo dans un angle de la pièce.

— Je vais vous l'expliquer... Il fait chaud, vous ne trouvez pas ? Auriez-vous quelque chose à boire ? Du whisky, peut-être...

Sénéchal lui apporta une bouteille du rhum au tamarin confectionné par Mme Hoareau. L'Indonésien se servit une large rasade.

— Voici bientôt douze ans, Akira Takenushi a créé personnellement une cellule de travail confidentielle. Une sorte de bureau d'études dont il m'avait confié un département... Il l'a surnommé, dans son style fleuri : « Eau pure pour le futur ». Il y a consacré d'importantes sommes d'argent.

— Très joli, « Eau pure pour le futur » ! Et il sert à quoi, ce bureau d'études ?

— En gros, c'est une unité technologique qui surveille à travers le monde toutes les activités de recherche sur l'eau. Son nom est MIND, pour « Malaysian Irrigation for Nature Development ». Au début, cette petite structure ne comptait qu'une poignée d'experts. Peu à peu, Akira a embauché des spécialistes de plus en plus compétents, jusqu'à former plusieurs équipes de recherche, très cloisonnées, qui travaillaient sans relâche sur l'eau.

— L'eau ? Uniquement l'eau ?

— L'eau, rien que l'eau. Sous toutes ses formes.

— Et pourquoi cette structure particulière ?

— Par discrétion. Akira lui-même la finançait. MIND n'était reliée que par un fil juridique et financier très ténu à Takenushi Corporation. Elle était affublée d'un objet social du genre « recherches et prospectives concernant les systèmes climatiques », vous voyez ? Nous n'avions de comptes à rendre qu'à Akira lui-même. Il se débrouillait astucieusement avec l'administration malaise pour cacher ce que MIND faisait réellement.

— Lorsque j'ai rencontré M. Takenushi en Malaisie, dans une serre géante abritant une forêt entière, je me trouvais sur le site de MIND, n'est-ce pas ?

— Oui, mais vous n'avez sans doute vu qu'une partie des installations. Elles sont disséminées en plusieurs endroits, en Malaisie.

— Pourquoi Takenushi n'a-t-il pas installé sa petite structure « Eau pure pour le futur » au Japon, comme la plupart de ses affaires ?

— L'installation en Malaisie a l'avantage d'être discrète. Elle relève aussi d'une stratégie commerciale.

— Laquelle ?

— S'assurer d'un observatoire économique de l'évolution du Sud-Est asiatique et lancer des opérations commerciales relatives à l'eau dans cette région.

— Pourquoi là plutôt qu'ailleurs ? Le Sahel n'aurait-il pas mieux fait l'affaire ?

— Le Sahel ne peut rien acheter. N'oubliez pas que chez Akira, la notion de business est omniprésente. Dans les prochaines décennies, la consommation d'eau va exploser dans le Sud-Est asiatique. Or on a observé qu'un décollage économique entraînait toujours une hausse de la consommation de l'eau. De plus, les estimations de ce supercalculateur indiquent que dans une trentaine d'années la plupart des pays du Sud-Est asiatique n'auront plus du tout de forêts. Nous avons déjà détruit le tiers de toutes les forêts du globe.

Sénéchal demeura silencieux, puis il demanda :

— La serre que j'ai visitée avec Takenushi, cette forêt reconstituée où nous nous sommes promenés, est-elle un sujet d'étude elle-même ?

— Oui.

— Je croyais que sa forêt personnelle était une sorte de banque génétique ? C'est ce qu'il m'a dit, en tout cas.

— C'est tout à fait exact, néanmoins plusieurs vérités coexistent toujours chez Akira. Il vous en a servi une, voilà tout. Cette forêt reconstituée sert surtout à étudier certains phénomènes climatiques.

— C'est à cela que travaillent les petits robots que j'ai aperçus ?

— Entre autres. Ils font des prélèvements : hygrométrie de l'air, température, humidité du sol, etc. Ils communiquent entre eux par ondes courtes, ainsi qu'avec un ordinateur souterrain qui collecte et analyse leurs données. De plus, la grande serre est équipée de générateurs de brouillard, d'air chaud ou froid, contrôlés par des capteurs très discrets. Et le climat artificiel est géré également par l'ordinateur.

— Cette forêt est un laboratoire, en somme.

— Akira l'appelle son « phytotron personnel »... L'eau et les arbres, vous voyez ? Au rythme où la déforestation se poursuit dans le monde, certaines régions du globe passeront à brève échéance de ce que l'on a appelé à tort l'« enfer vert » au « désert rouge ».

— Le désert ? Réellement ?

— Nous avons déjà épuisé ou détruit vingt pour cent des terres cultivables du globe en cinquante ans. Le désert représente aujourd'hui plus du cinquième des terres émergées de notre planète... En Chine, il constitue le tiers du territoire national.

Rhaddiaunir regarda Sénéchal intensément, puis il saisit calmement entre deux doigts le mouchoir bleu qui dépassait de sa manche et se tamponna les yeux à petits coups précis.

— Bien. Et alors, monsieur Rhaddiaunir, l'Asie du Sud-Est ?

— Alors ? Alors l'Asie du Sud-Est déboise sans discernement, sa population va augmenter considérablement dans les années futures, et l'eau commence déjà à manquer. Vous comprenez maintenant l'intérêt porté par Akira Takenushi à cette région du globe ?

Sénéchal se sentit soudain envahi par la lassitude. Dans son esprit, le cœlacanthe s'éloignait de sa curieuse nage alternée. *L'eau. Takenushi ne s'intéressait qu'à l'eau !*

Takenushi et son bassin dessinant l'idéogramme « eau » en japonais. Takenushi lui montrant son érable miniature. « Regardez bien cette goutte d'eau, monsieur Sénéchal. Elle est comme une larme de nuage, comme une poire pour la soif, comme un diamant pur. La goutte d'eau donne le monde à voir comme une boule de cristal... Cette rosée que vous voyez là, c'est l'or du petit matin. »

L'écoflic sortit de sa poche une petite boîte rectangulaire qu'il poussa de l'index sur la table basse devant Rhaddiaunir.

— Est-ce que vous savez ce que c'est ?

L'Indonésien fronça les sourcils et, de ses petites mains charnues, s'empara de la boîte. Il l'ouvrit, en sortit le bloc de plastique oblong renfermant un scarabée et sursauta.

— C'est celui de Shafik... Il y a une bulle d'air coincée entre les antennes ! Où l'avez-vous eu ?

— Mme Mahakam l'avait jeté.

L'Indonésien, l'air douloureux, pinça les lèvres. Tout à coup, il ouvrit son col de chemise, tira la chaînette d'or qu'il portait au cou, la passa au-dessus de sa tête et la tendit à Sénéchal. Au bout de la chaînette, il y avait une larme de plastique. Sénéchal la mira à la lumière qui tombait de la fenêtre. À l'intérieur se trouvait également un insecte, quasi-sosie du précédent. Mais celui-ci avait les pattes arrière allongées, comme s'il avait été figé au moment où il bondissait.

Il le posa sur la table basse près de l'autre, et demanda :

— Quel est le secret de ces bestioles, monsieur Rhaddiaunir ?

104.

Le physicien prit une longue inspiration.

— En réalité peu de gens se sont réellement penchés sur le phénomène de la recondensation de l'eau présente dans l'air.

— Autrement dit, comment récupérer la vapeur d'eau des nuages, du brouillard, tout ça ?

— Exactement. Nous avions échoué avec beaucoup de procédés. Pourtant, la solution était là, sous nos yeux. Ou plutôt dans les sables brûlants du désert. À MIND, nous avons découvert que quelqu'un avait déjà beaucoup travaillé, et depuis très, très longtemps, sur cette question de la recondensation de l'eau.

— Et qui donc ?

— La nature, monsieur Sénéchal. La nature...

Il tendit l'index en direction des deux petits scarabées dans leurs gangues de plastique transparent. Sénéchal se demanda si Rhaddiaunir ne faisait pas partie de ces scientifiques qui, sur le tard, sont saisis d'un élan mystique pour les merveilles de la création. Il demanda, sur un ton las :

— Qu'est-ce que la nature a fait pour la condensation de l'eau, monsieur Rhaddiaunir ?

— Elle a créé voici des siècles un petit animal hautement spécialisé. Cet insecte. Cet animal que vous voyez là, nommé...

— *Stenocara.* Il vit dans le désert du Kalahari.

— Vous savez cela ?

— Selon quelqu'un que je connais, et qui apprend le langage boschiman à temps perdu, il semble que Dieu nourrissait une passion particulière pour les scarabées, car il en a fabriqué des milliers d'espèces.

— C'est très bien dit. Dont le *Stenocara* et son potentiel ignoré.

Sénéchal s'agaça.

— Monsieur Rhaddiaunir, vous serait-il loisible d'être plus clair ?

— Euh... Bien sûr. Vous savez, il arrive de temps en temps des choses bizarres.

— Quoi ? Qu'est-ce qui arrive de temps en temps ?

— Le hasard dans la recherche... Un jour, on montre à un biologiste anglais une photo prise dans le désert du Kalahari représentant des *Stenocara* en train de manger un lézard mort.

Sénéchal l'interrompit.

— Oui, je connais l'histoire. Les déflecteurs, tout ça... Et alors, quel rapport avec MIND ?

— Comme je vous l'avais dit, monsieur Sénéchal, à MIND, nous surveillons en permanence tout ce qui se publie concernant l'eau. Les échanges thermiques faisaient également partie de nos préoccupations. Les déflecteurs, et tout ce qui empêche l'eau de s'évaporer dans l'air, étaient des procédés qui nous intéressaient. Car il n'est pas suffisant de recueillir ou d'assainir l'eau, encore faut-il la conserver. C'est une grande partie du problème.

— Bref, quelqu'un de chez vous repère cette publication anglaise.

— Exactement. Et se passionne pour cette découverte qui théoriquement n'intéresse que les biologistes. Ou les zoologistes. Il vient m'en parler et je l'encourage à approfondir le sujet. Nous nous procurons, nous aussi, plusieurs de ces insectes, et nous nous attachons les services d'un jeune entomologiste qui étudie en détail le *Stenocara*.

— Et ?

— Et un miracle se produit...

Sénéchal pensa sur-le-champ que sa théorie du savant mystique se confirmait.

— Un miracle ! Ça se raréfie, de nos jours, les miracles !

— Vous allez voir... L'entomologiste découvre que la carapace du *Stenocara* est différente de celles de tous les autres insectes. Elle est recouverte de bosses d'environ un demi-millimètre de diamètre. Vues au microscope électronique, ces protubérances révélaient en fait une grande complexité.

— C'est-à-dire ?

— Ce sont des dômes aplatis d'environ dix microns de diamètre, dont le sommet est lisse, alors que les pentes sont tapissées d'une très fine structure cirée. Un véritable toboggan pour n'importe quelle gouttelette... Leur répartition sur la carapace n'est pas due au hasard. Elles sont apparemment disposées en hexagone. Bref, le secret du *Stenocara* était enfin percé. Le secret de sa survie dans un désert, où il n'y a pas d'eau : il collecte l'eau du brouillard dense qui tombe sur le désert au petit jour...

— Et comment fait-il, le bougre ?

— Il penche son corps en avant sous le vent et attend que se forment des gouttes d'eau sur ses élytres déployés. Une gouttelette microscopique provenant du brouillard se fixe sur la pointe d'une protubérance des élytres, elle grossit petit à petit, puis atteint une taille suffisante pour se détacher. Elle glisse alors sur la surface cirée, puis ruisselle avec toutes les autres gouttes « piégées » vers la bouche de l'insecte. À ce stade, les gouttes sont suffisamment grosses pour rouler dans le vent, assez grosses également pour ne pas s'évaporer avant d'être bues.

— Cette bestiole possède donc un piège à flotte portatif sur le dos ?

— C'est exactement ça. Un piège à la fois très sophistiqué et très simple. Le mécanisme par lequel l'eau est extraite de l'air et se condense en grosses gouttes est du même coup mis en évidence. La nature a donc fabriqué voici des milliers d'années un petit être qui récupère l'eau dans l'air qui l'entoure avec un rendement extraordinaire !

Rhaddiaunir souriait d'un air béat, tentant comiquement de communiquer son enthousiasme scientifique à Sénéchal. Il reprit :

— Car, ce qui est miraculeux, c'est que le *Stenocara* n'a besoin pour cela d'aucune énergie. Curieusement, monsieur Sénéchal, le mécanisme par lequel l'eau est extraite de l'air et se condense en grosses gouttes n'avait jamais été expliqué jusqu'à aujourd'hui.

— La condensation ! Ça alors... Tout bêtement !

— J'ai immédiatement parlé du *Stenocara* à Akira. Il a réfléchi, puis m'a suggéré de reproduire ce procédé avec des matériaux peu coûteux. Il imaginait déjà des maisons dont les murs seraient recouverts d'un matériau copié sur la carapace du *Stenocara.* De la bio-architecture, en somme. Nous avons donc fabriqué un prototype très simple : nous avons emprisonné des minuscules billes de verre recouvertes partiellement de cire dans deux lames de microscope, selon un arrangement précis. Cela fonctionnait assez bien pour capturer l'eau dans l'air ambiant, mais avec un rendement très faible...

Sénéchal demanda :

— Avez-vous donné un de ces prototypes en billes de verre et lames de microscope à votre ami Mahakam ?

L'Indonésien fronça les sourcils. Il ne devait guère avoir l'habitude d'être interrompu durant un de ses exposés.

— Oui. Mais il l'avait égaré, je crois.

Il fit un geste fataliste.

— Sa mémoire, malheureusement, vers la fin...

— Pourquoi M. Mahakam possédait-il un de ces insectes ?

— J'avais fait inclure sous plastique quelques-unes des bêtes qui n'avaient pas survécu aux expérimentations. J'ai offert la plus belle à Shafik et j'en ai conservé une pour moi. En souvenir de cette mémorable aventure scientifique.

— M. Mahakam était donc dans la confidence ?

— Oui. Ensuite, nous avons développé d'autres techniques, dont je vous épargnerai les détails. Enfin, nous avons abouti en créant des filets.

— Des filets ?

— Des filets en plastique tramé copié sur les élytres du *Stenocara*. L'eau en suspension, piégée par ces filets tendus dans l'air, coule le long de fils constitués de la trame que nous avions conçue, avant d'être récoltée. C'est très simple. Nous avons conduit une première expérimentation en grandeur réelle dans un endroit des plus discrets, car Akira tenait au plus grand secret sur cette affaire... Il a donc choisi un village du Chili situé très haut dans la montagne. Une de nos équipes y a mené une première campagne destinée à collecter de l'eau de brouillard.

— Ça a marché ?

— Au-delà de nos estimations. Une population de sept mille personnes, qui devait jusque-là acheminer en altitude des bidons d'eau dans des conditions très difficiles, a disposé pendant près d'un an, grâce à nos filets, de quelque quinze mille litres d'eau par jour.

À la surprise de Sénéchal, l'Indonésien sortit son portefeuille de sa poche. Il tendit à l'écoflic une mince feuille de plastique transparente de la taille d'une carte de visite. Sénéchal s'en empara. Elle était humide et ses deux faces étaient rugueuses au toucher. Il l'approcha de ses yeux : la feuille transparente était recouverte de centaines de protubérances et de creux qui dessinaient des motifs compliqués. Il la rendit à Rhaddiaunir, qui la rangea soigneusement dans son portefeuille.

— Voyez-vous, monsieur Sénéchal, ce prototype, bien plus élaboré que celui aux billes de verre, permet de récolter trois litres d'eau au mètre carré en cinq minutes dans l'air ambiant. Nos filets sont tissés dans ce matériau.

La nuit tombait au-dehors. Le détective alla allumer le plafonnier. L'Indonésien lui parut plus pâle et plus vieux sous cette lumière. Il était manifestement fatigué par son récit. Même le timbre de sa voix était plus étouffé, plus terne. Il poursuivit :

— Akira ne s'était pas trompé. La technologie que les ingénieurs de MIND avaient fini par mettre au point pouvait être multipliée à l'infini sur la planète. Un marché titanesque. En plus des filets, imaginez que l'on crée des tentes dont le tissu récolterait de l'eau sur toute sa surface pendant que vous dormez, des toits de maison capturant le brouillard dans les pays arides, des matériaux capables de recondenser la moindre trace d'humidité présente dans l'air. Imaginez ces milliers d'êtres humains qui meurent de soif alors que l'eau est là, présente partout autour d'eux, dans l'air qu'ils respirent.

Il fit un large mouvement du bras en direction de la fenêtre.

— Vous comprenez, monsieur Sénéchal ? L'eau est là, au-dehors, bien que nous ne puissions pas la voir. Des millions de mètres cubes d'eau potable sont suspendus dans l'air de cette île. Et ils n'attendent que d'être capturés...

— J'imagine, en effet, que les Touaregs ne la voient pas souvent, la condensation.

— Une grande partie de l'humanité ne la voit pas souvent.

Sénéchal croisa ses grandes pattes sur son ventre et s'absorba un instant dans la contemplation du plafond, puis dit :

— Avec l'aide d'Earth Simulator, vous savez donc où sont vos futurs clients. Les affaires sont les affaires. Hum. Selon son chef, M. Xi Ping Zhu, Mahakam travaillait sur le projet Amma, un projet d'analyse de la mousson africaine, phénomène décisif pour la sécurité alimentaire du Sahel, paraît-il... Je n'avais pas immédiatement compris que Mahakam avait partie liée avec vous.

L'Indonésien ne réagit pas. Puis il parut peu à peu comprendre ce qu'insinuait le détective. Il fit, de sa petite main, un geste de dénégation.

— Ne croyez pas ça, monsieur. Absolument pas ! Shafik était un fonctionnaire intègre. Le projet *Stenocara* lui avait paru, à lui aussi, porteur de formidables perspectives, dans le cadre de plusieurs projets du Programme des Nations unies pour l'environnement. La préservation de l'eau potable dans le monde est devenue aujourd'hui un des axes ultraprioritaires des Nations unies...

Il ajouta, avec une nuance d'amertume dans la voix :

— Il semble même qu'elles soient les seules à le comprendre.

Le détective ramena à son hôtel l'Indonésien épuisé. Avant de le quitter, il lui demanda de ne pas sortir de sa chambre, sauf en cas de contre-ordre de sa part.

Sur la route, il se rangea le long du bas-côté, regarda sa montre et sortit son téléphone. Il appela le PNUE de Jakarta, mais ne put joindre M. Xi Ping Zhu, toujours en déplacement. Il laissa un message.

Il dîna dans un snack en plein air en essayant, pour se distraire, de comprendre les blagues en créole que se racontaient, à la lueur des lampes-tempête, une bande de gamins assis aux tables voisines.

105.

Le lendemain, il téléphona à l'hôtel où était logé Rhaddiaunir. Il posa plusieurs questions au scientifique et finit par lui demander :

— Pourquoi passiez-vous vos week-ends avec votre ami Shafik Mahakam à courir les volcans ?

— Les volcans ? Pour mes membranes d'ultrafiltration, bien sûr...

— Vos quoi ?

— À MIND, nous faisions également des recherches sur les membranes de filtration de l'eau. Pour filtrer l'eau, on la fait passer sous forte pression à travers des membranes poreuses. Souvent des céramiques. Je m'intéressais aux minéraux rejetés par les volcans afin de concevoir de nouvelles membranes. En outre, Akira m'avait demandé de rechercher la présence de minéraux rares, venus des profondeurs du globe, comme le sulfate de rhénium, qui résiste à des températures de plus de 3 000 °C. Ce produit entre dans la composition de certains alliages utilisés dans la recherche spatiale, les technologies médicales et les industries de pointe.

— D'accord, d'accord, mais pourquoi emmeniez-vous votre ami ?

— Ce projet de membranes d'ultrafiltration l'intéressait. Selon lui, le PNUE aurait pu financer certaines recherches dans cette direction. En même temps, il faisait des repérages pour ses chères réserves naturelles... Qu'il a d'ailleurs fini par créer avec M. Xi Ping Zhu.

— Il y a des volcans près des réserves ?

— Chez nous, il y a de très nombreux volcans. Ils sont un fléau et une bénédiction... Un proverbe dit d'ailleurs : « Sur les laves de la colère pousse le jardin des délices. Sur les terres fécondées par la lave s'exhale le parfum des épices, fleurissent les orchidées. »

— Très joli.

— Je dois avouer que je profitais du laissez-passer de l'Organisation des Nations unies de Shafik, qui nous permettait d'accéder à des endroits interdits.

— Interdits ?

— Oui, la loi martiale, la guérilla... Ce pays est en guerre, monsieur Sénéchal. En guerre contre son propre peuple.

— M. Mahakam possédait des minéraux volcaniques dans son bureau...

— Oui. Il rapportait de temps à autre quelques beaux cailloux venus des profondeurs de notre planète. Il s'en servait de presse-papiers, ou simplement d'éléments de décoration. Il les rangeait dans le secrétaire que je lui avais offert.

Sénéchal repensa à la poussière brune trouvée dans le tiroir. Les conclusions de Lucrèce sur l'origine exacte de ces débris minéraux se faisaient encore attendre...

— Une dernière question, monsieur Rhaddiaunir. Avez-vous connaissance de l'existence d'un dossier rouge enfermé dans le secrétaire de Mahakam ? Ce dossier a été volé, après la mort de M. Mahakam, par sa femme de ménage.

— Mme Mahakam me l'a dit. C'est très ennuyeux, mais cette femme ne pourra rien en faire.

L'écoflic fronça les sourcils.

— Voulez-vous m'expliquer ?

— Ce dossier m'appartenait. Ou, plutôt, il appartenait à Akira. Il contient un projet de dépôt de plusieurs brevets sur le procédé de récolte de l'eau par le *Stenocara*. J'étais chargé d'en élaborer les parties techniques avant d'en faire une demande d'homologation.

— Et quoi d'autre ?

— Il contient également une grande feuille de plastique identique à celle qui est dans mon portefeuille et que je vous ai montrée hier. Et, voyons... également diverses photos de la carapace de l'insecte. Plus un budget prévisionnel qu'avait élaboré Shafik.

— Un budget prévisionnel ?

— Pour la diffusion mondiale du procédé par le PNUE. Les sommes en jeu vous étonneraient, monsieur Sénéchal. Nous avons travaillé là-dessus de nombreux week-ends. Mais ne vous inquiétez pas, j'en possède un double à MIND, et dès que j'aurai joint Akira...

— Vous parliez de ce projet en présence de la femme de ménage ?

— C'est possible, elle venait souvent dans le bureau de Shafik lorsque nous travaillions, et...

L'écoflic jura, puis dit très vite :

— Je viens vous chercher à votre hôtel, monsieur Rhaddiaunir.

Dans la petite chambre de Sénéchal, l'Indonésien se tamponnait les yeux de son mouchoir bleu pour la dixième fois. Ses narines palpitaient. Il paraissait à la fois furieux et accablé. Il pianota encore une fois sur l'ordinateur de l'écoflic. En haut de l'écran, à chaque page, était écrit en grosses lettres : « OFFICE MONDIAL DE LA PROPRIÉTÉ INDUSTRIELLE ».

— C'est incroyable ! Incroyable, monsieur Sénéchal. C'est le mien !

— Vous en êtes certain ?

— Je suis formel... Ou, plutôt, c'est celui d'Akira. Ce n'est pas à proprement parler un brevet, pas encore. Il s'agit ici d'une demande d'homologation portant sur un procédé nouveau de « capture et récolte de l'eau dans le milieu ambiant ». La demande d'homologation est au nom de MM. Hans Ziegler et Charles Designe.

Des schémas défilèrent sur l'écran. Rhaddiaunir paraissait abasourdi.

— Les dessins... Ils décrivent la structure particulière de la carapace du *Stenocara*... Voyons... Parties hydrophiles, parties hydrophobes cireuses... Tout y est. Tout y est !... Qui sont ces gens, Ziegler et Designe ?

— Ils sont morts, aujourd'hui, monsieur Rhaddiaunir. Ils avaient payé l'homme qui vous a foncé dessus en voiture pour vous intimider. Et payé la femme de ménage pour voler ce dossier. Ils étaient également employés par votre ami Takenushi pour satisfaire sa principale marotte : la chasse au cœlacanthe.

— Des employés d'Akira ? Mais...

— Vous me dites que ce n'est pas le brevet lui-même qui est là ?

— Non, il faut de trois à quatre ans pour faire homologuer réellement un brevet. Néanmoins, le fait d'entamer une requête en délivrance de brevet – c'est le terme exact – auprès de l'Office mondial de la propriété industrielle vous assure une antériorité juridique sur un procédé, votre demande y étant enregistrée à la minute près.

— Sous réserve que quelqu'un n'ait pas fait une demande similaire *avant vous* sur un procédé identique...

— Évidemment. Mais ce n'était pas le cas, croyez-moi, j'avais vérifié soigneusement qu'il n'existait rien dans l'histoire des brevets des vingt dernières années qui puisse se rapporter au procédé particulier du *Stenocara.*

— Vous m'avez expliqué que vous aviez plusieurs brevets en préparation sur ce procédé dans ce dossier.

— Celui-ci bloque tous ceux que j'envisageais de déposer. C'est en quelque sorte le *principe fondamental,* comprenez-vous, qui est là...

Il soupira.

— Monsieur Sénéchal... Un brevet confère un droit exclusif sur une invention. La protection par brevet signifie que l'invention ne peut, en aucun cas, être réalisée ou vendue sans le consentement du titulaire du brevet.

Il montra l'écran du doigt.

— Avec cette demande, ils ont bloqué Akira. Même si je me remettais aujourd'hui au travail, même si Akira faisait une requête à son nom, on lui opposerait celle, antérieure, de MM. Ziegler et Designe.

— À qui il ne lui resterait plus qu'à verser des royalties pour pouvoir exploiter le procédé, c'est bien cela ?

— Exactement. Ou à racheter le brevet. C'est terrible !

— Takenushi ne pourrait pas, disons, modifier un peu le brevet ?

— Dans ce cas précis, c'est impossible.

Rhaddiaunir désigna de nouveau l'écran.

— Tout est décrit ici... Ils ont verrouillé le procédé...

Sénéchal marmonna :

— Sacré Charlie ! La vengeance et l'argent.

Il soupira, passa une main lasse dans ses cheveux poivre et sel, puis déclara :

— Monsieur Rhaddiaunir, vous êtes désormais libre de retourner chez vous, en Indonésie. Vous n'avez plus rien à craindre : ceux qui vous pourchassaient sont morts ou en prison.

— Je ne retournerai jamais là-bas, monsieur Sénéchal. Je veux aller retrouver Akira, en Malaisie.

Il fixa l'écoflic de ses yeux larmoyants.

— Qu'est-il réellement arrivé à Shafik, monsieur Sénéchal ? Pouvez-vous me le dire ?

Épilogue

Le soir tombe sur le Puits des Français. Les silhouettes des cocotiers se penchent sur les vagues qui viennent se briser sur les rochers, projetant des paquets d'écume sous les derniers feux du soleil. Au large, un homme entame son long voyage vers la nuit abyssale. Dans le froid des eaux profondes, il se tient les bras légèrement écartés et les mains grandes ouvertes, comme s'il haranguait une foule invisible. Il paraît observer le miroir terni de la surface, très loin au-dessus de lui. Sa chemise blanche déchirée et souillée flotte mollement autour de son torse gonflé et la toile de son pantalon est collée à ses jambes. Ses pieds sont nus et blêmes. De sa tempe dépasse l'empennage d'une fléchette de titane. Il descend avec une lenteur infinie.

Un très gros poisson approche du cadavre. La faible lumière sous-marine fait briller les plaques argentées disséminées sur son corps. Tel un dirigeable, il s'immobilise au-dessus de l'homme blond, tête en bas. Il l'examine longuement, seul son œil bouge dans son orbite. Puis, d'un coup de nageoire paresseux, il vient coller son mufle à la petite vitre du chronomètre suisse attaché au poignet du mort. Il épie la trotteuse qui bouge et perçoit les infimes impulsions électriques émises par l'objet. Soudain, une étoile de mer, noire et velue telle une grande araignée, s'échappe en ondulant de l'échancrure de la chemise déchirée. Le poisson la happe au passage. Ses dents recouvertes d'émail luisent un court instant.

Il se retourne lentement sur le côté et passe son chemin. Il monte vers la lumière au petit trot, d'une curieuse nage alternée, laissant le corps de l'homme blond disparaître vers le noir abyssal.

106.

— Voyez-vous, chef adulé, j'ai cru un instant que Takenushi voulait échanger cette eau pleine de protéines contre son sous-marin et les instruments océanographiques que les deux larrons lui avaient volés à Manado Tua. Je me trompais. Il s'en foutait. Il voulait récupérer son brevet *Stenocara,* le vieux renard ! Charlie et Ziegler ont dû l'avertir qu'ils avaient déposé une demande d'homologation et le faire chanter. Alors il a voulu négocier avec eux : devant un tribunal, ses chances de gagner étaient faibles et il aurait fallu entamer une procédure longue et coûteuse... Plusieurs années de batailles d'experts.

« Pourquoi, me direz-vous, chef, a-t-il fait tant de mystère autour du bateau qui acheminait les bidons ? Také a essayé de m'endormir en me racontant que Designe voulait que la transaction demeure secrète. Je pense qu'il a voulu donner du prix à son cadeau pour appâter Ziegler et Designe. Ces bidons valaient très cher pour eux et les laboratoires Ziegler, mais pas pour lui. En réalité, ce que le vieux Japonais a fait passer pour un trésor inestimable permettant de « racheter » le brevet ne correspondait, en volume, qu'à quelques dizaines de litres de rosée contenant des anticorps et des vaccins. De l'avis de Lucrèce, l'équivalent de trois mois de récolte sous serre de la rosée magique... Také a les graines, les souches génétiques végétales et la technologie. Ce trésor inestimable n'en sera plus un demain : le prix de revient des vaccins va chuter très vite sur le marché, et cela grâce à Takenushi Corporation, qui va en faire produire des tonnes. En attendant, si Designe et son complice avaient marché dans sa combine, Takenushi les aurait roulés dans la farine et aurait récupéré son brevet *Stenocara*. On l'applaudit, il est très fort! Chef, j'ai pris une décision qui m'arrache le cœur, mais elle est irrévocable : je rentre au bureau!

Sénéchal raccrocha et alla porter sa valise dans son 4 × 4, puis il rejoignit Mme Hoareau sous la véranda.

La grosse dame l'accueillit d'un large sourire et posa son livre sur une table en rotin occupée par des bouteilles et deux minuscules verres.

— Alors, monsieur le détective zoreil, c'est le grand départ? Votre séjour vous a plu? Bon, asseyez-vous donc sur cette chaise qui vous tend les bras. Et servez-nous un t'i punch. (Elle désigna les bouteilles.) Tout est là. Votre avion ne part que ce soir, après tout.

L'écoflic prépara le punch et lui tendit son verre, qu'elle prit délicatement entre ses doigts dodus. Il se renversa en arrière dans sa chaise et soupira.

— Madame Hoareau, si nous parlions d'un certain pêcheur de corail?

La grosse dame, sur le point de porter son verre à ses lèvres, arrêta son geste.

— Et pourquoi donc?

Sénéchal but une gorgée de punch, puis hocha la tête, l'air appréciateur.

— Madame Hoareau... Il se trouve que j'ai eu le plaisir de déguster du punch avec un dénommé Jouvence Hoareau, votre homonyme, dans sa cabane de pêcheur, près du Puits des Français. (Il claqua la langue.) Votre rhum est très supérieur au sien, entre nous soit dit.

Elle demanda, d'une voix presque inaudible :

— Et alors?

— Eh bien, vous allez rire... J'ai pensé depuis le début que Jouvence Hoareau, pêcheur de corail professionnel, n'était pas arrivé par hasard chez vous avec les mains et la bouche scellées à la colle forte. On murmure que ce garçon cultiverait, comment dirais-je? un tendre penchant à votre égard.

Il ménagea une pause.

— Penchant réciproque, m'a-t-on assuré.

Mme Hoareau fronça ses épais sourcils.

— Comment? Qui a osé?

— C'est joli, Jouvence, comme prénom.

Elle lui lança un regard furieux.

— Vous m'espionnez aussi, alors ! Ça ne vous suffit pas de...

Sénéchal leva une grande patte apaisante.

— Madame Hoareau, ne m'en veuillez pas. Je dois vous informer de certains faits qui auraient pu très mal tourner. Votre ami Jouvence a eu de la chance. Beaucoup de chance.

Elle grogna :

— On peut savoir, monsieur le très grand fouineur ?

Il tendit son verre.

— Remettez-moi donc un peu de cet excellent rhum sur mon fond de sucre de canne. C'est le seul moyen connu pour me délier la langue.

Il se cala au fond de son siège et croisa ses jambes d'échassier.

— Connaissez-vous un poisson nommé cœlacanthe ?

La grosse dame grommela quelque chose.

— Vous trouvez aussi que c'est un animal passionnant, n'est-ce pas ? Vous avez, bien sûr, lu cet article, dans le journal de l'île. Et Jouvence a dû vous en parler, non ?

— Jouvence n'est pas bavard.

— Bien sûr. Surtout quand il a la bouche scellée à la colle forte. Il se trouve que nous ne sommes pas les seuls à lire les journaux, vous et moi. Il se trouve que des braconniers – bien équipés et bien renseignés – se sont spécialisés dans la chasse au cœlacanthe.

— Je peux savoir quel est le rapport avec Jouvence ?

— Votre ami gagne sa vie en pêchant tous les jours du corail sur la barrière juste devant chez lui. Cette bestiole antédiluvienne, il l'a croisée sur le tombant récifal près du Puits des Français. Vous connaissez l'endroit, je suppose ?

— Je vois que vous vous passionnez autant pour la faune sous-marine de l'île que pour les locomotives, monsieur le grand détective zoreil...

— Je m'intéresse aux espèces en voie de disparition... Les locomotives à vapeur en font partie. Ces chasseurs ont donc embauché votre ami Jouvence, qui connaît le secteur sous-marin local. Ils lui ont promis une jolie prime s'il les aidait à mettre le grappin sur la bête rarissime. Votre ami farfouille donc dans le coin où il a déjà aperçu la bête. Son boulot est simple : s'il repère cet animal, il doit lui balancer, avec un harpon, un émetteur électronique miniature qui se plantera dans ses écailles. S'il réussit, il appellera par radio ses employeurs momentanés, qui descendront traquer l'animal « marqué » dans les profondeurs et le remonteront dans un caisson spécial avec leur sous-marin de poche. Vous comprenez bien qu'il doit donc se tenir assez près de leur bateau pour que tout se fasse rapidement. Ai-je été assez clair, ou certains points vous paraissent-ils obscurs, madame Hoareau ?

Mme Hoareau s'agaça.

— Vous allez mettre mon Jouvence en prison parce qu'il a accepté quelques billets de gens qui pêchent des poissons que je suppose immangeables tellement ils sont vieux ?

Sénéchal lui lança une œillade sévère.

— Ne me tentez pas, chère madame. Jouvence a été suffisamment puni pour avoir tenté de pratiquer la pêche à un animal qu'il sait hautement protégé.

La grosse dame prit l'air contrit, puis finit par dire :

— D'accord. D'accord. Dites-moi ce qui est arrivé, alors. Parce qu'à moi, il n'a rien voulu raconter. Il avait peur. (Elle ajouta :) Et moi, j'avais peur pour lui.

— Soyez tranquille, il ne risque plus rien. Une certaine nuit où Jouvence cherchait le cœlacanthe, il a vu quelque chose qu'il ne devait pas voir, et il a pris quelque chose qu'il ne devait pas prendre. Plus tard, il reçoit la visite d'un Haïtien.

— Un Haïtien ? Il ne connaît pas d'Haïtien !

— Maintenant, si... Cet Haïtien, nommé Faustin Bienaimé, lui demande s'il aurait par hasard trouvé un objet qui lui appartient et auquel il a la faiblesse de tenir. Il est menaçant. Votre ami Jouvence comprend tout de suite qu'il a intérêt à la boucler et à nier. Bienaimé, pas convaincu, lui explique gentiment que ça pourrait chauffer pour lui si Jouvence ne lui rend pas cet objet.

— Mais qu'est-ce que c'est que ce bon Dieu d'objet ?

— Un objet très compromettant pour notre Haïtien... Alors, dès le soir tombé, Jouvence va planquer l'objet. Il aurait mieux fait d'appeler les gendarmes tout de suite, voyez-vous, madame Hoareau. Parce que lorsqu'il revient nuitamment de l'endroit où il a planqué ce truc, il fait une mauvaise rencontre sur la route.

— L'Haïtien ?

— Lui-même. Il est très en colère, il secoue Jouvence, qui nie encore. Alors Bienaimé l'assomme, le fouille, ne trouve rien sur lui – et pour cause – et il lui colle les mains et la bouche, pour lui apprendre les bonnes manières. Quand Jouvence se réveille, Bienaimé lui explique que, la prochaine fois, il lui collera aussi les narines.

— C'est pour ça qu'il m'est arrivé dans cet état, cette nuit-là, mon pauvre Jouvence !

— Il est revenu pour vous prévenir du danger, madame Hoareau. Et pour que vous lui décolliez la bouche et les mains. Mais vous avez appelé une ambulance, ne comprenant rien et ne sachant rien. Dites-moi, pourquoi n'avez-vous pas dit aux gendarmes que Jouvence était, euh, votre amoureux ?

Elle baissa les yeux, telle une fillette prise à chaparder des sucreries.

— Ça n'a rien de véritablement officiel, voyez-vous. Du moins pas encore. Et une femme de mon âge... Bref, je ne veux pas faire jaser les jaseux.

Elle lui jeta soudain un regard exaspéré.

— Dites-moi une fois pour toutes ce que c'est que cet objet, t'i bon Dieu !

Sénéchal sourit, fouilla dans sa poche de chemise et lui tendit une photo. Mme Hoareau sortit ses lunettes rayées de sa veste de laine, s'empara du cliché, le regarda à peine et demanda :

— À quoi sert ce machin rond ?

— Chère madame, d'après la Direction générale de l'armement, c'est l'un des deux capuchons étanches d'un lance-roquette en fibre de verre M72, appelé également Light Anti-tank Weapon et surnommé « la joie du fantassin ». Ce lance-roquette a coulé un bateau, cela dit en passant...

Elle fit un « O » presque parfait avec la bouche.

— Un lance-roquette ! Jouvence a trouvé un bouchon de lance-roquette !

— Et Jouvence l'a caché chez vous, madame Hoareau. Ici même. En pensant qu'il serait plus en sûreté ici que dans sa petite cabane ouverte à tous vents.

— Il est venu le cacher chez moi sans me prévenir ! Le salopard !

— Comprenez-le, madame Hoareau. Moins on en sait...

— Moins on en sait, moins on en dit, c'est ça ? Eh bien, c'est du joli !

— Il attendait que tout ça se tasse pour venir rechercher l'objet là où il l'a planqué.

— Et on peut savoir où est cachée cette saleté, monsieur le très grand détective qui sait toujours tout ?

— Exactement à l'endroit où vous vous tenez : sous le plancher de votre varangue.

La grosse dame regarda à ses pieds, l'air furieux. Sénéchal sourit.

— N'y touchez surtout pas. J'irai le chercher tout à l'heure.

— Et cet Haïtien ?

— Il vous est apparu une nuit sous la forme d'un épouvantail en ciré jaune.

— Quoi ? C'était lui l'épouvantail ? Mais pourquoi a-t-il fait ça ?!

— Parce que ce crétin n'avait toujours pas retrouvé son joli capuchon, un objet qui l'aurait mené tout droit en prison si on avait relevé ses empreintes dessus. Alors il pense que Jouvence a pu planquer ce capuchon. Il traîne donc dans le coin et paye quelques verres aux vieux. On lui raconte que Jouvence est un solitaire, mais que lui et vous... Bref, les jaseux jasent, comme vous dites.

— T'i bon Dieu ! Il y a des coups de fusil qui se perdent, ici !

— Il vous a donc joué le tour de l'épouvantail pour vous terroriser et avoir la place libre pour fouiller votre maison. Pour vous distraire, il s'est enduit le visage de cambouis, a pris une voix de femme et d'enfant et il a gratté à votre porte de cuisine avec une patte de coq, ce qui, entre nous, en dit long sur la faiblesse de son imagination. (Il fit mine de réfléchir.) Mais je lui accorde certains dons pour l'art dramatique.

— Et les plumes noires ? Et cet os qu'il avait attaché au cou de mon épouvantail ? Et pourquoi ne m'a-t-il volé que mon tigre de Tipoo ?

Sénéchal fit un geste fataliste.

— Bienaimé est versé dans la magie vaudoue. Il ne peut pas s'empêcher de coller ses petits gris-gris un peu partout, plumes noires, os de serpent, que sais-je... Par routine, autant que par conviction. Quant à votre tigre, que vous pourrez bientôt récupérer à la gendarmerie, il l'a entendu à la radio, m'a-t-il dit, dans une émission à laquelle vous participiez, et il a trouvé follement original ce bruit de soldat qui se fait dévorer par un fauve. Ça l'a tellement ému qu'il le voulait pour lui tout seul. Il a un côté très primesautier, ce Bienaimé, dans le fond.

107.

Sénéchal, revêtu d'un manteau de laine, une écharpe nouée autour du cou, avait allongé ses jambes sous le bureau de Dame Pottier. Ses chaussures restituaient sur la moquette l'eau sale qu'elles avaient accumulée au-dehors. Par la petite lucarne juste au-dessus de sa chef, il pouvait voir les pétales blancs de la neige tourbillonner dans la cour du ministère de l'Environnement.

Dame Pottier rajusta pensivement une mèche auburn qui lui tombait sur le front, puis elle pianota un instant sur le bord de son bureau.

— Eh bien, Sénéchal, dites-moi ce que cette promenade vous a appris... qui puisse nous être utile à tous, bien sûr.

— J'ai appris que les guerres pour la possession de l'eau n'en sont qu'à leurs débuts sur cette planète, chef.

Il feignit de réfléchir.

— J'ai aussi appris ça...

Il sortit de la vaste poche de son manteau un petit cadre vitré et le posa sur le bureau de Dame Pottier.

> Principe n° 1 : Plus les projets de préservation de l'environnement bénéficient d'aides financières extérieures, plus les risques de détournements de fonds sont accrus.
> Principe n° 2 : Moins un État est impliqué dans les projets de préservation de l'environnement de son pays, plus il y a de corruption et de pillage des espèces naturelles.
> Principe n° 3 : Plus une espèce est protégée, plus elle prend de la valeur, et plus elle intéresse les trafiquants.

Dame Pottier leva les yeux.
— Qu'est-ce que c'est, Sénéchal ?
— Ce sont les trois principes appliqués à l'environnement dégagés par M. Xi Ping Zhu au cours de sa carrière de délégué général du PNUE de Jakarta. Nous devrions les méditer chaque jour. J'en ai fait encadrer plusieurs pour les offrir à mes collègues.
— Hum. C'est une idée amusante. Et généreuse de votre part. Je voulais justement vous toucher un mot de M. Xi Ping Zhu.
— Vous avez réussi à le joindre ? Il ne m'a jamais rappelé, pourtant je lui ai laissé plusieurs messages.
— Oubliez-le, Sénéchal. Vous n'aurez plus jamais de ses nouvelles.
— Ah bon ? Et qu'est-ce qui vous fait dire ça, chef ?
Ghislaine Pottier cueillit du bout des doigts un dossier gris sur une pile de paperasses à sa droite et le posa devant elle.
— Il a quitté l'Indonésie avec un aller simple. Pfuit ! Envolé...
— Je vous demande pardon ?
— Il savait que ce capitaine Thamnir était sur le point de le coincer. C'est pour ça que ses amis ont monté ce coup-là.
— De quel coup...
— Le coup du faux accident aux troncs d'arbres. Dans lequel votre copain Edouardo a failli laisser sa peau.
Sénéchal fixa Dame Pottier et demanda avec douceur :
— Puis-je savoir de quoi vous me parlez, chef ?
— De M. Xi Ping Zhu, délégué général du Programme des Nations unies pour l'environnement de Jakarta. Et agent actif du Mouvement pour Aceh libre, appelé là-bas le GAM.
L'écoflic coassa :
— Vous êtes en train de me dire que ce brave Xi Ping Zhu... !
— Écoutez-moi attentivement, Sénéchal. Si j'ai bien compris ce qui est couché là, dans ce rapport (elle tapota du plat de la main le dossier gris), le brave Xi Ping Zhu était surveillé depuis longtemps par le capitaine Thamnir, officier du contre-espionnage indonésien. Le brave Xi Ping Zhu était un homme aux abois : quand vous l'avez rencontré à Jakarta, Thamnir était à deux doigts de le démasquer.
— Mais pourquoi ?
Dame Pottier se tassa sur son siège et regarda ses mains manucurées, embarrassée.
— Ce brave Xi Ping Zhu détournait depuis un bon moment une très grande partie des très grandes masses de fric destinées

à la création des réserves naturelles, et cela pour le plus grand profit de ses amis indépendantistes.

Sénéchal écarquilla comiquement les yeux.

— Quoi ? Les réserves naturelles ? Nom de Dieu ! Il disait que c'était Mahakam qui...

— Il vous a menti. C'est lui-même qui est à l'origine du projet des réserves. Avant la guerre civile, le PNUE de Jakarta avait convaincu le gouvernement indonésien de créer des réserves naturelles. Projet qui a abouti au bout de quelques années. Comme il avait remarquablement mené cette opération de grande envergure, le brillant Xi Ping Zhu avait été nommé délégué général et avait obtenu la responsabilité de la gestion des réserves qu'il avait créées...

Elle eut un bref sourire devant la mine effarée de l'écoflic.

— Le plus beau, c'est qu'une grande partie des aides versées par le gouvernement indonésien et l'ONU dans le but de dédommager les propriétaires de ces milliers d'hectares de jungle – et d'en acquérir d'autres pour en faire des réserves – est allée tout droit dans les poches de la rébellion. Notez bien qu'il n'en a pas détourné une seule roupie pour lui-même. Admirable, non ? Personne ne se doutait de rien dans ce pays qui compte parmi les plus corrompus du monde. Sur le papier, tout était régulier... Le montage financier était complexe et changeant.

— C'est incroyable... Un fonctionnaire irréprochable ! Un type qui ne s'occupe que des orangs-outangs, des tigres et des éléphants !

— Il y a encore plus beau : Xi Ping Zhu ne s'est pas contenté de financer la rébellion...

— De mieux en mieux !

— Il informait les rebelles de ce qui se passait dans les réserves.

— Comment ça ?

— Deux des réserves les plus étendues, nommées, euh, Selamat Pagui et Selamat Jalan, si j'ai bonne mémoire, au nord de Sumatra, se trouvent désormais en pleine zone de combat. Elles représentent des étendues de jungle et de montagnes considérables. Des milliers d'hectares, faiblement peuplés... Ces réserves sont interdites d'accès, excepté pour l'armée régulière indonésienne qui y pourchasse les indépendantistes. Xi Ping Zhu recueillait des tas d'informations sur ces deux secteurs et les transmettait à la guérilla.

— Quel genre d'informations ?

— Il avait accès aux données satellitaires très complètes, via le PNUE. Il pouvait donc recueillir des informations concernant, entre autres, les mouvements de troupes... Il indiquait les planques naturelles à ses amis, il les renseignait sur le relief, les voies d'accès, les réseaux de chemins dans la forêt, les grottes, que sais-je ? Ses gardes forestiers, ses ingénieurs, tout le personnel du PNUE sur place travaillaient pour lui sans le savoir. Il se servait aussi de la météo, un formidable outil stratégique. Il communiquait les prévisions climatiques : s'il fait beau demain, nous attaquons les troupes régulières, s'il pleut, la visibilité est réduite pour les hélicos et les avions. S'il y a de la brume, nous tendons une embuscade ou nous nous planquons à tel endroit... Vous voyez, Sénéchal ?

— Nom de Dieu ! Il a fait financer par le PNUE des stations météo implantées dans ces réserves. Pour alimenter l'Office météorologique mondial, m'a-t-il expliqué.

La minuscule jeune femme derrière son bureau hocha la tête.

— Que n'a-t-il pas fait financer par le PNUE ? Des tas de projets...

— Comment avait-il attiré l'attention de Thamnir ?

— Il semblerait que ce militaire ait été plus malin que tout le monde. (Elle sourit.) Je pense qu'il possède lui-même une ou plusieurs taupes chez les indépendantistes.

— Et en ce qui concerne le meurtre de Mahakam ?

— Xi Ping Zhu ne savait rien... Il était bien trop occupé par son activité d'espion. Mais il a essayé de se servir de cette histoire.

— Comment ça ?

— Lorsque Mahakam s'est suicidé et que son toubib a été assassiné, M. Xi Ping Zhu a vu là une très belle occasion de desserrer l'étau de Thamnir. Il a tenté de détourner son attention vers la mort étrange de Mahakam en se servant de vous et de votre passion nouvelle pour les cœlacanthes. Mais Thamnir n'a pas mordu à l'hameçon, si j'ose dire, et il vous a viré pour que vous ne restiez pas dans ses pattes, tout en vous tenant sous surveillance.

Elle saisit la chemise, la leva devant les yeux de Sénéchal, en extirpa un feuillet, puis la reposa sur la pile de paperasses. C'était une télécopie. L'écoflic lut :

Estimé délégué
Estimés collègues
sorcelleries
Je suis seul maintenant...

Il leva les yeux.

— C'est un double de la lettre de Mahakam. Celle que m'a donnée Xi Ping Zhu... Et alors ?

— Hum. Il est peu probable que Mahakam l'ait jamais écrite.

— Expliquez-moi encore, chef.

— La Sécurité indonésienne a trouvé l'original de cette lettre dans le coffre personnel de Xi Ping Zhu. Ils n'ont relevé que ses seules empreintes sur ce papier. Mahakam n'y a jamais touché, ni personne d'autre. Et il vous en a fourni une mauvaise photocopie...

— ... En me racontant que l'original était introuvable ! Dire que cette lettre était devenue pour moi un vrai casse-tête ! Mais comment...

— Il a dû se contenter d'écouter les divagations de Mahakam et de vous donner ça en pâture. Et ainsi gagner du temps.

— Je vois... Et même si j'avais montré cette lettre à la veuve de Mahakam, elle n'aurait sans doute pas pu déterminer si elle avait été écrite de la main de son mari, vu l'état de ce pauvre gars, à la fin. Vous êtes certaine, chef, que c'est Xi Ping Zhu qui a essayé de faire tuer Edouardo, Thamnir et son lieutenant ? Je ne l'imagine pas en meurtrier, ce Chinois.

— Je n'ai pas dit ça. Personne n'a dit ça, d'ailleurs... En fait, selon ce rapport...

— Je peux savoir d'où il provient, ce rapport ?

— D'après ce rapport, lorsque Xi Ping Zhu a appris qu'Edouardo et les deux militaires allaient enquêter à la maison où avait été tué le toubib de Mahakam, ses amis indépendantistes ont vu là une très belle occasion de se débarrasser des militaires et d'un policier français trop curieux. Ils ont d'abord fait saboter les airbags par un gamin qui lavait régulièrement la voiture du lieutenant, puis ils ont posté un homme à eux dans le secteur de la maison brûlée. Selon l'enquête de la Sécurité nationale, les amis de Xi Ping Zhu avaient volé un camion porte-grumes sur un chantier de coupe de bois et avaient recruté des petits gars pour déplacer les pancartes routières.

— Un plan très simple. Rien à y redire.

— Mais qui a mal tourné pour eux... Les numéros des armes des agresseurs ont parlé : elles avaient, paraît-il, été récupérées sur les corps de soldats de l'armée régulière tués quelques mois plus tôt dans un accrochage avec les rebelles...

— Mais comment Xi Ping Zhu a-t-il été informé plusieurs jours à l'avance du déplacement d'Edouardo et des militaires à la maison brûlée ?

Sénéchal répondit immédiatement à sa propre question :

— J'ai bien peur que ce ne soit par Edouardo lui-même, qui l'a tenu informé de ses projets d'enquête... Sur mes propres conseils, d'ailleurs.

— En tout cas, lorsque les rebelles – ou les résistants, selon le côté où on se place – ont appris que l'attentat était raté, ils ont évacué Zhu. Ils avaient abattu leur dernière carte, en quelque sorte, et leur agent au PNUE était définitivement grillé, cette fois. La Sécurité nationale pense qu'il s'est réfugié au Timor-Oriental. De là, il a pu gagner l'Australie ou toute autre destination...

— À votre avis, quelles étaient les motivations de Xi Ping Zhu ?

La chef de la FREDE fit un large geste.

— Alors là, Sénéchal, les motivations des gens ! Saviez-vous que son jeune frère et sa femme ont été torturés à mort par la police indonésienne, au cours de certains événements anciens ?

— Et peut-on savoir d'où vous sortez ce dossier fort complet, chef vénérée ?

Elle le fixa.

— Il y a un point qui m'intrigue dans cette affaire, Sénéchal...

— Je me ferai une joie de l'éclaircir, chef. Dans la mesure de mes faibles moyens, évidemment.

— Comment Mahakam savait-il, pour les chimères ?

— Son fils m'a dit qu'elles lui apparaissaient en rêve.

— Ça paraît curieux, non ?

Sénéchal ouvrit les mains.

— « Il y a plus de choses au ciel et sur la terre, Horatio, que n'en rêve notre philosophie. »

— *Hamlet*, acte I, scène 4. Toujours cette insupportable pédanterie, Sénéchal. Vous devriez plutôt essayer de savoir ce qui empeste dans votre bureau.

— Dans mon bureau ? Je n'y ai pas encore mis les pieds. Qu'est-ce que...

— Un colis. En provenance de Malaisie. Que vous avez expédié vous-même, à l'attention de M. Méjaville. Il semble que ce paquet soit resté coincé à la poste longtemps, là-bas, et... Bref, M. Méjaville refuse d'y toucher. D'ailleurs, il ne veut plus mettre les pieds dans votre antre à cause du désordre qui y règne. Et cette odeur !

Sénéchal écarquilla les yeux

— Bon sang ! La tomate !

— Quoi ?

— Il y a une tomate génétiquement modifiée dans ce colis. Je l'ai prise chez Takenushi. J'avais oublié !

La petite femme lui lança un regard noir.

— Détective, vous introduisez des OGM à la FREDE, à présent ?

Remerciements

À Nicole Lattès pour le *Stenocara*. À Michel Giran, écoencyclopédiste, pour le PNUE. À Nathalie Fanny Marie Josèphe Théry, pour sa complicité créative.

Table

Première partie : Le cœlacanthe 13
Deuxième partie : Le *Stenocara* 73
Troisième partie : Les trois principes de Xi Ping Zhu 191
Quatrième partie : L'or du petit matin 271

Épilogue 387

Remerciements 405

Cet ouvrage a été composé et imprimé par

FIRMIN DIDOT

GROUPE CPI

Mesnil-sur-l'Estrée

pour le compte des Éditions Robert Laffont
24, avenue Marceau, 75008 Paris
en octobre 2004